架空输电线路岩石基础

鲁先龙◎著

中国电力出版社
CHINA ELECTRIC POWER PRESS

内 容 提 要

架空输电线路岩石基础工程一直是我国山区电网建设与防灾减灾的关键点、难点和薄弱点。本书是首部系统展示我国架空输电线路岩石地基工程地质勘察、基础选型、现场试验、理论计算、工程设计与标准制定等方面成果的专著。本书澄清了对岩石挖孔基础承载性能的三大认识误区，明确了基于地层地质特征与荷载条件的输电线路岩石挖孔基础和岩石锚杆基础的结构形式、适用范围与应用原则，阐述了岩石挖孔基础和岩石锚杆基础的抗拔荷载－位移特性、失效准则、破坏模式、承载机理与承载性能的影响因素，提出了岩石嵌固基础、嵌岩桩基础以及直锚式、承台式和柱板式岩石群锚基础的工程设计方法，建立了岩石基础设计参数与岩石地基工程地质勘察成果之间的关联方法及其数学模型，解决了当前我国山区输电线路岩石基础工程建设所面临的五大难题，实现了岩石地基工程地质勘察、基础选型、承载性能设计与优化之间的衔接。全书共分绪论、岩石挖孔基础、岩石锚杆基础、岩石基础工程地质勘察与设计参数取值、输电线路岩石基础研究展望五部分。

本书内容紧密结合工程实践，结构严谨，逻辑性强，可供架空输电线路工程地质勘察、结构设计和运行维护人员直接使用，也可供高等院校土木工程专业教学与学生参考使用。

图书在版编目（CIP）数据

架空输电线路岩石基础 / 鲁先龙著. —北京：中国电力出版社，2023.4
ISBN 978-7-5198-7209-0

Ⅰ．①架… Ⅱ．①鲁… Ⅲ．①架空线路–输电线路–架线施工–岩石基础 Ⅳ．①TM726.3

中国版本图书馆 CIP 数据核字（2022）第 207968 号

出版发行：中国电力出版社
地　　址：北京市东城区北京站西街 19 号（邮政编码 100005）
网　　址：http://www.cepp.sgcc.com.cn
责任编辑：罗　艳
责任校对：黄　蓓　常燕昆
装帧设计：张俊霞
责任印制：石　雷

印　　刷：河北鑫彩博图印刷有限公司
版　　次：2023 年 4 月第一版
印　　次：2023 年 4 月北京第一次印刷
开　　本：710 毫米×1000 毫米　16 开本
印　　张：21.75
字　　数：374 千字
印　　数：0001—1000 册
定　　价：118.00 元

前　言

　　基础作为输电系统的重要组成部分，是架空输电线路结构荷载的最终承担者，也是电网安全的最基本保障。我国是一个多山国家，越来越多的架空输电线路需途经山区，岩石地基将成为山区输电线路工程所面临的主要工程条件。岩石基础工程建设难度大、风险多、成本高，其安全运营还面临着山区极端天气气候事件频发和地质灾害易发高发的挑战，已成为我国山区电网建设与防灾减灾的关键点、难点和薄弱点。

　　本书系统总结了我国架空输电线路岩石地基工程地质勘察、基础选型、现场试验、理论计算、工程设计与标准制定等方面的成果，对架空输电线路岩石基础工程建设所面临的五大难题——进行了详细回答。

　　（1）岩石基础类型与选型：澄清了对岩石挖孔基础承载性能的三大认识误区，构建了基于地层地质特征和荷载条件的岩石基础类型体系及其分类方法，明确了岩石挖孔基础、岩石锚杆基础的结构形式、适用范围和应用原则。

　　（2）岩石基础承载性能与机理：阐述了岩石挖孔基础、岩石锚杆基础的抗拔荷载–位移特性、破坏模式、失效准则及其承载机理，明确了基础结构形式、地基条件、地形特征、荷载工况等对岩石基础承载性能的影响规律。

　　（3）岩石基础设计理论与计算方法：确定了架空输电线路岩石挖孔基础和岩石锚杆基础的可靠性设计方法与安全度设置水准，提出了岩石嵌固基础、嵌岩桩基础以及直锚式、承台式和柱板式岩石群锚基础分别按承载能力极限状态和正常使用极限状态进行设计的基本原理、方法及其参数取值。

　　（4）斜坡地形岩石基础承载性能与设计计算：阐述了斜坡地形对架空输电线路基础承载性能的影响规律，提出了岩石挖孔基础边坡保护范围的确定原则，探讨了斜坡地形输电线路岩石挖孔基础工程设计方法及其承载性能的影响因素。

　　（5）岩石地基工程地质勘察与设计参数取值：分析了岩石基础工程地质勘察的基本理论、方法、原则和要求，构建了岩石基础承载性能设计参数与岩石地基工程地质勘察成果之间的关联方法及其数学模型。

本书作为我国首部架空输电线路岩石基础方面的专著，具有以下特色：

科学性：本书所提出的理论方法及其数学模型均建立在大量的现场试验成果基础上，并经过严格理论推导，理论分析方法正确，试验数据来源广泛，内容翔实，可信度高。研究成果为山区架空输电线路岩石基础承载性能设计与计算奠定了理论基础。

系统性：本书系统建立了山区架空输电线路岩石挖孔基础、岩石锚杆基础的工程技术体系，涵盖岩石基础的结构特点、适用范围、应用原则、承载性能与机理，以及工程设计理论、方法与参数取值诸多方面，实现了山区架空输电线路岩石地基工程地质勘察、基础选型、承载性能设计与优化环节间的衔接。

创新性：本书内容体现了多方面创新性成果，澄清了对岩石挖孔基础承载性能的三大认识误区，构建了基于地层特征和荷载条件的岩石基础类型体系与分类方法，建立了岩石基础设计参数与岩石地基工程地质勘察成果之间的关联方法及其数学模型，所构建的岩石地基工程地质勘察、基础选型、承载性能设计与优化的技术体系及其研究成果，充分体现了架空输电线路行业特征，有效提升了我国输电线路岩石基础选型与设计的本质安全水平。

实用性：本书有关的岩石基础承载性能试验与理论研究成果，已经在实际工程中得到广泛推广和应用。依托本书研究成果，已颁布实施了《输电线路岩石地基挖孔基础工程技术规范》（DL/T 5845—2021）和《架空输电线路锚杆基础设计规程》（DL/T 5544—2018），且相关研究成果业已在《架空输电线路基础设计技术规程》（DL/T 5219—2014）修订版中被直接采纳和应用。

本书的研究工作获得了国家电网有限公司科技项目的系列资助，也得到了中国电力科学研究院有限公司岩土工程实验室全体同事的大力支持，特别是丁士君、郑卫锋、满银、杨文智、童瑞铭、崔强等在现场试验中付出了辛勤劳动。此外，著者还参考和引用了国内外相关单位和学者的研究成果。在此，著者一并表示感谢。

由于著者水平有限，书中难免有不足和欠妥之处，恳请广大专家、学者和读者不吝批评与赐教。

2022 年 9 月

目　　录

绪　　论

一、架空输电线路基础研究的意义

架空输电线路一般由架空线（导线和地线）、金具、绝缘子（串）、杆塔、基础及接地装置等组成。从结构特征上看，架空输电线路的最显著特点是它是由多跨架空线、多级杆塔与基础组成的连续结构体系。就机械性能而言，架空线、金具、绝缘子（串）、杆塔及其基础自成一个力学体系。在这个力学体系中，基础作为输电线路重要的结构组成部分，是与杆塔底部相连接而固定上部杆塔结构，并稳定承担输电线路荷载且将所承受荷载传递于其周围岩土地基的一种结构体。基础承担着整个输电线路的结构荷载，其选型设计与施工受杆塔类型、塔位处地形与地质条件、施工工艺、施工装备工艺、线路沿线交通运输条件等多种因素的影响。开展架空输电线路基础研究，具有以下三方面的重要意义。

（1）控制工期与造价。基础作为输电线路的重要组成部分，其造价、工期和劳动消耗量在整个线路工程建设中都占有较大比重。据有关资料统计，基础施工时间约占工程建设总工期的 50%，运输量约占总工程运输量的 60%，费用约占线路工程本体总造价的 25%～35%，在复杂工程条件下甚至超过线路本体总费用的 50%。由此可见，确定合适的基础方案并进行优化设计，可有效控制工期、节约工程造价。

（2）保障电网安全运行。输电线路与一般土木工程结构不同，它是由多跨架空线、多级杆塔和基础组成的连续结构体系。基础作为整个输电线路结构荷载的承载体和传载体，一旦某个塔位甚至塔位处某个单腿基础周围出现滑坡、不均匀沉降等安全隐患，结果往往会使得整条输电线路都面临安全运行风险，甚至影响到更大范围的电网安全。因此针对不同的基础荷载、地质地形条件，因地制宜地选择基础形式并进行安全可靠的设计与施工，可为输电线路工程和电网安全稳定运行提供保障。

（3）保护环境。随着我国电网建设的快速发展，线路走廊及沿线岩土体工程条件越来越复杂，输电线路工程建设中环境保护问题日益受到重视。不同基础形式具有不同的工程特点，其承载能力、材料消耗量、土石方开挖量及其对环境影响的程度也不同。输电线路各级塔位处的微地形条件一般相当复杂，预测环境变化过程中岩土体工程的性质变化及其对塔位处地基基础稳定的影响规律，并采取相应的工程设计对策都极其重要。设计中需要根据塔位处的地质、地形及周边环境，因地制宜地选择基础形式，充分发挥每种基础形式承载性能优势，减少土石方开挖量，将工程建设对环境的影响程度降到最低。

二、架空输电线路荷载与基础受力

（一）输电线路荷载

架空输电线路杆塔广泛分布且长期暴露于自然环境中，其所承受的荷载类型具有特殊复杂性。根据架空输电线路特点，可将其所受荷载和作用的类型分为以下四种：

（1）永久荷载。永久荷载是指在设计使用年限内始终存在且其量值不随时间变化，或其变化量与该荷载的平均值相比可以忽略不计，或其变化是单调的且能趋于某个限值的荷载。永久荷载主要包括导线及地线、绝缘子及其附件、杆塔结构、各种固定设备（如电梯、爬塔机、警航灯等附属设施及其电源、走道、爬梯和休息平台等）的重力荷载，线路转角引起的水平力，终端塔的导线张力，拉线或纤绳的初始张力、预应力等。

（2）可变荷载。可变荷载是指在设计使用年限内其量值随时间变化，且其变化与平均值相比不可忽略的荷载。可变荷载主要包括风和冰（雪）荷载，导线、地线悬挂时产生的张力（包括由于档距或气象荷载不均匀等因素引起的纵向不平衡张力），脱冰引起的不平衡张力，安装检修的各种附加荷载，结构变形引起的次生作用以及各种振动动力荷载。

（3）偶然荷载。偶然荷载是指在设计使用年限内不一定会出现，而一旦出现其量值会很大，且持续时间较短的荷载。偶然荷载主要包括撞击荷载、稀有气象条件（如稀有大风和稀有覆冰等）等引起的荷载。

（4）地震作用。由地震引起的结构的动态作用，主要包括水平地震作用和竖向地震作用。

从架空输电线路荷载和作用类型看，各类荷载具有不同性质和变异特征，设计中不可能直接应用反映荷载变异性的各种统计参数进行概率运算。因此，实际工程设计中一般采用便于设计者使用的计算表达式，并对各类荷载赋予一个规定的量值，用以验算极限状态所采用的荷载量值，通常称其为荷载代表值。一般根据不同的设计要求，规定不同的荷载代表值，以使其更确切地反映各类荷载的特点。架空输电线路荷载代表值一般有两种：标准值和组合值。标准值是荷载或作用的主要代表值，取设计基准期内最大荷载统计分布的特征值（如均值、众值、中值或某个分位值），一般依据观测数据的统计、作用的界限和工程经验确定。组合值是对可变荷载进行组合计算，并使组合计算后得到的荷载效应在设计基准期内的超越概率能与该荷载单独出现时的相应超越概率趋于一致，或使组合后的结构具有统一规定的可靠指标的荷载值，一般可通过组合系数对荷载或作用的标准值的折减来表示。输电线路风荷载和冰荷载的组合值，应按不同情况所对应的气象条件组合计算。

《架空输电线路荷载规范》（DL/T 5551—2018）规定在杆塔和基础设计时，荷载的代表值如下：

（1）永久荷载，应采用标准值作为代表值。

（2）可变荷载（导线和地线的张力除外），应采用标准值和组合值作为代表值。对于导线和地线的张力，由于其随温度、风速、覆冰厚度、档距和弧垂等变化而变化，应分别按不同情况所对应的气象条件和工作状态确定其代表值。

（3）偶然荷载，应依据杆塔和基础的运行环境确定其代表值。

（4）地震作用，应采用标准值作为代表值。地震作用标准值应根据线路工程所在地区的抗震设防烈度确定。对大跨越杆塔和基础，可按高于线路工程所在地区抗震设防烈度1度的要求确定地震作用的标准值。

（二）杆塔基础受力

图0-1给出了典型的输电线路格构式杆塔与基础受力示意图。如图0-1（a）所示，架空输电线路杆塔在各种荷载的组合作用下，将在塔腿底部节点处形成上拔力、下压力和水平力并反作用于基础。由此，图0-1（b）中的四个塔腿基础都将承受上拔力、下压力和水平力的组合作用，且这些荷载作用的大小和方向都随外界环境变化而呈动态变化特征。就某一基础而言，其在基础与塔脚板连接处往往承受竖向拉、压力的交变作用，同时承受一定的水平力作用，水平力大小通常为竖向力的1/7～1/8。因此，当基础露出地面高度较大时，基顶水平力将形成较大的附加弯矩，对地基土体侧向稳定产生较大影响。同时，由于输

电线路基础周围岩土体抗拔承载性能要明显低于抗压承载性能，从而使得基础抗拔和抗倾覆稳定通常是其工程设计的控制条件，这是输电线路基础与建筑、交通等其他行业基础承载性能及其工程设计的显著区别。

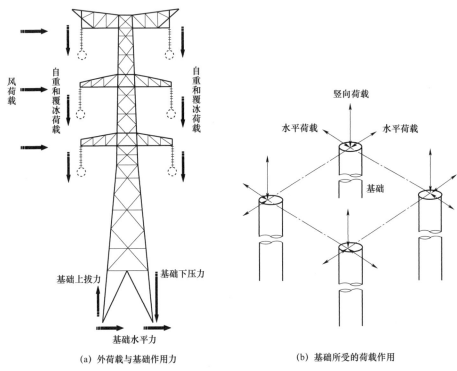

（a）外荷载与基础作用力　　　　　　（b）基础所受的荷载作用

图 0-1　输电线路格构式杆塔与基础受力示意图

三、架空输电线路基础设计的基本要求与内容

（一）基本要求

架空输电线路塔位呈点状分布，点多且分散。同一条架空输电线路上往往使用类型基本相同的杆塔，而与杆塔相对应的基础常常因地形地貌和地质条件不同而采用不同的形式。总体上看，架空输电线路基础选型与设计应满足安全性、适用性和耐久性三方面的基本要求。

（1）安全性。基础应具备将上部杆塔结构荷载传递给地基岩土体的承载力和刚度。在预定的使用期限内，在正常施工和正常使用情况下所出现的各种荷载以及变形（如基础不均匀沉降以及温度、收缩引起的约束变形等）的作用下，基础必须是稳定的，地基不应出现失稳，地基基础还应具有适当的安全裕度。

（2）适用性。在预定的使用期限内，在外荷载作用下以及规定的工作环境中，基础都应具备良好的工作性能，地基基础沉降变形都不得影响上部杆塔结构的功能及其正常使用，如不发生影响正常使用的变形（沉降、滑移、不均匀变形等）或产生让使用者感到不安全的过大裂缝、倾斜等。

（3）耐久性。在正常使用和正常维护条件下，在预定的使用期限内以及规定的工作环境中，基础都应具有足够的耐久性能。例如，在混凝土碳化、钢筋锈蚀等各种因素影响和作用下，基础承载性能不应随时间和环境条件的变化而产生过大的降低，并导致基础在其预定使用期限内丧失其安全性与适用性，甚至引起使用寿命的缩短。

因此，输电线路基础选型与设计的基本要求就是在一定的经济条件下，赋予基础结构必要的安全可靠性，能够在规定使用期限内、规定条件下（正常设计、正常施工、正常使用和维护）以及规定工作环境中具备承载和传载的基本功能，并可实现安全性、适用性和耐久性的协调与统一。

（二）设计内容

架空输电线路基础设计就是根据既定的杆塔结构类型、基础荷载工况、塔位地基性质、塔位地形地貌特征，并兼顾基础施工工艺与装备条件，采用合适的基础材料与设计参数，选择合理的基础类型与连接件方式，按照相关技术规范和构造设计要求，确定安全经济合理的基础结构形式及其基本尺寸，绘制基础施工图，并提出相关施工技术要求的全过程。基础设计内容概括起来主要包括稳定性设计、本体强度设计和构造设计等方面。

1. 稳定性设计

基于架空输电线路基础受力特征，基础稳定性设计主要包括上拔、下压、倾覆三种工况下的基础承载能力计算。

（1）上拔稳定性设计。上拔稳定性设计就是计算基础抵抗上拔荷载的能力。不同类型的输电线路基础抗拔极限承载力组成及其计算方法往往不同。以土质条件下掏挖基础为例，工程上多采用"土重法"和"剪切法"两种方法进行基础抗拔极限承载力计算。"土重法"属于一种经验性方法，假设抗拔土体滑动破坏面为倒锥体，主要依靠基础及基础底板上方土体自重来抵抗上拔力的作用，其原理简单，计算简便，因此在设计中得到了广泛的采用。"剪切法"认为在极限平衡状态下，基础抗拔极限承载力由基础自重、土体滑动面范围内抗拔土体自重以及滑动面上剪切阻力的垂直分力三部分组成。"剪切法"因充分考虑了土体自身的抗拔承载能力而较"土重法"合理，但其承载机理复杂。

（2）下压稳定性设计。下压稳定性设计就是计算基础承担和抵抗下压荷载的能力。以土质条件下扩展基础为例，设计时需根据基础承受的下压荷载，计算基底附加应力并验算基底的地基承载能力。下压稳定性设计荷载作用时，基础需满足底板下地基附加应力不超过其允许承载力的要求，以保证地基土体不会发生剪切破坏而失稳。此外，当基底存在软弱下卧层时，还应计算基底附加应力影响范围内地基沉降变形的大小，并确定是否满足上部杆塔结构的正常使用要求，有时甚至要进一步确定是否需要改变基础选型方案。

（3）倾覆稳定性设计。倾覆稳定性设计就是计算基础抵抗水平力荷载和弯矩荷载作用的能力。水平荷载作用下基础周围地表土体位移以及基顶位移也是工程设计的重要控制指标。以原状土基础为例，基础在倾覆荷载作用下，基础立柱两侧地基影响范围内的被动土压力以及基底土压力产生的抗倾覆力矩能够使基础保持稳定，并满足规定的抗倾覆稳定安全系数要求。

2. 本体强度设计

本体强度设计主要包括基础主柱、底板正截面承载力计算，以及主柱斜截面承载力计算、基础与杆塔连接强度计算等内容。基础本体的强度及其刚度是实现外荷载通过基础传递至其周围岩土体地基的必要条件。基础本体各截面部位强度以及基础与杆塔的连接锚固承载性能都必须安全可靠。基础本体强度计算时，基础本身将被视作结构件，其设计计算与一般钢筋混凝土结构构件设计计算类似，可参照相关结构设计规范进行。

3. 构造设计

构造设计是指为保证基础整体稳定性和基础本体强度而对基础结构外形或基础构造措施进行的强制性规定。基础结构外形方面的构造要求往往因基础形式的不同而不同。例如，扩底桩基础的扩底端尺寸，灌注桩群桩基础承台厚度、边桩外侧与承台边缘距离、桩与承台连接方式等，岩石群锚基础的锚筋直径、锚孔直径、锚孔间距、承台嵌岩深度等，都属于基础结构外形方面的构造要求。此外，钢筋混凝土基础中钢筋的混凝土保护层最小厚度、钢筋锚固长度、混凝土构件中纵向钢筋的最小配筋率、钢筋直径及其布置要求、混凝土柱截面尺寸、混凝土基础底板厚度、混凝土立柱受力钢筋搭接要求等，一般都属于基础构造措施方面的要求。

基础构造设计并不完全依靠计算，其大多是长期工程实践的经验积累与总结，反映在规范编制中就变成了相应的构造措施与要求。基础设计必须满足相关构造措施要求，且构造措施有时甚至比基础受力计算更重要。

四、架空输电线路基础承载性能的两类极限状态

（一）基础承载性能的两类极限状态

架空输电线路基础通常按承载能力极限状态（ultimate limit state，ULS）和正常使用极限状态（serviceability limit state，SLS）进行设计。简言之，基础承载性能的两类极限状态的设计目的是既要确保地基基础不发生坍塌变形和破坏（承载能力极限状态），也要能够实现地基基础的正常使用功能并避免影响地基基础正常使用功能的缺陷产生（正常使用极限状态）。

1. 承载能力极限状态

承载能力极限状态对应于基础或基础构件达到最大承载力或产生不适于继续承载的变形的状态。以输电线路基础竖向抗拔承载性能为例，其承载能力极限状态由下述三种情形之一确定。

（1）基础达到最大承载力。基础竖向抗拔现场试验表明，基础抗拔荷载－位移曲线主要表现为图 0-2 所示的陡变型（A）和缓变型（B）两种情况。抗拔荷载－位移曲线是基础破坏模式及其承载性能的宏观反映，陡变型 A 类曲线表明抗拔基础呈"急进破坏"形式，缓变型 B 类曲线表明抗拔基础呈"渐进破坏"形式。前者破坏特征点明显，通常取其陡变起始点对应的荷载 T_{uA} 作为基础极限承载力，荷载一旦超过极限承载力，位移便急剧增大，即发生破坏。后者破坏特征点不明显，随着上拔荷载的增加，基础位移也相应增加，基础承载力逐渐增大，很难明确界定出一个真正的"极限值"。一般需根据相应的极限承载力确定方法（失效准则），判定基础极限承载力，分析其承载性能。显然，由此确定的基础极限承载力也并非真正的最大承载力，因为荷载继续增加时，地基岩土体塑性区范围扩大，塑性位移量增加，但基础上拔位移仍可趋于稳定。输电线路基础抗拔荷载－位移曲线多呈"渐进破坏"特征，当采用的基础承载性能失效准则不同时，所获得的基础极限承载力也不同。显而易见，图 0-2 所示的两类破坏形态下基础承载力失效的后果也不同。

（2）基础发生不适于继续承载的变形。如前所述，对于抗拔荷载－位移曲线呈"渐进破坏"形式的输电线路基础，其极限承载力确定方法或失效准则较多，

至今尚无统一的方法。为充分发挥基础承载潜力，有时可按输电线路杆塔结构所能承受的最大变形确定其极限承载力。如图 0-2 所示，可取最大允许变形 s_{uB} 所对应的荷载 T_{uB} 为基础极限承载力，该承载能力极限状态受上部杆塔结构、地基和基础位移的允许值所制约。通常情况下，架空输电线路基础最大允许上拔或沉降位移可取 25～30mm，水平位移可取 10mm。

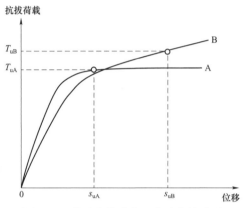

图 0-2　基础抗拔荷载-位移曲线类型

（3）地基基础整体失稳。对于斜坡地形输电线路基础，在竖向荷载作用下，有发生整体失稳的可能性。因此，斜坡地形基础承载能力极限状态除有上述两种情形外，尚应考虑地基基础的整体稳定性。

对于承受下压力、水平力、竖向力和水平力组合荷载作用的输电线路基础，其承载能力极限状态同样由上述三种状态之一决定。

此外，对于架空输电线路基础的立柱结构，其承载能力极限状态还包括上拔、下压、受弯、受剪承载能力极限状态。

2. 正常使用极限状态

正常使用极限状态对应于基础或基础构件达到正常使用或耐久性能的某项规定限值的状态。所谓规定限值，主要是指基础达到上部杆塔结构所规定的允许位移（竖向位移、水平位移和差异沉降等）限值，或地基岩土体允许变形限值，或为满足输电线路基础耐久性而进行的混凝土抗裂验算和耐腐蚀验算而规定的某项限值。

（二）两类极限状态下的荷载组合原则与基础作用力

架空输电线路杆塔和基础设计时，必须按承载能力极限状态和正常使用极限状态分别进行荷载组合，并应取各自的最不利组合进行设计，以满足相应极限状态杆塔和基础的可靠性要求。

对承载能力极限状态，应按荷载的基本组合或偶然组合计算所对应的效应设计值 S。对正常使用极限状态，应取荷载的标准组合计算所对应的效应标准值 S_k。对永久作用控制的基本组合，也可采用简化规则，即荷载基本组合的效应设计值 S 与荷载标准组合的效应标准值 S_k 之间近似满足：

$$S = 1.35S_k \qquad (0-1)$$

根据上述输电线路承载能力极限状态和正常使用极限状态的荷载组合原则，可计算得到相应极限状态下的基础作用力取值。

五、架空输电线路基础工程可靠性设计方法

（一）地基基础工程可靠性设计的安全系数法和分项系数法

安全系数法和分项系数法都是我国目前地基基础工程可靠性设计与安全性度量中常用的方法，这两种方法都是基于极限状态设计的。

（1）安全系数法也称"单一安全系数法"或"综合安全系数法"。即当地基基础相互作用所提供的抗力与基础所受荷载比值大于规定的安全系数时，认为地基基础工程是安全的。安全系数法概念明确，历史悠久，使用方便，是目前各行业地基基础工程广泛应用的设计准则，在长期工程实践中积累了丰富经验。

安全系数取值往往是根据经验，将工程中的一切不确定性因素都归入单一的安全系数之中。这些不确定性因素包括荷载（作用）、材料性质与参数、计算方法与施工的精确性与可靠性，甚至还包括政治、经济、环境和社会的各种条件与要求。因此，安全系数是个筐，一切不确定性因素都可往里装。因而工程设计中一般就无须再引入其他系数了，如重要性系数、工作条件系数、折减系数、放大系数等。安全系数虽综合反映了地基基础安全裕度及其所包含的各种不确定性因素的影响，但对所有不确定性因素采用同一个综合安全系数来概括，则难以区分各基本设计变量的影响程度，理论上欠妥。此外，安全系数取值是定性的经验性规定，并不直接代表工程的实际安全程度。对基础工程而言，不同基础以及同一基础在不同地质条件下使用的安全性往往不具有可比性。相同的安全系数，基础可靠性也不尽相同。安全系数法不能作为定值方法上升到基础可靠程度方法的统一尺度，科学性与合理性欠妥。尽管如此，安全系数法仍然是当前地基基础工程可靠性设计的基本方法。

（2）分项系数法是将地基基础抗力及其所受荷载都视作随机变量，并分别

度量抗力与荷载的不确定性。此时地基基础失效或破坏也都是随机事件。分项系数法是明确按承载能力极限状态进行设计的，是以可靠度理论为基础的概率极限状态设计方法。它将设计中的不确定性因素进行量化分析，分别采用结构重要性系数、设计状况系数、作用分项系数、材料性能分项系数等代替单一安全系数，旨在体现材料、作用、结构等基本设计变量的随机性与基础可靠性指标之间的关系。分项系数法物理力学概念清晰，理念先进，科学合理。

分项系数法已经过 20 多年的工程实践，代表了基础设计理论和方法的发展方向，但目前在实际应用过程中主要还是依据"校准法"来确定各部分的分项系数。所谓"校准法"，就是通过现有地基基础可靠度或现行设计规范所隐含的可靠度水平进行反演计算和综合分析，以确定地基或基础设计时采用的目标可靠度指标的一种方法。其实质是验算，即在地基基础承载力的可靠性与经济性之间选择一种合理平衡，力求以最经济的途径使地基基础承载力的取值能满足建筑物的各种预定功能要求。因此，分项系数法有时存在不同规范之间分项系数取值不一致的情况，需要持续改进。分项系数法较安全系数法要复杂得多，当前还属于一种新的地基基础工程可靠性设计方法，尚未被普遍认可和采用。

目前，安全系数法和分项系数法在具体内力、应力、稳定性计算等方面基本上是一致的，各行业在规范编制时均通过"校准法"将分项系数、安全系数和可靠度指标联系起来，通过采用结构可靠度分析理论对分项系数法、安全系数法所具有的工程可靠度进行分析。通常情况下，经规范编制校准后，两种方法得出的设计成果基本上是相近的。总体上看，安全系数法和分项系数法在本质上是一致的，也都是可行的。

（二）我国地基基础与桩基工程可靠性设计方法与安全性度量

1. 地基基础

到目前为止，我国地基基础设计规范共有 4 个版本，即《工业与民用建筑地基基础设计规范（试行）》（TJ 7—1974）、《建筑地基基础设计规范》（GBJ 7—1989）、《建筑地基基础设计规范》（GB 50007—2002）和《建筑地基基础设计规范》（GB 50007—2011）。《工业与民用建筑地基基础设计规范（试行）》（TJ 7—1974）是按照安全系数法制定的，地基设计承载力允许值的安全系数采用 2.0；《建筑地基基础设计规范》（GBJ 7—1989）的荷载取值及其组合是按《建筑结构设计统一标准》（GBJ 68—1984）的要求，并采用"承载力标准值"f_k取代了《工业与民用建筑地基基础设计规范（试行）》（TJ 7—1974）使用的"允许承载力"[R]，以试验或查表（计算）得到的地基土（岩）承载力标准值 f_k，通过深宽修正后得到地基土（岩）承载力设计值 f 或直接计算得到地基承载力设计值 f，并按照修正后的地基承载力设计值 f 进行基础设计计算。但《建筑地基基础设计规范》（GBJ 7—1989）所引起的问题是，出现了地基承载力设计值大于标准值的情况，这已与《建筑结构可靠度设计统一标准》（GB 50068—2001）的规定不符了，因此《建筑地基基础设计规范》（GB 50007—2002）对此进行了修订，并用"特征值"表示按照正常使用极限状态计算时采用的地基承载力值，"特征值"在《建筑地基基础设计规范》（GB 50007—2011）中得到保留和沿用。我国 4 个版本的地基基础设计规范中地基承载力设计方法及其安全度水准设置见表 0—1。

表 0—1　　　我国规范中地基承载力设计方法及其安全度水准设置

规范编号	基底压力满足条件	基底荷载组合方法	修正前地基承载力	修正后地基承载力
TJ 7—1974	$p \leqslant R$，$p_{max} \leqslant 1.2R$	标准组合	允许承载力，[R]	允许承载力，R
GBJ 7—1989	$p \leqslant f$，$p_{max} \leqslant 1.2f$	基本组合	标准值，f_k	设计值，f
GB 50007—2002	$p_k \leqslant f_a$，$p_{kmax} \leqslant 1.2f_a$	标准组合	特征值，f_{ak}	特征值，f_a
GB 50007—2011	$p_k \leqslant f_a$，$p_{kmax} \leqslant 1.2f_a$	标准组合	特征值，f_{ak}	特征值，f_a

2. 桩基

《工业与民用建筑地基基础设计规范（试行）》（TJ 7—1974）规定：单桩允许承载力宜通过现场静荷载试验确定。在同一条件下的试桩数量不宜少于总桩数的 1%，并不少于 2 根。《建筑地基基础设计规范》（GBJ 7—1989）规定：单桩承载力标准值应通过现场静荷载试验确定。在同一条件下的试桩数量，不宜少于总桩数的 1%，并不少于 2 根。以单桩承载力标准值的 1.2 倍作为桩基承载力设计值。《建筑桩基技术规范》（JGJ 94—1994）将桩基极限状态分为承载能力极限状态和正常使用极限状态 2 类。即桩基设计必须分为两类状态：破坏（承载能力）极限状态和功能（正常使用）极限状态。《建筑桩基技术规范》（JGJ 94—1994）采用以概率理论为基础的极限状态方法，应用分项系数 γ 表达的极限状态设计表达式进行计算。根据"校准法"结果，对不同桩型及承载力确定方法给出了桩侧阻抗力分项系数、桩端阻抗力分项系数、桩侧阻和桩端阻综合抗力分项系数、承台底土阻抗力分项系数的取值。《建筑桩基技术规范》（JGJ 94—2008）则以综合安全系数代替荷载分项系数和抗力分项系数，以单桩极限承载力和综合安全系数 K 作为桩基抗力设计的基本参数。总结起来，我国不同设计规范中桩

基承载力设计方法及其安全度水准设置见表 0-2。

表 0-2　　　我国规范中桩基承载力设计方法及其安全度水准设置

规范编号	荷载组合方法	单桩极限承载力试验（计算）	单桩稳定性验算承载力	单桩稳定性验算值的确定方法
TJ 7—1974	标准组合	标准值	标准值	
GBJ 7—1989	基本组合	标准值	设计值	1.2 倍标准值
GB 50007—2002	标准组合	特征值	特征值	极限承载力除以安全系数 2.0
GB 50007—2011	标准组合	特征值	特征值	极限承载力除以安全系数 2.0
JGJ 94—1994	基本组合	标准值	特征值	标准值除以分项系数 γ
JGJ 94—2008	标准组合	标准值	特征值	标准值除以安全系数 2.0

（三）我国架空输电线路基础可靠性设计方法与安全性度量

到目前为止，我国输电线路基础设计规范主要有 4 个版本，即《架空送电线路设计技术规程》（SDJ 3—1979）、《送电线路基础设计技术规定》（SDGJ 62—1984）、《架空送电线路基础设计技术规定》（DL/T 5219—2005）和《架空输电线路基础设计技术规程》（DL/T 5219—2014），各规范安全度水准设置方法见表 0-3。其中，K 为安全系数；γ_f 为附加分项系数；S_k、S 分别为上部结构荷载基本组合和标准组合所传至基础顶面的效应标准值和效应设计值，根据式（0-1）有 $S = 1.35S_k$；R 为基础承载性能极限抗力标准值。以掏挖基础为例，$R = R\,(c_k,\ \varphi_k,\ \alpha_k,\ H_k,\ D_k,\ B_k,\ d_k,\ b_k,\ \gamma_s,\ \gamma_c,\ \cdots)$ 为基础极限承载力函数，由基础几何尺寸和地基特性共同决定。其中，c_k、φ_k、α_k 分别为反映土体承载性能的黏聚强度、内摩擦角和上拔角的标准值；H_k、D_k、B_k、d_k、b_k 为基础埋深、底板直径、基础立柱直径等几何参数的标准值；γ_s、γ_c 为地基土体及混凝土重度（地下水位以下时，取浮重度）。

表 0-3　　　　输电线路基础规范安全度水准设置方法

规范编号	荷载组合方法与效应值类型	安全度方法与参数	设计表达式
SDJ 3—1979	标准组合，S_k	安全系数法，K	$S_k \leqslant R/K$
SDGJ 62—1984	标准组合，S_k	安全系数法，K	$S_k \leqslant R/K$
DL/T 5219—2005	基本组合，S	附加分项系数法，γ_f	$\gamma_f S \leqslant R$
DL/T 5219—2014	基本组合，S	附加分项系数法，γ_f	$\gamma_f S \leqslant R$

《架空送电线路设计技术规程》（SDJ 3—1979）和《送电线路基础设计技术规定》（SDGJ 62—1984）中的基础作用力虽均采用荷载标准组合的效应值，但安全系数 K 取值不同，分别见表 0−4 和表 0−5。需要说明的是，表 0−4 和表 0−5 中杆塔类型直接沿用了原规范中的名称。

表 0−4　《架空送电线路设计技术规程》（SDJ 3—1979）中的安全系数取值

设计工况		上拔稳定		倾覆稳定
基础形式		重力式基础	其他各类型基础	各类型基础
杆塔类型	直线杆塔	1.2	1.5	1.5
	耐张杆塔	1.3	1.8	1.8
	转角、终端和大跨塔	1.5	2.2	2.2

表 0−5　《送电线路基础设计技术规定》（SDGJ 62—1984）中的安全系数取值

杆塔类型	上拔稳定		倾覆稳定
	与基础重力有关的设计安全系数	与土抗力有关的设计安全系数	
直线杆塔	1.2	1.6	1.5
直线转角型和耐张型杆塔	1.3	2.0	1.8
转角型、终端型和大跨越型杆塔	1.5	2.5	2.2

《架空送电线路基础设计技术规定》（DL/T 5219—2005）则采用了以概率理论为基础的极限状态设计方法，用可靠度指标度量基础与地基的可靠度，基础作用力采用荷载基本组合的效应值，附加分项系数 γ_f 见表 0−6，其实质是将《架空送电线路设计技术规程》（SDJ 3—1979）中的安全系数除以 1.35 而得到。

表 0−6　《架空送电线路基础设计技术规定》（DL/T 5219—2005）中的附加分项系数取值

设计工况		上拔稳定		倾覆稳定
基础形式		重力式基础	其他各类型基础	各类型基础
杆塔类型	直线杆塔	0.90	1.10	1.10
	耐张（0°）转角及悬垂转角杆塔	0.95	1.30	1.30
	转角、终端和大跨越塔	1.10	1.60	1.60

以表 0-3 中《架空送电线路基础设计技术规定》（DL/T 5219—2005）的设计表达式 $\gamma_f S < R$ 为例，分析不同时期我国输电线路基础设计安全度水准设置的演变过程。如前所述，$\gamma_f = K/1.35$，且荷载基本组合的效应值 S 与荷载标准组合的效应值 S_k 之间近似满足 $S = 1.35 S_k$。因此，$\gamma_f S = (K/1.35) \times (1.35 S_k) = K S_k \leqslant R$，即 $S_k \leqslant R/K$。这与《架空送电线路设计技术规程》（SDJ 3—1979）和《送电线路基础设计技术规定》（SDGJ 62—1984）中的基础承载能力极限状态设计表达式完全相同。由此可见，《架空送电线路基础设计技术规定》（DL/T 5219—2005）虽采用基于分项系数法的基础极限状态设计方法，但其本质上是采用等强度、等安全度的换算方法，将《架空送电线路设计技术规程》（SDJ 3—1979）中的安全系数修改为附加分项系数，其安全度水准设置本质没有变化。若进一步比较表 0-4 和表 0-5，可以看出《架空送电线路基础设计技术规定》（DL/T 5219—2005）中的安全度水准设置比《送电线路基础设计技术规定》（SDGJ 62—1984）中的略低。

《架空输电线路基础设计技术规程》（DL/T 5219—2014）中增加了灌注桩基础上拔、下压稳定设计时的 γ_f 取值，其余附加分项系数 γ_f 取值与《架空送电线路基础设计技术规定》（DL/T 5219—2005）中的基本相同，见表 0-7。

表 0-7 　《架空输电线路基础设计技术规程》（DL/T 5219—2014）中的
附加分项系数取值

设计工况		上拔稳定		倾覆稳定	上拔、下压稳定
基础形式		重力式基础	其他各类型基础	各类型基础	灌注桩基础
杆塔类型	悬垂型杆塔	0.90	1.10	1.10	0.80
	耐张直线（0°转角）及悬垂转角杆塔	0.95	1.30	1.30	1.00
	耐张转角、终端和大跨越塔	1.10	1.60	1.60	1.25

《架空输电线路基础设计技术规程》（DL/T 5219—2014）中灌注桩基础设计方法及参数取值主要参考《建筑桩基技术规范》（JGJ 94—2008）。《建筑桩基技术规范》（JGJ 94—2008）中的承载能力极限状态设计表达为 $S_k < R_a$，其中 R_a 为单桩竖向承载力特征值，由单桩极限承载力标准值 R 除以综合安全系数 K（$K = 2.0$）确定。《架空输电线路基础设计技术规程》（DL/T 5219—2014）中灌注桩基础稳定性计算设计表达式为 $\gamma_f S_k \leqslant R_a$，等价于 $S_k \leqslant R/(\gamma_f K)$，则据此可得到与表 0-7 中杆塔类型相应的基础设计安全系数，分别为 1.6、2.0 和 2.5，这基本与《送电线路基础设计技术规定》（SDGJ 62—1984）中的相同。但就悬垂型杆塔而言，其安

全度设置水平要显著低于《建筑桩基技术规范》（JGJ 94—2008）中 $K=2.0$ 的要求。

（四）我国架空输电线路基础可靠性设计与安全性度量方法的新进展

在综合分析我国地基基础规范、桩基工程规范以及架空输电线路基础工程可靠性设计方法、安全度水准设置水平及其发展沿革的基础上，著者负责完成了《架空输电线路基础设计技术规程》（DL/T 5219—2014）修订专题"输电线路基础可靠性设计方法"研究，基于该专题研究成果并综合考虑输电线路塔位地形地貌复杂多变、基础形式多样、设计和施工边界条件不确定性等因素，确定《架空输电线路基础设计技术规程》（DL/T 5219—2014）修订过程中对不同类型基础均采用安全系数法作为地基基础工程可靠性设计与安全性度量的准则。

此外，由著者负责编制的《输电线路岩石地基挖孔基础工程技术规范》（DL/T 5845—2021）经专题研究后，也规定岩石挖孔基础采用安全系数法作为其可靠性设计与安全性度量的准则。在岩石地基挖孔基础承载能力极限状态下，基础承载性能应符合式（0-1）和式（0-2）的规定：

$$S_{\mathrm{k}} \leqslant R_{\mathrm{a}} \tag{0-2}$$

$$R_{\mathrm{a}} = \frac{R_{\mathrm{uk}}}{K} \tag{0-3}$$

式中　S_{k}——上部结构荷载标准组合下的基础作用力标准值；

　　　R_{a}——基础抗力特征值；

　　　R_{uk}——基础极限承载力标准值；

　　　K——安全系数，一般需根据杆塔类型与基础形式综合确定。

六、本书的写作背景、研究基础和主要内容

（一）写作背景

我国一次能源和用电负荷在地理上分布极不均衡，长距离、大容量的架空输电线路建设是国民经济和社会发展的必然要求。当前我国电网工程建设规模居世界之首，基础是架空输电线路结构荷载的最终承载者。

然而，我国是一个多山国家，越来越多的架空输电线路需途经山区，甚至是崇山峻岭的无人区。岩石地基是山区输电线路工程面临的主要工程条件，可分为基岩直接出露和基岩上覆一定厚度土层两种赋存形态。由于地形和道路运输条件限制，先进的工程地质勘察以及机械化施工技术与装备一般难以在山区

输电线路岩石基础工程中得到应用，工程地质勘察成果较为粗浅，基础施工还是以人力为主。同时，我国又是世界上地质灾害活动最严重的国家之一，山区强烈的构造运动、复杂的地形地质条件，加之近年来工程建设活动强度增加，使得山区架空输电线路基础工程日益面临极端天气气候事件频发、地质灾害高发易发的挑战。总体上看，输电线路岩石基础工程已成为我国当前山区电网建设与防灾减灾的关键点、难点和薄弱点，主要面临以下五方面的难题与挑战。

1. 岩石基础类型与选型

挖孔基础是山区架空输电线路的首选基础形式，也是应用最为广泛的一类基础形式。但在长期的输电线路基础工程实践中，人们对岩石挖孔基础承载性能还普遍存在一些认识误区。例如，对岩石挖孔基础是否需要扩底以及扩底应用原则的认识尚不统一，通常认为凡是扩底都能够提高基础上拔和下压承载力；再如，人们普遍认为岩石质量越好，岩石地基承载性能越好，忽略了岩石地基与基础间承载性能的协调问题。

岩石锚杆基础虽是我国山区架空输电线路工程中一种最传统的环保型基础形式，但随着我国电网工程建设的发展，杆塔结构荷载越来越大，途经山区输电线路面临存在一定厚度覆盖土层的岩石地基也越来越多，传统的直锚式岩石锚杆和承台式岩石锚杆基础形式已不能完全满足工程建设需要。为此，在特高压输电线路工程建设中，因地制宜地提出了柱板式岩石群锚基础形式，并得到推广应用。但在工程实践中，人们对岩石锚杆基础承载性能认识普遍不足，甚至有时还缺乏信心。

因此，针对山区岩石地基输电线路建设特点，结合塔位地层地质特征和荷载条件，合理确定岩石基础类型体系与选型方法，明确岩石基础的结构形式、适用范围及其应用原则，一直是我国山区输电线路工程建设的难点。

2. 岩石基础承载性能与机理

基础承载性能受其结构形式、地基条件、地形地貌特征和荷载工况等多种因素的综合影响。通过开展大量的基础承载性能现场试验，研究岩石基础承载性能与机理，明确岩石挖孔基础和岩石锚杆基础两类山区输电线路工程中常用岩石基础的抗拔荷载-位移特征、失效准则、破坏模式、承载机理，阐述两类岩石基础承载性能的影响因素，合理确定岩石基础的工程可靠性设计方法与安全度设置水准，一直是山区架空输电线路工程建设的迫切需求。

3. 岩石基础设计理论与计算方法

当前输电线路岩石挖孔基础设计理论和计算方法，主要是参考建筑、公路、桥涵、铁路等行业桩基规范。这些行业的基础受力状态、施工过程与架空输电线路行业差别较大，这些差别在输电线路岩石挖孔基础设计中往往被工程设计人员所忽视，不同设计单位与设计人员对岩石挖孔基础设计理论和计算方法的认识往往不同，从而使得设计成果差异也较大。此外，岩石锚杆基础在煤矿、隧道、建筑基坑和边坡工程中被广泛应用，但这些行业中的岩石锚杆主要用于结构支护，其承载性能和受力条件与架空输电线路工程中岩石锚杆基础的承载性能和受力条件存在显著不同。

因此，针对输电线路基础工程行业特征，基于输电线路岩石基础承载性能与承载机理，建立山区输电线路岩石基础工程设计理论与计算方法，将是提升山区电网工程建设本质安全水平的基本保障。

4. 斜坡地形岩石基础承载性能与设计计算

通常情况下，输电线路基础承载性能计算理论和工程设计方法都是基于平地条件的。然而，岩石地基斜坡地形是山区输电线路塔位处最常见的地形。斜坡地形边界条件将不同程度地降低岩石基础承载性能。量化分析斜坡地形对岩石基础承载性能的影响规律，合理确定岩石斜坡基础边坡保护范围，建立山区斜坡地形岩石基础承载性能计算理论与方法，一直是山区架空输电线路岩石基础承载性能设计及其安全运行评价的难题。

5. 岩石地基工程地质勘察与设计参数取值

山区架空输电线路岩石地基工程地质勘察，是塔位地基稳定性评价、塔位基础选型、基础性能设计与优化的前提。但山区架空输电线路塔位一般呈点状分布，受地形、地质和运输条件等的限制，大型勘察装备一般难以在山区输电线路工程中得到应用。因此，建立岩石基础设计参数与岩石地基工程地质勘察成果之间的关联方法及其数学模型，并结合输电线路地基勘察任务要求、难点和特点，提出架空输电线路岩石基础设计参数取值方法，是实现岩石地基工程地质勘察、基础选型、承载性能设计优化各环节间有机统一和衔接的关键。

著者通过对山区架空输电线路建设特点和现状的系统研究，基于试验研究与理论分析成果，对山区架空输电线路基础工程所面临的上述五大难题一一做出科学回答，全面展示我国山区架空输电线路岩石地基工程地质勘察、基础选型、现场试验、理论计算、工程设计与标准制定等方面的成果。

（二）研究基础

著者依托中国电力科学研究院有限公司岩土工程实验室，作为项目负责人和主要完成人，承担了国家科技支撑计划"特高压输变电系统开发与示范"子课题"1000kV 交流输变电工程杆塔方案及基础型式研究"以及国家电网公司科学技术项目"±800kV 级直流线路工程杆塔基础关键技术研究""山区输电线路岩石地基挖孔类基础工程应用优化技术研究""岩石嵌固基础承载性能试验及其优化设计技术研究""节理裂隙岩体地基注浆式锚杆基础研究""斜坡地形杆塔基础工程技术研究"等的研究工作。此外，著者还承担了多项省级电力公司和相关设计单位所委托的项目研究工作。在上述项目研究过程中，著者带领实验室团队成员开展了大量岩石挖孔基础和岩石锚杆基础现场试验工作。这些现场试验和理论成果为架空输电线路岩石基础承载性能及其工程设计技术研究提供了有力支撑。

依托本专著研究成果，已颁布实施了《输电线路岩石地基挖孔基础工程技术规范》（DL/T 5845—2021）和《架空输电线路锚杆基础设计规程》（DL/T 5544—2018），且相关研究成果业已在《架空输电线路基础设计技术规程》（DL/T 5219—2014）修订版中被采纳，为输电线路岩石基础工程建设提供了保障。

（三）主要内容

在我国长期的输电线路工程实践中，通常把在岩体中建设的基础称为岩石基础。需要说明的是，岩体与基础间相互作用、共同承载，岩体既是基础工程的一部分，也是基础整体稳定性评价的对象。事实上，岩石一般指岩块或小块岩体，而输电线路基础总是以一定范围岩体（并不是小块岩石）为其地基和环境条件。严格意义上讲，应以"岩体基础"一词代替实际工程中常用的"岩石基础"，但考虑到我国过去实际工程以及相关技术规范都已经习惯将这类基础称为"岩石基础"，"岩体基础"的提法较为少见，因此本专著也采用"岩石基础"一词。

本专著系统介绍了输电线路岩石挖孔基础和岩石锚杆基础抗拔现场试验的方法、过程与主要成果，分析了岩石基础抗拔荷载－位移特性、破坏过程与模式、承载性能与机理，提出了输电线路岩石挖孔基础和岩石锚杆基础工程设计理论与设计方法，明确了斜坡地形岩石基础设计优化技术，建立了岩石基础设计参数与岩石地基工程地质勘察成果之间的关联方法及其数学模型，对岩石地基架空输电线路基础工程所面临的五大难题一一做出了科学回答。

全书共分五个部分：绪论，综述架空输电线路基础研究的意义、架空输电线路荷载与基础受力、架空输电线路基础设计的基本要求与内容、架空输电线路基础承载性能的两类极限状态、架空输电线路基础工程可靠性设计方法以及本书的写作背景、研究基础和主要内容等；第一章，综述山区岩石挖孔基础工程现状，并对其承载性能的认识误区进行澄清，介绍岩石挖孔基础抗拔现场试验的方法、过程与成果，阐述岩石挖孔基础抗拔荷载–位移特征、破坏过程与破坏模式，确定输电线路岩石嵌固基础和嵌岩桩基础分类与应用原则，明确嵌岩段桩基极限侧阻力与端阻力的发挥性状与计算方法，建立岩石挖孔基础承载性能计算理论和工程设计技术，探讨山区斜坡地形岩石基础工程设计优化技术；第二章，介绍岩石单锚、群锚基础形式及其承载性能现场试验的方法、过程与成果，阐述岩石锚杆基础抗拔荷载–位移特征、破坏过程与破坏模式，分析其承载性能影响因素，建立岩石锚杆基础承载性能的计算理论和工程设计方法；第三章，阐述输电线路工程岩石分类与岩体分级方法，明确岩体结构与岩体工程特性，分析架空输电线路工程地质勘察理论和方法，阐述岩石基础工程地质勘察基本原则与要求，推荐基于规范和关联数学模型的岩石基础设计参数取值方法，提出岩石基础设计地质参数取值的基本原则；第四章，对输电线路岩石基础后续研究工作进行了展望。

第一章

岩 石 挖 孔 基 础

第一节　岩石挖孔基础承载性能认识误区与澄清

一、岩石地基挖孔基础面临的难题与认识误区

岩石挖孔基础是一种利用机械或人工在岩土体中钻（挖）成孔，孔内设置钢筋骨架与锚固连接件，并现场浇筑混凝土一次成型的钢筋混凝土基础形式。岩石挖孔基础承载性能良好，多数情况下采用"一腿一桩"方案即可满足上部结构荷载要求，施工过程中无支模、岩土体回填等作业工序，已成为我国当前山区架空输电线路工程中应用最广泛的基础形式。

图 1-1 所示为我国当前山区架空输电线路岩石挖孔基础的常见结构形式，主要有等直径直柱基础（straight-sided shaft，SS）、圆台形基础（circular-truncated-cone shaft，CS）、直柱扩底基础（belled shaft，BS），直柱扩底基础包括直柱平底扩底基础和直柱锅底形扩底基础。

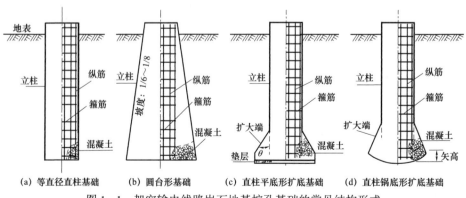

(a) 等直径直柱基础　　(b) 圆台形基础　　(c) 直柱平底形扩底基础　　(d) 直柱锅底形扩底基础

图 1-1　架空输电线路岩石地基挖孔基础的常见结构形式

从我国长期输电线路工程建设实践看，由于过去普遍认为扩底结构可提高基础承载能力，因而图1-1（a）所示等直径直柱基础在以往岩石地基中应用较少。此外，在早期的输电线路工程建设中，图1-1（b）所示的圆台形基础通常被称为岩石嵌固基础。为便于基础施工，近年来输电线路工程中将圆台形岩石嵌固基础设计成图1-1（c）和图1-1（d）所示的直柱扩底结构形式，并已成为我国目前山区输电线路工程中应用最多的两种基础形式，通常按大直径扩底桩基础进行工程设计。

然而，随着基础埋深和扩底直径的增大，扩底部分的土石方量及其混凝土量在整个基础工程中的占比不断增加。同时，山区架空输电线路建设长期以来受地形和运输条件的限制，先进的机械化施工技术与装备一般难以在山区基础工程建设中得到广泛应用。我国山区输电线路岩石地基挖孔基础施工主要以人力为主，多数情况下还需要进行岩石爆破作业，施工安全风险极高，扩底已成为岩石挖孔基础施工的难点和危险点。近年来，为提升山区输电线路基础施工技术水平、保障施工安全、保证施工质量，山区输电线路机械化成孔施工技术研究与应用越来越多。但扩底也成为输电线路岩石挖孔基础机械化成孔施工所面临的难题。

总体上看，国内外工程建设中都期望采用扩底结构增大基础底面面积，充分利用和发挥扩底结构周围的岩土体承载能力，从而提高基础承载能力。然而，当前国内外学界和工程界对扩底基础的承载性能研究，还主要集中在黏性土、粉土和砂砾层地基等土质条件，而对岩石扩底基础承载性能的研究工作相对较少，人们对岩石地基扩底挖孔基础承载性能的认识也大都基于土质地基大直径扩底桩。从我国山区架空输电线路岩石挖孔基础长期的工程设计实践看，仍然普遍存在过分强调采用扩底结构提高岩石挖孔基础承载力的现象，也存在过分强调岩石挖孔基础适用岩石地基质量要求的情况。概括起来，当前对岩石挖孔基础承载性能的认识尚存在三大误区：凡扩底都可提高基础下压承载力，凡扩底都可提高基础抗拔承载力，岩体质量越好岩石基础承载性能越好。

因此，有必要系统分析扩底对基础承载性能的影响规律，并结合岩石地基挖孔基础抗拔现场试验成果，对岩石挖孔基础承载性能的认识误区进行澄清，为山区架空输电线路岩石挖孔基础结构形式、工程分类及其应用原则提供依据。

二、对岩石挖孔基础承载性能三大认识误区的澄清

（一）误区 1：凡扩底都可提高基础下压承载力

下面从桩端岩土体性质对桩侧阻力影响、扩大端土体应力松弛效应、大直径桩极限侧阻力和端阻力尺寸效应三方面，分析扩底对基础下压承载性能的影响规律，从而对凡扩底都可提高基础下压承载力的认识误区进行澄清。

1. 桩端岩土体性质对桩侧阻力影响

在下压极限平衡状态下，桩端土体极限阻力理论计算时所采用的典型滑动面形态假设主要可分为图 1−2 所示的四种形式。

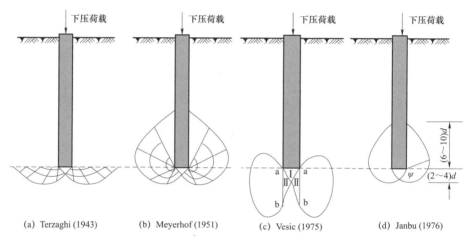

图 1−2 下压极限平衡状态下桩端土体典型滑动面形态

如图 1−2（a）和图 1−2（b）所示，Terzaghi 与 Meyerhof 分别以刚塑体理论为基础，推导了极限端阻力计算的理论公式。然而，由于 Terzaghi 与 Meyerhof 假定的桩端土体滑动面形态不同，其所计算得到的极限端阻力大小差异较大，且这些基于刚塑体理论的计算模型与土体具有可压缩性的实际工程性状并不相符。鉴于此，在考虑桩端土体压缩性能的基础上，Vesic 在 1975 年提出了如图 1−2（c）所示的桩端土体滑动面形态，并假设桩端以下形成了压密核 I，压密核随下压力增加将剪切过渡区 II 向外挤压，使其 ab 面土体向周围压缩并侧向扩张，由此进一步根据小孔扩张理论计算得到 ab 面上的极限应力，再通过剪切过渡区的平衡方程计算桩得到桩端土体的极限阻力。Janbu 则在 1976 年提出了对 Vesic 计算模型及其公式的改进方法，其假设土体破坏滑动面形态如

图 1-2（d）所示，且反映桩端土体破坏或塑性开展区形状及影响范围大小的参数 ψ 的取值为从软压缩性土的 $60°$ 到密实砂土的 $105°$，桩端以上侧阻力影响范围大致为桩端平面以上 $(6\sim10)d$（d 为桩径）和桩端平面以下 $(2\sim4)d$。虽然 Janbu 在图 1-2（d）中并未明确桩端平面的水平影响区域，但根据土层参数变化范围可推算得到桩端平面水平区域影响范围大致为 $(3\sim6)d$。

大量试验成果表明，桩侧阻力和桩端阻力是相互影响的且它们之间存在耦合作用，且这种相互影响和耦合作用受桩端持力层岩土体刚度及其变形性质的影响。为研究桩端平面土层刚度对桩端上部侧向土体位移变化的影响规律，我国学者席宁中在 2002 年提出了桩端土体位移变化与破坏模式，如图 1-3 所示，其中桩端土层压缩模量为 E_{sb}，桩端平面以上侧向土体（简称桩端侧向土体）压缩模量为 E_{ss}。

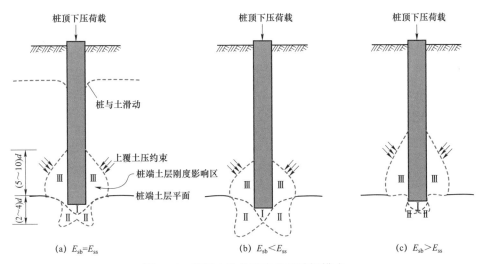

图 1-3 桩端土体位移变化及破坏模式

如图 1-3（a）所示，定义 $E_{sb}=E_{ss}$ 时下压力作用下桩周土体位移变化规律及其分布为正常情况。下压荷载作用下，桩周土体竖向变形一般自桩侧向外逐渐减小，桩顶附近桩周土体总体向内变形，而桩身中部桩侧土体水平位移变化不明显，桩端附近桩周土体则表现为向外的挤压变形，其受压土体通常分为Ⅰ、Ⅱ、Ⅲ三个区域。其中，Ⅰ区为桩端压密区，该压密区土体随下压力增加产生压缩沉降，迫使Ⅱ区土体向周围压缩并侧向扩张，大致范围为桩端平面以下 $(2\sim4)d$，Ⅱ区塑性破坏范围受桩端土层自身刚度及上部土体自重的制约。桩端沉降达到一定程度时，Ⅱ区土体必然向上挤出。Ⅲ区为下压极限承载状态下桩端平面以上土体桩侧阻力受桩端土层刚度影响的区域,其影响范围一般为(6~10)d。Ⅲ区土体处在变形相对稳定的桩身中部土层、桩端平面以下土层以及桩体和桩端侧面稳定土体的包围之中。在这个影响范围内,只有桩端平面以下土层随下压力作用会产生相对较大的变形,而其他三个方向土体变形则是相对稳定的。当$E_{sb}=E_{ss}$时,在同一应力状态下,桩端平面下部土体和桩端侧面土体的向下位移将保持同样的位移量变化,桩端土层平面上、下土体单元处于相同应力状态。但当$E_{sb}\neq E_{ss}$时,桩端平面以下土层刚度对桩端附近桩土体系的相对位移过程将有较大影响,从而直接影响桩侧阻力的发挥过程及其大小。

（1）当$E_{sb}<E_{ss}$时,如图1-3（b）所示,在同一应力状态下,桩端平面下部土体位移量将大于桩端侧向土体的向下位移量,桩端平面土层对其土体的约束作用减弱,桩端侧向土体产生应力松弛,导致其竖向应力减小。图1-4给出了桩端侧向土体应力松弛区土体单元应力状态及其抗剪强度变化规律。

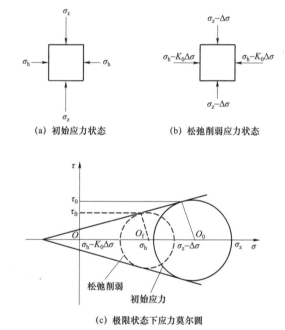

（a）初始应力状态　　　　　　（b）松弛削弱应力状态

（c）极限状态下应力莫尔圆

图1-4　松弛区土体单元应力状态及其抗剪强度变化规律

如图1-4（a）所示,假定桩端平面处的某微单元体所受初始竖向应力为σ_z,水平应力为σ_h。根据土力学原理,如图1-4（b）所示,当桩端侧向土体松弛导致该微单元体的竖向应力减小$\Delta\sigma$时,桩端侧向土体围压将产生$K_0\Delta\sigma$的减小量,

其中 K_0 为土体侧压力系数，$K_0 < 1$。从图 1-4（c）所示的莫尔圆变化可以看出，土体微单元从初始应力状态过渡到松弛削弱应力状态，其应力状态莫尔圆也从圆 O_0 过渡到圆 O_f，松弛区土体单元抗剪强度将相应减小。这种桩端平面土层对上部土体松弛效应使得桩端侧向土体抗剪强度减小的现象，通常被称为桩端土层对桩端侧向土体的松弛削弱效应。

（2）当 $E_{sb} > E_{ss}$ 时，如图 1-3（c）所示，同一应力状态下，桩端平面下部土体位移量将小于桩端侧向土体的向下位移量，桩端平面土层将对上部土体起阻滞约束作用。假设阻滞约束作用导致其竖向应力增大 $\Delta\sigma$，即桩端侧向土体围压增加。图 1-5 给出了桩端平面土体阻滞区土体单元应力状态变化及其抗剪强度变化规律。

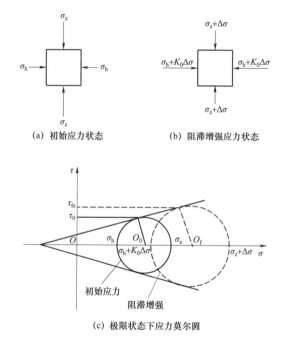

（a）初始应力状态　　　（b）阻滞增强应力状态

（c）极限状态下应力莫尔圆

图 1-5　阻滞区土体单元应力状态及其抗剪强度变化规律

图 1-5（a）所示为桩端平面处的某微单元体所受初始竖向应力状态，当桩端侧向土体因阻滞约束作用导致该微单元体的竖向应力增加 $\Delta\sigma$ 时，桩端侧向土体围压将产生 $K_0\Delta\sigma$ 的增加量，如图 1-5（b）所示。从图 1-5（c）所示的莫尔圆变化可以看出，其应力状态莫尔圆从圆 O_0 过渡到圆 O_f，相应土体抗剪强度增加。这种桩端平面土层对上部土体起阻滞约束作用使得桩端侧向土体抗剪强度

提高的现象，通常被称为桩端土层对桩端侧向土体的阻滞增强效应。

岩土体材料在极限承载力状态下一般均发生剪切破坏，即任意点的剪切应力大于材料的抗剪强度时，该点就发生剪切破坏。因此，图 1-4 和图 1-5 所示的桩端侧向土体剪切强度变化是相应桩侧阻力变化的根本原因。席宁中（2002）基于试验结果分析，根据桩端和桩侧土层的压缩模量比（E_{sb}/E_{ss}），给出了按式（1-1）近似估算桩端土层刚度对桩侧土层侧阻力发挥的影响系数 β 的方法：

$$\beta = (E_{sb}/E_{ss})^{0.1} \tag{1-1}$$

当 $\beta \geqslant 1.2$ 时，取 $\beta = 1.2$；当 $\beta \leqslant 0.8$ 时，取 $\beta = 0.8$。

2. 扩大端土体应力松弛效应

大量试验结果表明，土质地基中扩底基础下压承载性能一般以端承为主，其变形破坏模式与浅基础以及等直径桩基不同。浅基础在达到破坏荷载时，基底近处土体下沉、远处土体隆起，表现为整体剪切破坏。等直径桩基则一般以侧摩阻力为主，桩侧摩阻段先是桩土一起位移，随后桩土相对滑移，当相对下压位移达到 $s/d = 0.02 \sim 0.05$（s 为下压位移，d 为桩径）时接近承载力极限，桩端土体则呈深层局部剪切破坏，表现为图 1-2 和图 1-3 所示的破坏模式。然而，对大直径扩底基础而言，其下压试验荷载-位移曲线一般呈缓变型变化规律，桩端土体表现为以压剪变形为主导的渐进破坏，基础扩大端土体变形如图 1-6 所示。

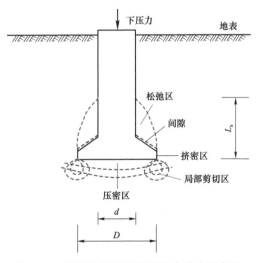

图 1-6　下压力作用下基础扩大端土体变形

当桩顶位移小于某一范围时，图 1-6 中扩底段桩的侧阻力随桩顶下压位移的增大而增大，对应的桩土相对位移也随桩顶下压力的增大而增大。随着桩顶下压位移的继续增大，扩大端底部土层受压挤密，而扩大端两侧土体形成侧向挤密区，扩大端边角处易因应力集中而产生局部剪切破坏，扩大端斜面上方土体则因出现临空间隙而形成应力松弛区，且应力松弛区范围内的土层侧阻力随着桩端位移的增大而迅速衰减并接近于零，与此同时相应的桩端阻力则迅速增大，直至基础达到极限承载力状态。但在试验过程中，一般都没有观察到桩端土体出现连续性滑动面和整体剪切破坏的现象。当扩大端斜面上土体出现临空间隙后，从理论上看，作用于扩大端斜面上的土体压应力将迅速减小，形成扩大端侧向土体的松弛削弱效应，扩大端斜面上一定范围内的土体出现类似图 1-4 所示的应力松弛效应而使得桩侧阻力减小，这就是扩底桩扩大端桩侧阻力的松弛削弱效应。Tomlinson 认为扩大端松弛区引起的桩侧阻力减小的影响范围 $L_s = 2d$。施峰等通过试验和有限元分析认为该影响范围 $L_s = (2\sim3)(D-d)$。席宁中（2002）则通过模型试验认为扩底桩土体应力松弛区范围 $L_s = 2.25(D-d)$ 或 $L_s = 1.5d$。

总体上看，下压荷载作用下扩底基础扩大端侧阻力松弛削弱效应是普遍现象，需引起设计人员的高度重视。例如，《建筑桩基技术规范》（JGJ 94—2008）和《大直径扩底灌注桩技术规程》（JGJ/T 225—2010）都明确规定：进行扩底基础下压承载力计算时，对扩大端斜面及扩底变截面以上 $2d$ 范围内的土体，不计入其桩侧极限阻力。

3. 大直径桩极限侧阻力和端阻力的尺寸效应

下压静荷载试验表明，土质地基中基桩极限侧阻力和端阻力大小与桩径、桩周土体性质密切相关。一方面，基础桩侧阻力和桩端阻力发挥不同步，桩侧阻力一般先发挥并几乎达到极限后，桩端阻力才开始发挥直至破坏。下压极限承载力状态下，扩大端所提供的承载力占整个桩顶下压力的比例一般要高于等直径桩，这主要是扩底桩端截面积增大的缘故。然而，大直径桩的桩端土层极限端阻力实际发挥普遍要低于等直径桩，这使得桩端土层承载能力的利用率远不及等直径桩。扩底桩土体极限端阻力一般是相应等直径桩极限端阻力的60%～80%。另一方面，桩基工程研究成果表明，基桩承载性状一般随桩径 d 的大小不同而变化。按国内外习惯，桩基工程中通常将基桩划分为小直径桩（微型桩）、中直径桩和大直径桩，对应桩径范围分别为 $d < 250mm$、$250mm \leq d \leq 800mm$ 和 $d > 800mm$。对于端承型大直径桩，有时又称墩。在实际工程设计中，若将中、小直径桩的桩侧极限阻力和桩端极限阻力取值直接套用到大直径桩，往往会得出偏大的结果，这是因为大直径桩（$d>800\,\text{mm}$）的极限侧阻力和端阻力普遍存在尺寸效应。

（1）大直径桩极限侧阻力的尺寸效应。桩成孔后产生的应力释放，孔壁出现松弛变形，导致桩侧土体侧阻力有所降低，一般随桩径增大呈双曲线型减小（Brandl，1988）。根据这一特性，可将极限侧阻力的尺寸效应系数表示为：

$$\psi_s = \left(\frac{0.8}{d}\right)^m \qquad (1-2)$$

式中　　d——桩径，m；

　　　　m——经验指数，对于黏性土和粉土取 1/5，对于砂土和碎石土取 1/3。

（2）大直径桩极限端阻力的尺寸效应。大直径桩静荷载试验荷载–位移曲线均呈缓变型，反映出其端阻力呈以压剪变形为主导的渐进破坏。Meyerhof（1988）指出，砂土中大直径桩的极限端阻力随桩径增大而呈双曲线型减小。根据这一特性，可将极限端阻力的尺寸效应系数表示为：

$$\psi_p = \left(\frac{0.8}{D}\right)^n \qquad (1-3)$$

式中　　D——桩端直径，m；

　　　　n——经验指数，对于黏性土和粉土取 1/4，对于砂土和碎石土取 1/3。

基于大直径桩极限侧阻力和端阻力的尺寸效应，我国建筑行业标准《建筑桩基技术规范》（JGJ 94—2008）和《大直径扩底灌注桩技术规程》（JGJ/T 225—2010）都规定：进行扩底桩承载力计算时，需考虑桩侧阻力与桩端阻力的尺寸效应。当桩身直径不大于 0.8m 时，桩侧阻力尺寸效应系数 ψ_s 和桩端阻力尺寸效应系数 ψ_p 均取 1.0；当桩身直径大于 0.8m 时，ψ_s 和 ψ_p 按表 1-1 取值。

表 1-1　　桩侧阻力尺寸效应系数 ψ_s 和桩端阻力尺寸效应系数 ψ_p 取值

土类型	ψ_s	ψ_p
黏性土、粉土	$(0.8/d)^{1/5}$	$(0.8/D)^{1/4}$
砂土、碎石类土	$(0.8/d)^{1/3}$	$(0.8/D)^{1/3}$

注　对等直径桩，上表中 $D=d$。

综上所述，对等直径直柱基础而言，基础底面土体对基础立柱周围侧阻力发挥存在松弛削弱和阻滞增强两种效应，基础持力层性质是影响基础下压承载力发挥的关键性因素。当选择较硬土层为基础持力层时，基础底面持力层土体对其立柱周围侧向土体阻滞增强效应的影响范围大致为(5～10)d，在此范围内基础立柱周围土体抗剪强度得到提高，对其周围侧阻力产生增大作用。因此，当基础持力层地基条件较好时，采用等直径直柱基础完全可能获得较好的承载性能。

在下压荷载作用下，扩底增大基底面积可提高基础的承载性能，但基础底部扩大端附近土体会形成应力松弛区和部分临空面，从而削弱了基础立柱周围土体极限侧阻力的发挥，其一般只能发挥至等直径直柱基础土体极限侧阻力的60%～80%。同时，扩底基础的扩大端尺寸一般较大，由于桩端尺寸效应，基础扩大端底面土层的实际极限端阻力一般较等直径直柱基础的小，甚至小很多。国内学者席宁中在2002年收集分析了国内300根单桩下压静荷载试验资料，结果有130根单桩的实测下压承载力达不到设计要求，占总桩数的43%。因此，扩底在表象上因增加了基底端阻力而提高了基础下压承载力，但实际上却降低了基础底部和立柱侧土体承载能力的发挥程度，岩土体承载能力的利用效率一般远不及等直径直柱基础，大量试验结果均证明了这一现象。总体上看，下压荷载作用下的大直径扩底基础，其扩大端土体应力松弛效应以及土体极限侧阻力和端阻力的尺寸效应是普遍现象。如设计不慎，很容易造成得不偿失。

在大直径扩底基础抗压承载力设计中，通常都不计入基础扩大端斜面及变截面以上2d长度范围内的土体侧阻力，甚至有些规范还明确规定对埋深小于6.0m的扩底基础不宜计入桩侧阻力。因此，在实际工程设计中需避免扩底导致端阻力增加与侧阻力损失相当，甚至侧阻力损失大于端阻力增加的情形。鉴于此，《建筑桩基技术规范》（JGJ 94—2008）指出：扩底桩用于持力层较好、桩长较短的端承型桩，可取得较好的技术经济效益。但若扩底应用不当，则可能走进误区。如在岩石饱和单轴抗压强度大于桩身混凝土强度的基岩中扩底，则是不必要的。显而易见，在基础周围土层条件较好且基础埋深较大的情况下进行扩底，一则损失扩底以上的土体侧阻力；二则增加扩底费用，可能造成损失和所得相当或损失大于所得。由于扩底使用不当，造成事故者也并不少见。

（二）误区 2：凡扩底都可提高基础抗拔承载力

下面从土质条件下的等直径直柱基础抗拔破坏模式与承载过程、直柱扩底基础抗拔破坏模式与承载过程、扩底结构参数对基础抗拔承载性能影响敏感性分析、直柱扩底基础抗拔承载力计算以及岩石地基等直径直柱基础与直柱扩底基础抗拔性能对比五个方面，分析扩底对抗拔基础承载性能的影响规律，从而对凡扩底都可提高基础抗拔承载力的认识误区进行澄清。

1. 土质条件下等直径直柱基础抗拔破坏模式与承载过程

如图 1-7 所示，等直径直柱基础典型的抗拔荷载-位移曲线一般呈缓变型变化规律，可划分为三个特征阶段：初始弹性段（OL_1）、弹塑性曲线过渡段（L_1L_2）和破坏段（L_2L_3）。初始弹性段的荷载-位移曲线呈线性变化，抗拔土体以弹性变形为主。在弹塑性曲线过渡段，基础上拔位移随荷载增加呈非线性变化，位移变化速率增大。在破坏段，随着上拔荷载的持续增加，基础变形急剧增大，较小的荷载增量即产生较大的位移增量，直至抗拔基础承载能力丧失而破坏。

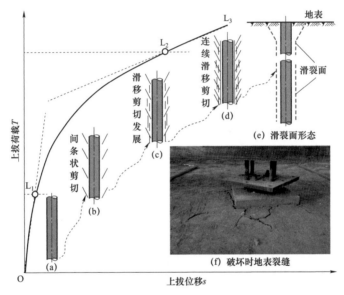

图 1-7　等直径直柱基础抗拔荷载-位移曲线特征阶段及其承载过程

当上拔荷载超过基础弹性极限承载力而达到荷载-位移曲线 L_1 点时，立柱周围满足莫尔-库仑强度准则条件的区域土体中开始出现图 1-7（b）所示的间条状剪切面，并在空间上呈倒锥形斜面，基础沿接触面产生的相对滑移较小。随着上拔荷载的继续增加，立柱周围土体中出现图 1-7（c）所示的大致与界面平行的滑裂面，且随荷载增加而迅速发展和连续滑移，直至形成图 1-7（d）所示的间条状滑移剪切破坏面，周围土体进入塑性状态，荷载位移-曲线发展到 L_2 点，基础达到塑性抗拔极限承载力。Kulhawy 等人的研究结果表明，基础立柱和土体界面位移相对滑移极限值一般为 13mm 左右。当上拔荷载超过塑性抗拔极限承载力后,基础承载能力增加较小,而位移则迅速增大,基础立柱下部呈现圆柱形滑移和抽出型破坏,而在靠近地表处则呈现图1-7(e)和图1-7(f)所示的倒锥形破裂面。总体上看,等直径直柱基础抗拔极限承载力主要由基础直柱与周围土体接触面的侧摩阻力和基础自重两部分组成。

2. 土质条件下直柱扩底基础抗拔破坏模式与承载过程

近年来,直柱扩底基础已被广泛用于抗拔工程设计。根据国内外大量试验研究结果,在上拔荷载作用下,根据基础抗拔深度(h_t)与扩大端直径(D)的比值 h_t/D 大小,可知抗拔土体滑动面呈图1-8所示的两种形态。

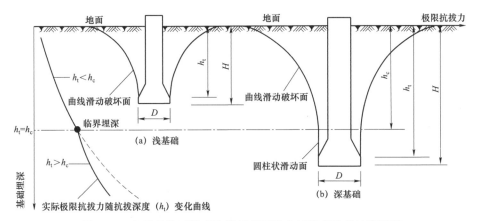

图1-8 土质条件下扩底抗拔基础两种破坏模式及其计算模型

在图1-8中,基础抗拔极限承载力随抗拔深度变化的曲线在埋深 $h_t = h_c$ 时出现不连续点,即当基础埋深大于 h_c 后,基础抗拔极限承载力随 h_t 增加的速率明显减小,h_c 通常被称为划分浅基础和深基础破坏模式的上拔临界埋深。当 $h_t \leqslant h_c$ 时为浅基础,在上拔荷载作用下,抗拔土体的曲线型滑动面将直接延伸至地面,基础抗拔极限承载力随埋深 h_t 的增大而增大。当 $h_t > h_c$ 时为深基础,在上拔荷载作用下,临界埋深 h_c 以上抗拔土体呈曲线型滑动面,并一直延伸至地面,而临界埋深 h_c 以下($h_t - h_c$)段抗拔土体一般呈椭圆状局部破坏形态,工程设计中通常将其简化为圆柱状滑动面。根据我国电力行业标准及国内外相关研究成果,土质条件下直柱扩底基础抗拔临界埋深 $h_c = (3 \sim 4)D$。

图1-9所示为浅埋直柱扩底基础抗拔荷载-位移曲线特征阶段及其承载过程。该抗拔荷载-位移曲线一般也呈初始弹性段(OL_1)、弹塑性曲线过渡段(L_1L_2)和破坏段(L_2L_3)的三阶段缓变型变化规律。在初始加载阶段,荷载主要由基础自重和立柱周围土体侧摩阻力承担。随着上拔荷载的增加,

基础立柱段摩阻力充分发挥并下移至扩大端，扩大端上方土体开始被压密而承载，荷载－位移曲线发展至 L_1 点。当上拔荷载持续增加后，基础上拔位移随荷载增加而呈非线性变化，且增加速率明显增大，扩大端周围土体由弹性状态转为图 1－9（b）所示的塑性状态，随着土体剪切变形的逐渐增大，扩大端周围土体塑性区不断扩展至图 1－9（c）所示状态，地表出现微裂缝并逐步增大，直至完全贯通图 1－9（d）所示的滑动面并延伸至地面，且地面处裂缝形态分布如图 1－9（e）所示。因此，浅埋直柱扩底基础抗拔承载过程可概括为：扩大端土体压缩挤密产生弹性变形—基础周围土体塑性区形成、发展、贯通—土体整体剪切破坏的渐进过程，其抗拔极限承载力主要由基础自重、滑动面剪切阻力及滑动面范围内土体自重组成。

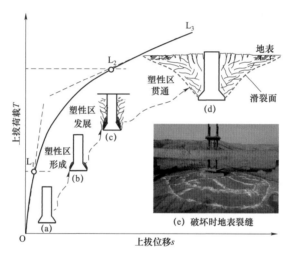

图 1－9　浅埋直柱扩底基础抗拔荷载－位移曲线特征阶段及其承载过程

图 1－10 所示为深埋直柱扩底基础抗拔荷载－位移曲线特征阶段及其承载过程。与浅埋直柱扩底基础抗拔承载过程相同，该抗拔荷载－位移曲线一般也呈初始弹性段（OL_1）、弹塑性曲线过渡段（L_1L_2）和破坏段（L_2L_3）的三阶段缓变型变化规律。当等直径段侧阻力发挥至弹性极限值后，扩大端周围土体压缩挤密，直至局部进入塑性状态，如图 1－10（b）所示。随着上拔荷载的持续增长，基础位移继续增大，等直径直柱段侧摩阻力逐渐发挥并逐步下移，扩大端周边土体继续受挤压，塑性区范围逐步扩展，如图 1－10（c）所示，直至完全贯通而发生受压破坏，基础抗拔承载力达到极限值，如图 1－10（d）所示。但与浅埋直柱扩底基础抗拔承载过程不同，通常情况下深埋直柱扩底基础抗拔承载力达到极限状态时，基础底部扩大段形成的是椭圆状局部破坏，而在等直径段

则形成一曲线破裂面并延伸至地面，在基础立柱接近地面处土体中形成一倒锥形滑动破坏面，如图 1-10（e）所示。

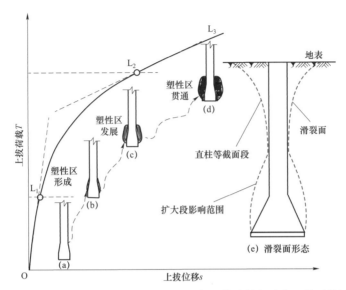

图 1-10 深埋直柱扩底基础抗拔荷载-位移曲线特征阶段及其承载过程

3. 土质条件下扩底结构参数对基础抗拔承载性能影响敏感性分析

为研究扩底结构对基础抗拔性能影响的敏感性，鲁先龙等在甘肃选择了 3 个戈壁场地和 1 个黄土场地开展了直柱扩底基础抗拔性能正交试验，其中 3 个戈壁试验场地分别位于高台县、山丹县和金昌市，而黄土试验场地位于甘谷县。各试验场地土体抗剪强度参数均值见表 1-2。

表 1-2　　　　　　　　戈壁和黄土试验场土体抗剪强度参数均值

地基类型与试验地点		黏聚强度的均值 μ_c（kPa）	内摩擦角的均值 μ_φ（°）
戈壁	高台县	10.5	41.4
	山丹县	23.0	43.3
	金昌市	14.7	44.2
黄土	甘谷县	15.2	23.2

扩底结构对基础抗拔性能的影响参数可概化为图 1-11 所示的立柱直径 d、深径比 λ 和基底扩展角 θ 三个影响因素，其中深径比 λ 为基础抗拔深度 h_t 与底板直径 D 的比值，即 $\lambda = h_t/D$。而 $h_t = H-t$，其中 H 为基础埋深，t 为基础扩

大端圆柱高度。两种地基条件下抗拔承载性能影响因素、水平及其试验取值见表 1-3。各试验基础露头高度 $e=0.2$m。

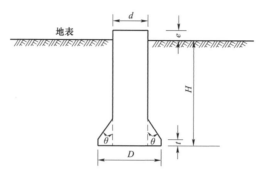

图 1-11 浅埋直柱扩底基础结构

表 1-3 抗拔承载性能影响因素、水平及其试验取值

影响因素			戈壁			黄土		
代号	名称	水平数	水平 1	水平 2	水平 3	水平 1	水平 2	水平 3
A	立柱直径 d（m）	3	0.80	1.20	1.60	0.90	1.20	1.50
B	深径比 $\lambda=h/D$（无量纲）	3	1.50	2.50	3.50	1.50	2.00	2.50
C	基底扩展角 θ（°）	3	10.0	20.0	30.0	14.0	30.3	45.0

根据表 1-3 中的影响因素、水平及其试验取值，基于日本学者 Taguchi 提出的正交试验方法及其正交阵列标准表格，设计并确定了 3 因素、3 水平共 9 个扩底基础结构尺寸，即在每个试验场地均需要开展 9 个基础抗拔试验。因此，在 3 个戈壁场地和 1 个黄土场地共完成了 36 个浅埋扩底基础抗拔现场真型试验。根据现场抗拔极限承载力试验结果，采用 Taguchi 方法分析了基础立柱直径、深径比和基底扩展角三个因素对扩底基础抗拔承载性能的影响规律及其敏感性排序。结果表明：

（1）扩底基础抗拔承载性能首先取决于地基土体性质，戈壁地基扩底基础抗拔承载性能总体优于黄土地基扩底基础，这主要是因为戈壁地基因粗粒、细粒、细粒-粗粒间的相互接触与胶结作用而形成骨架颗粒结构，粒间胶结效应明显，戈壁地基抗剪强度明显高于黄土地基。

（2）立柱直径、深径比和基底扩展角三个因素均对戈壁和黄土地基扩底基础抗拔承载性能产生影响，但其敏感性排序不同。对戈壁地基扩底基础，其影响敏感性由大到小的顺序为深径比、立柱直径和基底扩展角；而对黄土地基扩底基础，其影响敏感性由大到小的顺序为基底扩展角、立柱直径和深径比。

　　总体上看，土质条件下采用扩底结构提高基础抗拔承载性能是有条件的，需根据不同地质条件进行基础扩底结构的优化设计。

　　4. 土质条件下直柱扩底基础抗拔承载力计算

　　国外学者 Meyerhof 和 Adams（1968）根据砂土和黏土地基抗拔基础模拟试验结果，提出了扩底基础抗拔极限承载力半经验计算模型，如图 1－12 所示。

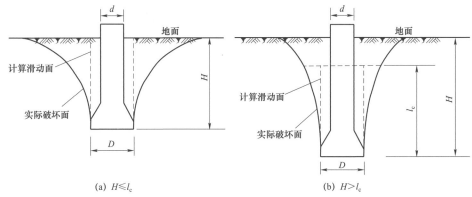

(a) $H \leqslant l_c$　　　　　　(b) $H > l_c$

图 1－12　Meyerhof 和 Adams 方法计算模型

　　Meyerhof 和 Adams 方法采用圆柱滑动面代替实际的喇叭形曲线滑动破坏面，并将简化后的圆柱形滑动面称为计算滑动面，计算滑动面最大高度由从基础底部算起的长度 l_c 决定。根据抗拔土体内摩擦角 φ 的不同，l_c/D 极限值见表 1－4，扩底基础抗拔承载力及其破坏模式随土体内摩擦角而变化。

　　当 $H \leqslant l_c$ 时，浅基础抗拔极限承载力由式（1－4）确定：

$$T_{up} = W_f + W_s + \pi DHc + \frac{\pi}{2} S_f D \gamma_s H^2 K_u \tan\varphi \qquad （1－4）$$

　　当 $H > l_c$ 时，深基础抗拔极限承载力由式（1－5）确定：

$$T_{up} = W_f + W_s + \pi c D l_c + \frac{\pi}{2} S_f D \gamma_s (2H - l_c) l_c K_u \tan\varphi \qquad （1－5）$$

式中　T_{up}——基础抗拔极限承载力，kN；

　　　W_f——基础有效自重，kN；

　　　W_s——计算剪切面所包含圆柱土体内的有效自重，kN；

　　　c——土体黏聚强度，kPa；

　　　φ——土体内摩擦角，(°)；

　　　γ_s——土体的有效重度，kN/m³；

　　　H——基础埋深，m；

D——基础扩大端直径，m；

l_c——自基础底部算起的长度，m；

K_u——计算滑动面上的土压力名义抗拔系数，可根据土体内摩擦角，按表 1－4 取值；

S_f——计算滑动面上被动土压力大小的形状系数，可根据土体内摩擦角，按表 1－4 取值。

表 1－4　　　　　　　　　Meyerhof 和 Adams 方法计算参数取值

φ（°）	20	25	30	35	40	45	50
l_c/D 极值	2.5	3.0	4.0	5.0	7.0	9.0	11.0
S_f 最大值	1.12	1.30	1.60	2.25	3.45	5.50	7.60
M 最大值	0.05	0.10	0.15	0.25	0.35	0.50	0.60
K_u	0.85	0.89	0.91	0.94	0.96	0.98	1.00

由此可以看出，按照 Meyerhof 和 Adams 方法计算时，扩底桩抗拔承载力破坏模式随土体内摩擦角而变化，内摩擦角越大，受扩底影响的桩体越长，且桩底以上 $(4\sim10)d$ 范围内，柱状破坏滑动面直径增大至扩底直径 D。超出该范围以上部分，破裂面缩小至桩土界面。按此模型可给出扩底抗拔承载力计算周长。

《建筑桩基技术规范》（JGJ 94—2008）扩底桩抗拔极限承载力计算滑动面假设与 Meyerhof 和 Adams 方法类似，不同之处是其在抗拔力计算时采用式（1－6）所示极限侧阻力计算方法：

$$T_{uk} = \sum \lambda_i q_{sik} u_i l_i + W_f \qquad (1-6)$$

式中　T_{uk}——抗拔极限承载力标准值，kN；

λ_i——抗拔系数，可按表 1－5 取值；

q_{sik}——计算剪切面第 i 层土的抗压极限侧阻力标准值，kPa；

u_i——计算滑动面周长，m，按表 1－6 取值计算；

l_i——自桩底算起的高度。

表 1－5　　　　　　　　　抗　拔　系　数　λ_i

土类	砂土	黏性土、粉土
λ_i 值	0.50～0.70	0.70～0.80

注　当桩长 l 与桩径 d 之比小于 20 时，λ_i 取小值。

表 1-6   扩底桩破坏表面周长 u_i

自桩底算起的长度 l_i	≤(4~10)d	>(4~10)d
u_i	πD	πd

注 l_i 对于软土取低值，对于卵石、砾石取高值；l_i 取值按内摩擦角增大而增大。

5. 岩石地基等直径直柱基础与直柱扩底基础抗拔性能对比

需要特别说明的是，前述抗拔基础承载力计算及其试验分析主要是基于土质条件的。图 1-13 所示为强风化～中风化岩石地基条件下等直径直柱基础与直柱扩底基础抗拔对比试验成果。

如图 1-13（a）所示，所有试验基础立柱直径 d 均为 1.2m，埋深分 3.6、7.2、10.8m 三种情况，各试验基础编号、基底扩径率（D/d）和基底扩展角（θ）也分别如图 1-13（a）所示。图 1-13（b）给出了相同埋深条件下各试验基础抗拔荷载-位移曲线对比分析结果。结果表明，当基础埋深为 3.6m 时，增加基底扩径率和扩展角，可显著提高基础抗拔承载性能。当基础埋深为 7.2m 时，5 号基础较 2 号基础抗拔承载力显著提高，但 8 号基础较 5 号基础抗拔承载能力显著下降，表明基础埋深为 7.2m 时，对基础进行适当扩底可在一定程度上提高基础抗拔承载性能，但较大的基底扩径率和扩展角反而会导致基础抗拔承载性能降低。当基础埋深为 10.8m 时，扩底结构对基础抗拔承载性能的影响总体上已几乎可以忽略，且 9 号基础反而因基底扩径率和扩展角较大，其抗拔承载性能略有降低。图 1-13（c）所示为不同埋深条件下等直径直柱基础与扩底基础的抗拔荷载-位移曲线对比分析结果。结果表明，相同挖孔基础形式在岩石地基中的抗拔承载力随埋深增加而增加，但增加速率随埋深增大而明显减小。

综上所述，土质条件下扩底结构总体上有利于提高基础抗拔承载性能，它还决定了抗拔基础的破坏模式，因而采用扩底结构已成为国内外提高土质地基抗拔基础承载力的常用方法。但扩底对戈壁和黄土地基抗拔基础承载性能的影响敏感性正交试验表明，土质条件下的基础扩底对提高抗拔承载性能是有条件的，地基土体强度是影响扩底基础抗拔性能的决定性因素，扩底基础抗拔承载性能首先取决于基础周围土体的抗剪强度。进一步的岩石挖孔基础现场试验结果表明，当岩石地基中基础埋深较小时，基础呈浅基础抗拔破坏模式，扩底可显著提高岩石挖孔基础抗拔承载能力。但当基础埋深达到一定程度后，扩底对岩石挖孔基础抗拔承载性能已几乎无影响，基底扩径率和扩展角增加甚至反而会导致基础极限抗拔承载力降低。

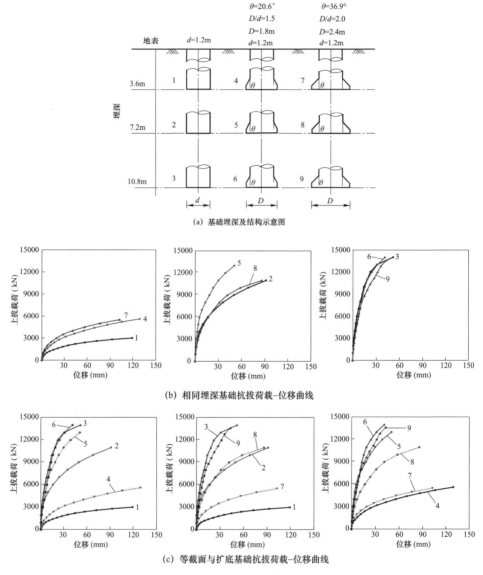

(a) 基础埋深及结构示意图

(b) 相同埋深基础抗拔荷载-位移曲线

(c) 等截面与扩底基础抗拔荷载-位移曲线

图 1-13　岩石地基等直径直柱基础与直柱扩底基础抗拔对比试验

（三）误区 3：岩体质量越好岩石基础承载性能越好

岩石挖孔基础荷载传递是一个极其复杂的桩～土～岩相互作用共同承载的过程。桩和桩侧岩（土）体之间产生相对位移，是桩侧岩（土）体对桩身产生侧阻力的前提条件。大量试验表明，对等直径桩基而言，其桩侧阻力和桩岩（土）界面相对位移间存在非线性关系，一般如图 1-14 所示。

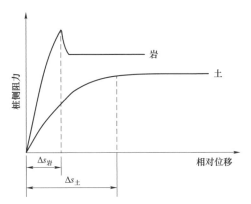

图 1-14 桩侧阻力随桩岩（土）界面相对位移变化关系

$\Delta s_岩$—桩侧极限阻力发挥时的桩–岩相对位移；$\Delta s_土$—桩侧极限阻力发挥时的桩–土相对位移

桩侧土体极限阻力充分发挥所需桩–土相对位移一般为 3～12mm。例如，施峰（1996）给出了福州地区部分土层极限侧阻力 q_s 及其所对应的桩–土相对位移$\Delta s_土$取值，见表 1-7。

表 1-7 福州地区部分土层极限侧阻力 q_s 及其对应的桩–土相对位移$\Delta s_土$取值

土体类别	淤泥	黏土	粉土	粉质黏土	砂质黏土	残积土
q_s（kPa）	10～20	25～35	20～30	30～40	35～45	40～60
$\Delta s_土$（mm）	3～10	3～7	2～5	4～8	3～8	3～6

然而，大量已有试验表明，岩体发挥极限侧阻力所需的桩–岩界面相对位移要小得多，破碎砂质黏土岩和细砂岩约 4mm，完整细砂岩约 3mm，完整石灰岩和花岗岩不超过 2mm。故理论上看，岩石地基桩侧阻力易达到峰值而使岩体呈脆性破坏。此时，若桩周岩体强度高于桩身混凝土强度，则桩–岩界面滑移破坏将发生在桩身混凝土一侧，两者结合面处的极限侧阻力将由桩身混凝土物理力学特性决定。反之，若桩周岩体强度小于桩身混凝土强度，则桩–岩界面滑移破坏将发生在桩周岩体一侧，两者结合面处的极限侧阻力将取决于桩周岩体物理力学特性。因此，在国内外嵌岩桩基础桩侧极限阻力计算时，都明确规定当岩石单轴抗压强度 f_{ucs} 大于桩身混凝土轴心抗压强度 f_{ck} 时，应取 f_{ck} 值计算桩侧极限阻力。同时，对桩端极限阻力计算也进行了类似规定。考虑到我国当前山区输电线路基础混凝土还是以现场搅拌施工为主，基础混凝土设计强度等级尚以C25 为主，施工质量差异较大，因此在大多数情况下，基础混凝土强度要低于其周围岩体强度，岩石挖孔基础的抗拔和抗压极限承载力将主要取决于混凝土强

度，挖孔基础混凝土一般会先于岩体破坏，从而使得岩体极限侧阻力和端阻力往往都未能得到充分发挥。

图 1－15 给出了图 1－13（a）中 1～9 号试验基础在极限承载力状态下地基基础的破坏模式与形态。由于试验场地地表浅层岩体风化程度较高，当基础埋深为 3.6m 和 7.2m 时，等直径与不同扩底形式的岩石挖孔基础抗拔破坏模式主要表现为地基岩体呈扩散放射状破坏。当基础埋深为 10.8m 时，等直径直柱基础地表破裂面范围明显减小，而扩底基础主要表现为立柱混凝土拉裂破坏，地表岩体无明显变化。由此可见，当岩体条件较好且基础埋深较大时，岩石挖孔基础抗拔极限承载力将取决于混凝土强度等级及其施工质量。图 1－16 给出了某山区特高压输电线路工程岩石挖孔基础现场钻孔取芯的混凝土芯样情况，该基础底部混凝土较破碎，局部胶结不良，存在蜂窝和空洞。显而易见，在基底混凝土强度及其施工质量得不到保证的情况下，扩底结构根本不能发挥人们所期望的提高基础抗拔极限承载性能的作用。

(a) 1   (b) 4   (c) 7

(d) 2   (e) 5   (f) 8

(g) 3   (h) 6   (i) 9

图 1－15　强风化～中等风化岩石等直径直柱基础与直柱扩底基础抗拔破坏模式与形态

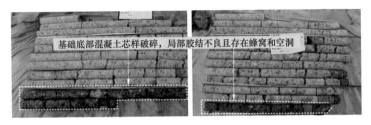

图1-16 某输电线路工程岩石挖孔基础混凝土芯样情况

因此，岩石挖孔基础并非人们普遍认为的岩石强度越高、完整性越好，岩石基础承载性能就越好，而是要充分重视基础与岩石地基之间承载性能相互协调的问题。总体上看，提高岩石挖孔基础混凝土强度等级，并确保混凝土施工质量，才是保障岩石挖孔基础承载性能良好发挥的关键。

第二节 岩石挖孔基础抗拔现场试验

一、试验概况

为提高山区电网工程建设质量和环境保护水平，研究输电线路岩石地基不同结构形式的挖孔基础抗拔承载性能，进一步论证岩石地基挖孔基础取消扩底的可行性，优化山区架空输电线路岩石挖孔基础分类及其工程设计提供试验依据，中国电力科学研究院有限公司岩土工程实验室开展了大量的岩石挖孔基础抗拔承载性能现场试验。

（一）试验基础结构形式

如图1-17所示，岩石挖孔抗拔试验基础分等直径直柱基础、圆台形基础和直柱扩底基础三种结构形式。其中，d 为立柱直径；D 为扩底直径；H 为基础埋深；h_t 为直柱扩底基础抗拔深度，$h_t = H - t$；t 为基础扩大端圆柱高度，取 $t = 0.2\text{m}$。

（二）场地条件及其试验基础

山区架空输电线路岩石地基一般呈两种地层赋存形态：基岩直接出露无覆盖土层、基岩覆盖一定厚度土层而呈上土下岩二元分布特征。鉴于此，可将试验场地分为无覆盖土层和有覆盖土层两种类型。

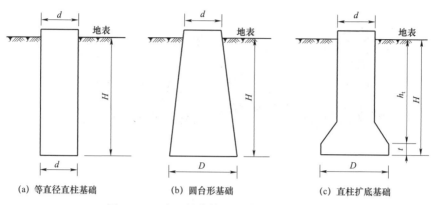

| (a) 等直径直柱基础 | (b) 圆台形基础 | (c) 直柱扩底基础 |

图1-17　岩石地基挖孔试验基础结构形式

1. 无覆盖土层场地与试验基础

无覆盖土层岩石挖孔基础试验场地共有13个，主要分布在北京、安徽、湖北、陕西、甘肃、广东、浙江、宁夏；著者同时还整理分析了相关文献中在湖南和辽宁的2个试验场开展无覆盖土层岩石地基圆台形挖孔基础抗拔试验的成果。上述试验场地岩石类型主要有砾质砂岩、火山角砾岩、凝灰岩、泥质砂岩、石灰岩、花岗岩、千枚岩、砂质片岩、粉砂质黏土岩、片麻岩、长石砂岩、灰岩等多种岩石类型。无覆盖土层试验场地基本概况见表1-8。

表1-8　　　　　　　　　　无覆盖土层试验场地基本概况

序号	试验地点及编号	岩石类型	场地岩石性质基本概况
1	北京房山（A）	砾质砂岩	场地覆盖层较薄，部分基岩直接出露，地表5m范围内为强风化岩屑砾质砂岩。根据岩石点荷载试验，地表砾质砂岩饱和单轴抗压强度为17.26MPa。地表5m以下为中风化含砾砂岩，砾石粒径为2～35mm，多呈次圆状～圆状，少量为次棱角状。根据室内岩芯试样实测结果，岩石饱和单轴抗压强度为68.3MPa
2	安徽霍山（B）	角砾安山质凝灰岩	场地为大别山丘陵地貌，由火山角砾岩和安山质凝灰岩混合组成。角砾呈棱角状、角砾状，砾径为0.65～6.80mm，绿泥石化显著，含量约23%。安山质凝灰岩主要由斜长石微晶～细晶以及晶屑组成，其次为隐晶质火山碎屑、火山灰及少量褐铁矿，具斑状结构、安山结构，角砾状～块状构造，含量约77%
3	安徽太湖（C）	泥质砂岩	场地岩体为岩屑石英杂砂岩，呈浅棕褐色，砂状结构，块状构造，风化强烈，裂隙发育，硬度低。由碎屑70%～75%、填隙物25%～30%组成。碎屑呈次棱角～次圆状，大部分为粒径0.06～0.25mm的细砂。填隙物主要为黏土质，其次为铁质和少量硅质。表层全风化泥质砂岩夹泥岩（残积土）重度为17.4～18.8kN/m³，含水率为14.3%～15.1%，内摩擦角为20°～28°，黏聚强度为30～48kPa
4	湖北宜昌（D）	石灰岩	场地岩体为奥陶系石灰岩，岩石饱和单轴抗压强度为62.0MPa，岩石坚硬程度为较硬。岩体压缩波速与岩块压缩波速分别为3253km/s与4451km/s，岩体完整性指数$K_v=0.53$，岩体完整程度属于较破碎。场地岩体基本质量等级为Ⅲ级

序号	试验地点及编号	岩石类型	场地岩石性质基本概况
5	陕西勉县（E）	花岗岩	场地岩体为花岗岩，呈灰黄～灰白色，粒状结构。地表2.5m范围内花岗岩呈全风化状态砾状；地表2.5m以下花岗岩呈强风化状态，厚度大于5m，手捏易碎
6	陕西略阳（F）	千枚岩	场地岩体为千枚岩，呈灰黄色、银灰色、灰黑色、青灰色等，矿物成分为石英、绢云母、绿泥石等，具丝绢光泽，变晶结构，千枚状构造，节理裂隙较发育，夹石英岩脉。地表0.5m范围内千枚岩呈全风化状态；地表0.5m以下千枚岩层呈强风化状态，碎块状，强度低，遇水易软化，厚度大于5m
7	陕西略阳（G）	千枚岩	场地岩体为千枚岩，呈灰黑色、青灰色、灰黄色、银灰色等，矿物成分为石英、绢云母、绿泥石等，具丝绢光泽，变晶结构，千枚状构造，节理裂隙发育，岩体破碎，部分岩层夹石英岩脉。地表千枚岩呈强风化状态，多呈碎块状，强度较低，遇水易软化，厚度为2.5～3.0m。地表强风化千枚岩以下的千枚岩呈中风化状态，岩体破碎，风镐可开挖并呈碎块状。根据岩石点荷载试验成果，岩石饱和单轴抗压强度为15.2MPa
8	甘肃白银（H）	砂质片岩	场地主要岩体为砂质片岩，呈灰绿色，薄层状结构，岩体风化强烈，节理裂隙发育，结构面以节理、风化裂隙为主，平均间距为3～5cm，强风化层厚约0.5m，以下呈中等风化状态
9	甘肃白银（I）	粉砂质黏土岩	场地主要岩体为粉砂质黏土岩，呈褐红色，混有风化砾石，裂隙块状结构，岩体风化强烈，节理、裂隙十分发育，结构面以层面、风化裂隙为主，表层约有0.3m基岩残积土，强风化层厚为1.0～1.5m，以下呈中等风化状态，产状近水平，浸水易软化崩解
10	广东深圳（J）	片麻岩	场地为片麻岩地基，表层呈全风化状态，层厚约4m，呈灰黄色、褐红色，原岩结构尚可辨，岩芯呈坚硬土柱状，手捏易散，含少量强风化岩块，手可折断，标贯击数为37。地表4m以下为强风化片麻岩，厚度约6m，呈青灰色、灰黄色，原岩结构清晰，裂隙发育，岩芯呈碎块状，手可折断，夹块状强风化岩块，含少量中风化岩块，标贯击数为60。岩石单轴饱和抗压强度为25.8～26.4MPa，岩石坚硬程度为较软。岩体压缩波速与岩块压缩波速分别为1876km/s及2756km/s，岩体完整性指数$K_v = 0.46$，岩体完整程度属于较破碎。场地岩体基本质量等级为Ⅳ级
11	浙江舟山（K）	流纹质凝灰岩	场地岩体为流纹质凝灰岩。由室内岩体试验得到岩石饱和单轴抗压强度为66.8MPa，由现场点荷载试验得到岩石单轴饱和抗压强度为65.5MPa。场地岩石坚硬程度为坚硬。岩体完整性指数$K_v = 0.17$，岩体完整程度为破碎。场地岩体基本质量等级为Ⅳ级
12	宁夏灵武（L）	长石砂岩	场地地表沙化严重，覆盖层为0.5～2.5m粉细砂，呈浅黄色，稍湿、松散，主要矿物成分为石英、长石，局部偶含粉土。地表覆盖层以下为粗中粒岩屑长石砂岩，呈灰绿色，厚度大于10m。岩石饱和单轴抗压强度为46.8MPa，属于较硬岩。岩体完整性指数$K_v = 0.17$，岩体完整程度为破碎。场地岩体基本质量等级为Ⅳ级
13	湖南郴州（M）	灰岩	场地青灰色中厚～厚层状灰岩裸露，中等风化，夹少量钙质页岩及薄层灰岩，局部风化表面见刀砍状凹痕。基面起伏差为0.3～1.2m。裂隙发育，多为张裂隙且均为方解石脉充填。节理线密度为8～20条/米不等，面密度为10～45条/米^{2}不等

序号	试验地点及编号	岩石类型	场地岩石性质基本概况
14	辽宁辽阳（N）	花岗岩	场地岩体为遭受强烈风化剥蚀的花岗岩，已失去基岩的外观特性，裂隙极为发育，开挖前呈整体状，开挖后呈松散状
15	北京房山（O）	凝灰岩	场地岩石呈褐棕色，全自形粒状结构，块状构造。镜下可见泥化、绢云母化，呈三角形格架状，可见石英、不透明矿物充填其中。岩石呈强风化～中等风化

在表 1-8 中的 15 个无覆盖土层岩石地基试验场地，共开展了 113 个岩石挖孔基础抗拔现场试验，其中等直径直柱基础 30 个，圆台形基础 52 个，直柱扩底基础 31 个。各试验基础概况分别见表 1-9～表 1-11。

表 1-9　　　　　　无覆盖土层等直径直柱基础及其不同失效准则下的
抗拔极限承载力与位移

试验地点及编号	基础序号	基础编号	试验基础结构参数		基础抗拔极限承载力 T (kN) 及其对应位移 s (mm)												
			d (m)	H (m)	T_{L1}	s_{L1}	T_{DA}	s_{DA}	T_{ST}	s_{ST}	T_{TI}	s_{TI}	T_{L2}	s_{L2}	$T_{T\&P}$	T_{Chin}	s_{Chin}
北京房山（A）	1	A/SS1	0.80	1.00	250	0.65	458	3.71	482	5.03	491	5.53	500	5.93	523	559	>50.06
	2	A/SS2	0.80	1.80	383	0.49	580	3.81	602	4.66	645	8.96	650	9.42	663	704	>71.52
	3	A/SS3	0.80	3.60	1814	0.52	3472	4.60	3580	5.16	4137	10.87	4200	11.57	4272	4557	>66.94
	4	A/SS4	0.80	5.40	4147	0.93	7688	6.59	7715	6.54	10770	24.84	11200	29.66	10858	12273	>82.12
	5	A/SS5	1.60	1.00	216	0.24	343	3.83	350	4.17	370	11.78	375	13.36	380	402	>63.54
	6	A/SS6	1.60	1.80	600	1.16	970	3.69	1101	6.31	1094	5.13	1100	5.15	1131	1218	>71.91
	7	A/SS7	1.60	3.60	1723	0.77	3167	4.01	3469	5.66	3971	11.24	4000	11.76	4045	4277	>66.08
	8	A/SS8	1.60	5.40	3029	1.13	5820	3.91	7037	7.31	8981	20.21	9200	23.5	9245	10074	>54.70
安徽霍山（B）	9	B/SS1	1.00	1.80	930	1.41	1214	4.06	1307	5.89	1483	14.15	1500	14.98	1512	1617	>104.23
	10	B/SS2	1.00	3.60	1586	0.61	3717	4.35	4064	5.36	4946	11.34	5000	12.1	5053	5332	>41.12
	11	B/SS3	1.00	5.40	1397	0.69	2818	4.33	3055	5.45	4512	20.93	4875	28.08	4735	5537	>50.31
	12	B/SS4	1.00	7.20	2301	0.86	4970	5.39	5189	6.01	6110	13.53	6500	20.76	6595	7357	>45.78
	13	B/SS5	1.80	1.80	680	1.05	1000	3.68	1106	5.73	1455	23.81	1500	29.34	1465	1632	>92.62
	14	B/SS6	1.80	3.60	2780	0.14	6915	4.11	6933	4.15	7442	5.21	7990	6.25	NA	8657	>9.10
	15	B/SS7	1.80	5.40	3000	0.50	6734	2.36	10055	5.64	8248	4.05	10515	6.13	NA	13270	>7.60
	16	B/SS8	1.80	7.20	2073	0.81	5865	4.37	NA	NA	4660	2.41	6000	4.61	NA	9910	>4.62

续表

试验地点及编号	基础序号	基础编号	d (m)	H (m)	T_{L1}	s_{L1}	T_{DA}	s_{DA}	T_{ST}	s_{ST}	T_{TI}	s_{TI}	T_{L2}	s_{L2}	$T_{T\&P}$	T_{Chin}	s_{Chin}
安徽太湖（C）	17	C/SS1	1.10	1.00	154	0.37	240	3.98	242	4.51	237	2.27	240	2.35	253	262	>39.85
	18	C/SS2	1.25	1.50	284	0.51	548	3.81	552	4.85	544	3.35	550	3.47	584	606	>34.75
	19	C/SS3	1.40	2.00	360	0.44	557	3.83	565	4.64	584	6.92	600	8.71	630	658	>36.59
	20	C/SS4	1.55	2.50	716	1.61	1110	3.88	1321	7.23	1346	8.17	1350	8.35	1371	1441	>43.86
	21	C/SS5	1.70	3.00	970	2.06	1315	4.22	1747	8.28	2266	25.95	2300	29.03	2259	2476	>94.66
湖北宜昌（D）	22	D/SS1	1.00	1.50	1834	0.03	NA	NA	NA	NA	4101	0.22	5200	0.66	NA	5838	>0.74
	23	D/SS2	1.00	2.00	2118	0.06	NA	NA	NA	NA	4330	0.28	5455	1.15	NA	5910	>1.18
陕西略阳（G）	24	G/SS1	0.80	3.00	2797	0.61	4250	4.72	4223	4.52	4362	5.33	4400	5.56	4568	4865	>51.11
	25	G/SS2	0.80	5.00	1592	0.31	4276	5.28	4100	4.75	5448	10.17	5500	11.39	5813	6244	>37.67
北京房山（O）	26	O/SS1	1.2	3.6	511	1.59	805	4.05	1075	7.56	2080	38.93	2800	92.43	1730	3203	>119.40
	27	O/SS2	1.2	7.2	2975	2.25	3985	4.99	4720	8.17	7192	26.97	10052	69.54	7060	11572	>91.53
	28	O/SS3	1.2	10.8	2467	0.61	6297	5.80	6490	6.16	11664	21.02	12985	30.95	12338	15166	>51.86
	29	O/SS4	1.6	7.2	2019	1.64	3403	4.21	4607	7.98	7062	21.38	10000	61.21	7510	11961	>80.08
	30	O/SS5	0.8	7.2	2125	2.42	3005	5.37	3305	7.63	4702	30.85	4990	41.15	4530	5579	>87.25

表头：试验基础结构参数 / 基础抗拔极限承载力 T（kN）及其对应位移 s（mm）

注 1. 基础编号中"/"前表示试验场地编号，"/"后表示基础类型及该试验场地的试验基础序号，下同。

2. ">"表示在按照 Chin 双曲线模型方法确定的极限承载力所对应的位移前试验终止，该位移数值对应试验基础最大位移值，下同。

3. $T_{T\&P}$ 对应位移为 25.4mm，下同。

4. "NA"表示无相关数据，下同。

表 1-10　　　无覆盖土层圆台形基础及其不同失效准则下的抗拔极限承载力与位移

试验地点及编号	基础序号	基础编号	d (m)	D (m)	H (m)	T_{L1}	s_{L1}	T_{DA}	s_{DA}	T_{ST}	s_{ST}	T_{TI}	s_{TI}	T_{L2}	s_{L2}	$T_{T\&P}$	T_{Chin}	s_{Chin}
北京房山（A）	1	A/CS1	0.80	1.60	1.00	300	1.26	431	4.01	497	5.72	533	15.71	550	20.21	555	610	>76.00
	2	A/CS2	0.80	1.60	1.80	676	0.65	1098	3.92	1148	4.78	1468	14.43	1500	16.26	1516	1632	>68.17
	3	A/CS3	0.80	1.60	3.60	1750	1.13	2833	4.04	3182	5.88	3907	13.54	4000	15.31	4063	4391	>56.37
	4	A/CS4	0.80	1.60	5.40	2317	0.48	6646	4.88	7195	5.63	10250	11.11	13000	19.09	NA	15532	>19.09

表头：试验基础结构参数 / 基础抗拔极限承载力 T（kN）及其对应位移 s（mm）

试验地点及编号	基础序号	基础编号	试验基础结构参数			基础抗拔极限承载力 T（kN）及其对应位移 s（mm）												
			d (m)	D (m)	H (m)	T_{L1}	s_{L1}	T_{DA}	s_{DA}	T_{ST}	s_{ST}	T_{TI}	s_{TI}	T_{L2}	s_{L2}	$T_{T\&P}$	T_{Chin}	s_{Chin}
安徽霍山（B）	5	B/CS1	1.00	1.80	1.80	1615	2.02	1922	3.94	2367	7.42	2820	19.47	2860	21.51	2864	3050	>88.80
	6	B/CS2	1.00	1.80	3.60	1713	0.74	3036	4.03	3358	5.57	4092	14.55	4211	16.67	4280	4671	>57.26
	7	B/CS3	1.00	1.80	5.40	4445	0.78	6414	4.54	6599	5.45	8089	17.56	8250	19.41	8323	8775	>49.51
	8	B/CS4	1.00	1.80	7.20	3990	1.66	5226	4.64	5623	5.97	7246	22.69	7500	28.02	7385	8196	>81.79
安徽太湖（C）	9	C/CS1	0.80	1.10	1.00	102	0.41	201	3.93	208	4.95	218	7.29	220	8.04	225	233	>42.51
	10	C/CS2	0.80	1.25	1.50	304	0.71	395	3.96	403	4.79	397	1.93	400	1.95	432	455	>37.36
	11	C/CS3	0.80	1.40	2.00	298	0.54	582	3.87	624	5.23	641	6.16	650	6.61	680	714	>38.76
	12	C/CS4	0.80	1.55	2.50	485	0.26	957	3.99	996	4.68	1085	8.12	1100	8.73	1126	1157	>39.14
	13	C/CS5	0.80	1.70	3.00	752	1.02	1451	3.94	1771	6.58	2041	12.61	2100	15.7	2142	2324	>39.77
	14	C/CS6	0.80	1.70	4.00	1124	2.06	1648	4.22	1974	7.45	2267	22.87	2305	28.81	2284	2470	>92.68
	15	C/CS7	0.80	1.70	5.00	1607	2.06	2309	4.25	2766	7.3	3730	33.36	3800	44.23	3624	4000	>96.92
湖北宜昌（D）	16	D/CS1	0.80	0.90	0.50	520	0.26	1117	3.93	1125	4.45	1165	7.78	1200	17.89	1210	1245	>39.82
	17	D/CS2	0.80	0.95	0.50	400	0.07	1066	3.87	1072	3.95	1281	6.19	1400	11.2	NA	1508	>20.22
	18	D/CS3	0.80	1.00	0.50	545	0.13	817	3.85	821	4.01	793	0.94	800	1.03	NA	909	>15.78
	19	D/CS4	0.80	0.90	1.00	2084	0.28	3308	3.88	3328	4.44	3277	1.39	3300	1.52	3472	3610	>42.96
	20	D/CS5	0.80	0.95	1.00	900	1.33	1029	3.87	1178	5.86	1143	4.49	1200	7.13	1398	1302	>34.48
	21	D/CS6	0.80	1.00	1.00	2689	1.16	3219	3.94	3234	5.16	3190	1.59	3200	1.61	NA	3545	>22.99
	22	D/CS7	0.80	1.00	1.50	2810	0.33	NA	NA	NA	NA	4880	0.91	5200	1.11	NA	6873	>1.80
	23	D/CS8	0.80	1.00	2.00	2500	0.05	NA	NA	NA	NA	3995	0.25	5500	1.19	NA	5751	>1.19
陕西勉县（E）	24	E/CS1	0.80	0.95	0.50	30	1.37	38	3.84	44	10.05	43	9.67	45	11.26	47	51	>53.13
	25	E/CS2	0.80	1.10	1.00	127	2.67	140	3.89	176	8.29	174	7.09	176	7.45	184	198	>41.36
陕西略阳（F）	26	F/CS1	0.80	0.95	0.50	42	0.26	65	3.83	70	4.19	68	4.01	69	4.07	76	81	>37.59
	27	F/CS2	0.80	1.10	1.00	86	0.82	128	3.87	135	5.16	138	5.42	140	6.02	153	163	>35.20
陕西略阳（G）	28	F/CS1	0.80	1.10	1.00	186	0.25	432	3.87	450	4.38	568	11.37	600	16.3	618	649	>35.17
	29	F/CS2	0.80	1.10	3.00	917	0.37	1440	4.16	1457	4.34	1530	5.31	1600	6.29	1823	2037	>39.99
	30	F/CS3	0.80	1.70	5.00	1947	1.13	2616	4.17	2777	5.62	2809	6.23	3200	17.42	3390	3686	>34.1

续表

试验地点及编号	基础序号	基础编号	试验基础结构参数			基础抗拔极限承载力 T（kN）及其对应位移 s（mm）											
			d(m)	D(m)	H(m)	T_{L1}	s_{L1}	T_{DA}	s_{DA}	T_{ST}	s_{ST}	T_{TI}	s_{TI}	T_{L2}	s_{L2}	$T_{T\&P}$	T_{Chin}	s_{Chin}
甘肃白银（H）	31	H/CS1	0.80	1.80	3.80	1800	0.43	NA	NA	NA	NA	NA	NA	4200	2.88	NA	4764	>2.88
	32	H/CS2	0.80	1.80	3.80	1200	0.49	3340	4.12	3521	4.61	NA	NA	3600	4.82	NA	4117	>4.82
甘肃白银（I）	33	I/CS1	0.80	2.00	4.50	1200	0.42	NA	NA	NA	NA	NA	NA	4200	2.92	NA	5585	>2.92
	34	I/CS2	0.80	1.90	4.10	1800	0.28	NA	NA	NA	NA	NA	NA	3900	0.6	NA	4294	>0.60
	35	I/CS3	0.80	1.60	3.40	1200	0.2	NA	NA	NA	NA	NA	NA	5000	3.76	NA	5464	>3.76
广东深圳（J）	36	J/CS1	0.80	1.40	0.50	87	0.12	142	3.82	143	4.04	138	0.95	140	0.99	NA	161	>23.6
	37	J/CS2	0.80	1.40	1.00	168	0.18	322	3.82	325	4.21	315	2.11	320	2.25	NA	364	>18.85
浙江舟山（K）	38	K/CS1	0.80	1.00	0.50	255	0.39	281	3.71	283	4.27	277	0.65	280	0.74	NA	321	>50.78
	39	K/CS2	0.80	1.10	1.00	257	0.27	320	4.06	322	4.29	315	2.62	319	3.08	NA	361	>51.8
宁夏灵武（L）	40	L/CS1	0.80	1.00	0.50	250	1.28	363	3.88	462	6.46	652	19.16	700	24.63	713	787	>45.44
	41	L/CS2	0.80	1.10	1.00	260	1.47	384	3.87	455	6.71	515	11.07	540	13.39	567	621	>38.04
湖南郴州（M）	42	M/CS1	0.60	0.70	1.55	157	0.01	NA	NA	NA	NA	NA	NA	626	0.40	NA	685	>0.40
	43	M/CS2	0.60	0.70	1.55	313	0.11	NA	NA	NA	NA	NA	NA	704	0.52	NA	833	>0.52
	44	M/CS3	0.60	0.70	1.55	470	0.13	NA	NA	NA	NA	NA	NA	1017	0.65	NA	1101	>0.65
	45	M/CS4	0.60	0.70	1.55	235	0.05	NA	NA	NA	NA	NA	NA	626	0.51	NA	658	>0.51
	46	M/CS5	0.60	0.70	1.55	235	0.06	NA	NA	NA	NA	NA	NA	783	0.61	NA	870	>0.61
	47	M/CS6	0.60	0.70	1.55	235	0.04	NA	NA	NA	NA	NA	NA	861	0.64	NA	909	>0.64
	48	M/CS7	0.60	0.70	1.55	313	0.05	NA	NA	NA	NA	NA	NA	861	1.38	NA	885	>1.38
	49	M/CS8	0.60	0.70	1.55	235	0.12	NA	NA	NA	NA	NA	NA	626	0.45	NA	746	>0.45
辽宁辽阳（N）	50	N/CS1	1.00	2.00	1.60	465	1.18	772	3.87	810	5.73	848	7.64	880	9.10	946	1036	>35.00
	51	N/CS2	1.00	2.00	2.00	505	1.08	983	3.90	1164	6.27	1172	6.44	1200	6.95	1353	1481	>24.60
	52	N/CS3	1.00	2.40	2.50	990	0.93	1623	3.88	1747	5.53	1952	10.4	2000	12.5	2060	2181	>34.50

表 1-11　　　无覆盖土层直柱扩底基础及其不同失效准则下的抗拔极限承载力与位移

试验地点及编号	基础序号	基础编号	试验基础结构参数			基础抗拔极限承载力 T（kN）及其对应位移 s（mm）												
			d(m)	D(m)	H(m)	T_{L1}	s_{L1}	T_{DA}	s_{DA}	T_{ST}	s_{ST}	T_{TI}	s_{TI}	T_{L2}	s_{L2}	$T_{T\&P}$	T_{Chin}	s_{Chin}
北京房山（A）	1	A/BS1	0.80	1.60	1.00	441	0.94	653	3.78	700	5.18	740	7.51	750	8.07	765	813	>59.16
	2	A/BS2	0.80	1.60	1.80	480	0.51	1055	3.99	1138	4.93	1467	13.03	1500	14.78	1520	1641	>61.81
	3	A/BS3	0.80	1.60	3.60	2470	1.79	3571	4.62	4162	7.24	5347	19.28	5500	21.8	5526	6238	>71.44
	4	A/BS4	0.80	1.60	5.40	5950	0.69	9641	7.30	9210	4.98	11280	16.31	13000	27.95	12628	13905	>44.55
	5	A/BS5	1.00	1.60	1.00	400	0.49	575	3.92	579	4.03	627	14.61	650	21.44	652	699	>69.07
	6	A/BS6	1.00	1.60	1.80	1000	1.38	1213	3.90	1256	5.48	1285	6.77	1300	7.41	1328	1415	>71.38
	7	A/BS7	1.00	1.60	3.60	2124	0.52	3987	4.40	4327	5.42	5513	12.02	5600	12.89	5678	6076	>65.25
	8	A/BS8	1.00	1.60	5.40	2462	1.97	4373	4.80	7039	9.65	10417	16.09	12060	20.23	12815	13317	>26.09
安徽霍山（B）	9	B/BS1	1.00	1.80	1.80	677	0.36	1332	3.97	1378	4.51	1606	13.07	1650	15.43	1676	1822	>73.15
	10	B/BS2	1.00	1.80	3.60	2796	1.51	4041	4.51	4730	6.39	5881	19.51	6000	21.68	6045	6584	>69.00
	11	B/BS3	1.00	1.80	5.40	2767	1.12	4490	4.80	4976	6.26	5799	11.28	5950	13.18	6100	6576	>32.67
	12	B/BS4	1.00	1.80	7.20	3180	1.02	5217	5.55	5342	6.33	6314	19.67	6500	23.04	6517	7146	>72.60
	13	B/BS5	1.40	1.80	1.80	815	1.75	966	3.81	1074	6.06	1259	24.39	1300	34.25	1259	1416	>94.23
	14	B/BS6	1.40	1.80	3.60	1681	1.64	2236	3.93	2548	6.23	3033	16.96	3150	21.85	3158	3449	>63.65
	15	B/BS7	1.40	1.80	5.40	3898	0.63	7603	4.74	7824	5.22	9847	13.04	10150	14.03	NA	10866	>25.60
	16	B/BS8	1.40	1.80	7.20	2960	1.25	5266	4.62	5868	6.04	6292	7.42	7020	10.73	NA	8624	>16.38
安徽太湖（C）	17	C/BS1	0.80	1.10	1.00	130	0.2	281	3.71	285	4.22	288	4.82	290	4.99	296	302	>41.17
	18	C/BS2	0.80	1.25	1.50	211	0.54	393	3.76	402	4.52	396	3.71	400	3.85	428	457	>40.70
	19	C/BS3	0.80	1.40	2.00	435	0.91	655	3.74	686	5.58	692	5.81	700	6.22	727	763	>43.34
	20	C/BS4	0.80	1.55	2.50	431	0.54	877	3.99	933	5.25	1027	10.19	1050	12.08	1071	1121	>39.45
	21	C/BS5	0.80	1.70	3.00	600	1.06	1201	4.07	1433	6.6	1667	12.41	1700	13.92	1734	1886	>44.51
湖北宜昌（D）	22	D/BS1	0.80	1.00	1.50	2570	0.06	NA	NA	NA	NA	4166	0.34	5400	1.12	NA	5564	>1.11
	23	D/BS2	0.80	1.00	2.00	2000	0.07	NA	NA	NA	NA	4260	0.53	5500	1.03	NA	6279	>1.03
北京房山（O）	24	O/BS1	1.2	1.6	3.6	890	2.01	1185	4.09	1703	8.76	3296	35.07	4800	86.81	2920	6033	>129.89
	25	O/BS2	1.2	1.6	7.2	2967	1.89	5522	5.11	6716	8.12	9201	19.75	11990	39.19	10305	14568	>51.00
	26	O/BS3	1.2	1.6	10.6	1995	1.27	4565	5.32	5717	7.34	10263	16.57	12840	30.08	12113	18332	>41.58

续表

试验地点及编号	基础序号	基础编号	d(m)	D(m)	H(m)	T_{L1}	s_{L1}	T_{DA}	s_{DA}	T_{ST}	s_{ST}	T_{TI}	s_{TI}	T_{L2}	s_{L2}	$T_{T\&P}$	T_{Chin}	s_{Chin}
			试验基础结构参数			基础抗拔极限承载力 T(kN)及其对应位移 s(mm)												
北京房山（O）	27	O/BS4	1.2	2.4	3.6	1103	1.97	1543	3.78	2060	7.52	3644	31.84	5010	77.31	3334	6006	>103.04
	28	O/BS5	1.2	2.4	7.2	2103	1.85	3255	4.70	4512	9.01	8277	34.04	10000	58.43	7248	12306	>86.05
	29	O/BS6	1.2	2.4	10.6	3180	2.73	4960	5.34	7515	10.42	9615	19.06	12785	35.95	10865	17060	>43.22
	30	O/BS7	0.8	2.4	7.2	2385	2.72	3350	4.50	4056	8.82	6930	34.98	8005	57.02	6260	9585	>93.18
	31	O/BS8	1.6	2.4	7.2	2018	0.66	4842	4.33	6017	5.99	11013	20.96	13065	34.26	12090	15889	>49.10

2. 有覆盖土层场地与试验基础

有覆盖土层岩石挖孔基础试验的数据主要来自国家电网公司 2015 年依托工程基建新技术项目中关于嵌岩抗拔基础承载性能现场试验的成果。试验场地分别位于四川省广元市利州区以及理县下孟乡。

广元市利州区试验场地的覆盖土层主要为残坡积粉质黏土，覆盖土层以下基岩为砂岩，其中粉质黏土覆盖土层厚度为 2～3m，呈褐色，以可塑状态为主，局部为硬塑状态。覆盖土层以下砂岩的上部 3m 呈全风化~强风化状态，且存在砂岩泥岩互层，属极软岩；3m 以下砂岩较完整，中等风化，节理裂隙发育，层厚未揭穿。各层岩土体物理力学性质指标见表 1-12。该试验场地共开展了 19 个岩石挖孔基础抗拔试验，其中等直径直柱基础 12 个，直柱扩底基础 5 个，变截面直柱基础 2 个，各试验基础形式、覆盖层厚度、嵌岩段周围岩体情况如图 1-18 所示，各试验基础概况见表 1-13。

表 1-12　　　　　各层岩土体物理力学性质指标

岩土名称		重度（kN/m³）	黏聚强度（kPa）	内摩擦角（°）	压缩模量（MPa）	孔隙比	液性指数	岩石饱和单轴抗压强度（MPa）
粉质黏土		19.5	27～54	12.5	7.3	0.798	0～0.47	—
砂岩	全风化~强风化	23	100～500	32.8	200～500	—	—	5
	中等风化	25	800～1500	40.6	2100～3200	—	—	16～24

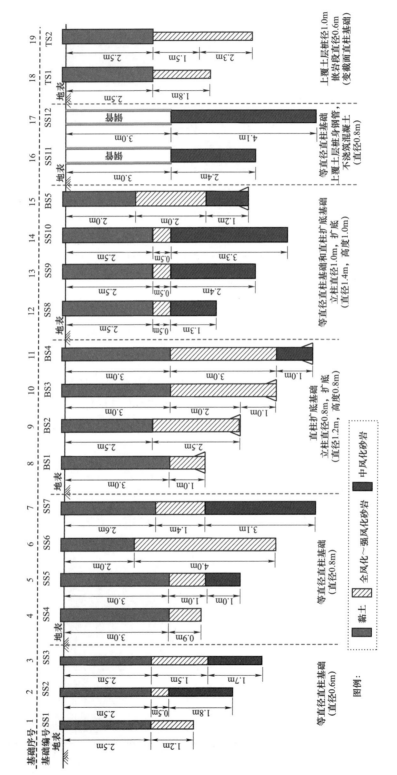

图 1－18　有覆盖土层岩石地基挖孔试验基础及其周围岩土体情况

理县下孟乡试验场地上覆土层为崩坡积碎石土，呈稍密～中密状态，主要成分为千枚岩、板岩及石英砂岩，呈棱角状碎石块，大小为30～80mm，少量黏性土及砂砾充填其中。覆盖土层以下基岩以石英砂岩为主，其次为千枚岩，岩体较完整，裂隙不发育，呈中等风化～微风化状态。该试验场地试验基础共 3 个，均为等直径直柱基础，各试验基础概况也一并列于表 1－13 中。

表 1－13　　有覆盖土层岩石挖孔基础及其不同失效准则下的抗拔极限承载力与位移

试验场地	基础序号	基础编号	覆盖土层厚度(m)	嵌岩深度(m)	立柱直径(m)	扩底直径(m)	总桩长(m)	基础抗拔极限承载力 T (kN) 及其对应位移 s (mm)												
								T_{L1}	s_{L1}	T_{DA}	s_{DA}	T_{ST}	s_{ST}	T_{TI}	s_{TI}	T_{L2}	s_{L2}	$T_{T\&P}$	T_{Chin}	s_{Chin}
广元市利州区	1	SS1	2.50	1.2	0.6	—	3.7	672	2.41	860	4.07	933	7.14	954	7.98	971	8.47	998	1106	>66.7
	2	SS2	2.5	2.3	0.6	—	4.80	643	0.59	1405	4.67	1464	5.25	1483	5.41	1693	7.69	2316	2431	>24.91
	3	SS3	2.5	3.2	0.6	—	5.7	1313	1.39	2165	5.25	2358	6.47	2422	6.58	3080	11.13	4254	3469	>32.18
	4	SS4	3.0	0.9	0.8	—	3.9	370	1.25	521	3.95	577	5.42	790	12.64	823	13.99	855	1013	>66.57
	5	SS5	3.0	0.8	0.8	—	5.0	820	1.14	1703	4.43	2104	6.02	4034	19.38	4113	20.36	4142	4897	>67.33
	6	SS6	2.0	0.8	0.8	—	6.0	1957	2.22	3123	5.26	4069	8.57	8770	34.93	9371	41.56	7452	11708	>77.60
	7	SS7	2.6	4.5	0.8	—	7.1	2254	1.86	3720	5.67	4335	7.26	7016	18.83	7156	19.78	7245	8483	>86.46
	8	BS1	3.0	0.8	0.8	1.2	4.0	581	0.63	1745	4.33	1842	6.25	1718	4.19	1800	4.7	2364	2766	>26.81
	9	BS2	2.5	2.5	0.8	1.2	5.0	1591	2.11	2420	4.64	3074	8.19	3946	13.72	4044	14.37	4161	4866	>54.12
	10	BS3	3.0	3.0	0.8	1.2	6.0	2658	3.69	3260	5.05	4695	10.09	6033	18.06	6328	20.66	6341	8777	>38.32
	11	BS4	3.0	3.0	0.8	1.2	7.0	3490	1.52	5341	6.46	5300	6.33	7906	18.25	8380	22.54	8445	10158	>70.74
	12	SS8	2.5	1.8	1.0	—	4.3	1135	1.41	1595	4.12	1860	6.46	3907	31.21	4122	35.88	3584	4689	>73.3
	13	SS9	2.5	2.9	1.0	—	5.4	2237	1.01	4621	4.93	6414	6.79	6007	5.96	8440	19.01	8505	9465	>67.01
	14	SS10	2.5	3.8	1.0	—	5.4	2263	0.99	5676	5.31	6338	6.67	6033	6.07	10460	17.72	NA	13605	>20.51
	15	BS5	2.0	3.2	1.0	1.4	5.2	1456	0.67	4027	4.74	4387	5.78	5106	8.09	6407	13.74	NA	8216	>20.16
	16	SS11	3.0	2.4	0.8	—	2.4	2136	2.09	3124	4.39	4029	7.73	5346	18.68	5565	22.49	5636	6513	>64.02
	17	SS12	3.0	4.1	0.8	—	4.1	4088	5.19	3592	4.84	6556	11.76	9471	23.05	9871	25.1	9917	11313	>37.94
	18	TS1	2.5	1.8	1.0/0.6	—	4.3	348	1.08	535	4.08	550	5.36	683	13.77	725	16.13	750	943	>91.39
	19	TS2	2.5	3.0	1.0/0.6	—	5.5	1233	0.68	2780	5.81	2653	5.01	3633	13.72	4073	21.5	4152	4672	>38.95
理县下孟乡	20	SS13	1.2	1.2	1.0	—	2.4	1580	0.15	5460	4.55	5276	4.28	6405	6.68	6825	7.77	NA	8142	>20.59
	21	SS14	0.9	2.4	1.0	—	3.3	1636	0.45	4080	4.33	3985	2.95	3845	2.55	3850	2.71	NA	5014	>13.36
	22	SS15	1.7	1.8	1.0	—	3.5	985	0.31	2041	4.11	2052	4.48	1906	1.32	1928	1.35	NA	2520	>14.76

（三）试验装置与系统

1. 加载系统

所有基础抗拔加载均采用锚桩法，其抗拔试验系统原理图和现场实景分别如图1-19和图1-20所示。

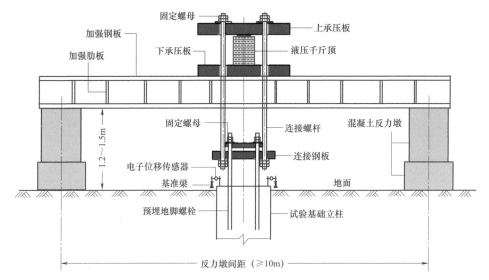

图1-19 岩石挖孔基础抗拔试验系统原理图

图1-20 岩石挖孔基础抗拔试验现场实景图

如图1-19和图1-20所示，根据试验基础的预估极限承载力，基础上拔试验加载系统由5~7根长12m且经过结构加强的工字钢梁、混凝土反力墩支座、

1~3 个最大加载能力为 5000kN 的液压千斤顶、连接螺栓和连接钢板等组成。为消除混凝土反力墩支座对基础上拔过程的影响，混凝土反力墩支座中心间距一般大于或等于 10m。此外，应采取有效措施消除试验连接装置在加载过程中可能产生的偏心影响。

2. 加载方法

所有基础抗拔试验均采用慢速维持荷载法。根据试验基础预估极限承载力或试验系统最大加载能力进行荷载分级，确定每一级荷载增量，每级试验荷载增量取预估极限承载力或最大加载能力的 1/10。试验过程中的第一级试验加载值为分级荷载的 2 倍，以后按分级荷载逐级等量加载。

3. 测控系统

试验荷载测控主要由 RS–JYB/C 型静荷载测试分析系统中的荷载控制箱、压力传感器、油泵、单向阀、油压千斤顶数据交换系统以及显示与操作系统等实现，其系统工作原理如图 1–21 所示。

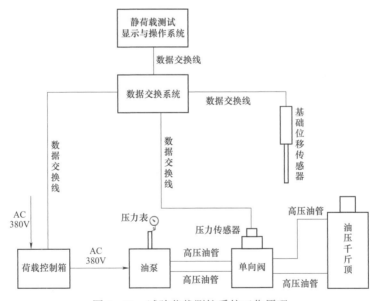

图 1–21 试验荷载测控系统工作原理

试验过程中基础和地面的位移测量，均采用精度为 0.01mm 的电子位移传感器。所有位移传感器通过磁性表座固定于基准梁上，基准梁具有足够刚度，不影响位移传感器的测量结果。所有位移传感器均与 RS–JYB/C 型静荷载测试分析系统连接，直接测量并记录荷载作用过程中的测点位移。

图 1–21 所示荷载测控系统，具备全自动实时观测与记录、自动加载与补载、

自动维持荷载、自动判定每一级荷载下试验稳定条件，并可自动进行下一级荷载试验加载等功能。同时，试验过程中可根据需要，随时进行人为控制和记录测试数据。通过现场试验测定每一级抗拔荷载及其作用下的基础顶面位移，从而获得试验基础的抗拔荷载－位移曲线。

二、试验基础抗拔荷载－位移曲线及其特征阶段

国内外大量的基础试验表明，不同试验工况下的荷载－位移曲线典型类型如图 1－22 所示，大致可分为软化型（曲线 A）、陡变型（曲线 B）和缓变型（曲线 C）三种类型。

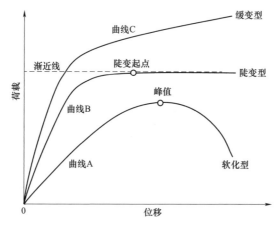

图 1－22 不同试验工况下的荷载－位移曲线典型类型

根据现场试验实测结果，无覆盖土层岩石地基等直径直柱基础、圆台形基础和直柱扩底基础三种结构形式的挖孔基础抗拔荷载－位移曲线分别如图 1－23～图 1－25 所示。有覆盖土层岩石地基挖孔基础抗拔荷载－位移曲线如图 1－26 所示。总体上看，无覆盖土层和有覆盖土层两种条件下的岩石挖孔基础抗拔荷载－位移曲线主要呈图 1－22 所示曲线 C 的缓变型变化规律，并可分为图 1－27 所示的三个特征阶段：初始弹性段（OL_1）、弹塑性曲线过渡段（L_1L_2）和破坏段（L_2L_3）。在初始弹性段，基础位移随上拔荷载增加呈线性变化，荷载－位移曲线近似为直线。在弹塑性曲线过渡段，基础位移随上拔荷载增加呈非线性变化，位移变化速率明显大于初始弹性段。在破坏段，基础位移随上拔荷载增加而迅速增加，较小的上拔荷载增量即产生较大的上拔位移增量，位移变化速率迅速增加。

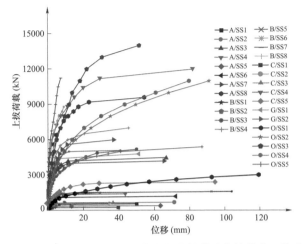

图 1-23　无覆盖土层岩石地基等直径直柱基础抗拔荷载-位移曲线

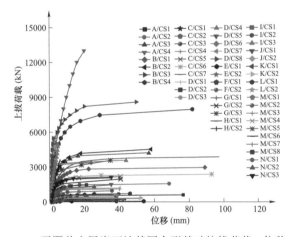

图 1-24　无覆盖土层岩石地基圆台形基础抗拔荷载-位移曲线

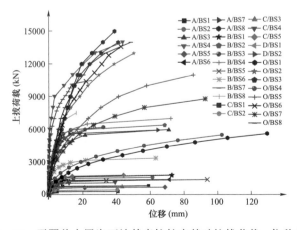

图 1-25　无覆盖土层岩石地基直柱扩底基础抗拔荷载-位移曲线

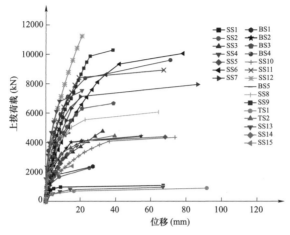

图 1-26　有覆盖土层岩石地基挖孔基础抗拔荷载-位移曲线

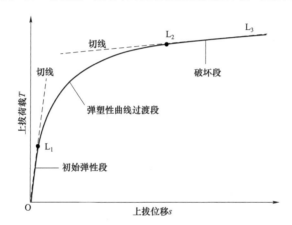

图 1-27　岩石挖孔基础抗拔荷载-位移曲线的三个特征阶段

三、岩石挖孔基础抗拔破坏模式

（一）岩石抗拔基础可能破坏模式分析

岩石地基和钢筋混凝土基础之间相互作用并共同承载，上拔荷载作用的破坏模式有 4 种可能性：基础主筋拉断/拔出、基础立柱沿混凝土和岩体结合面破坏、基础立柱混凝土破坏、岩石地基破坏。

（1）基础主筋拉断/拔出。基础主筋拉断/拔出破坏一般是由于基础自身强度不足引起，如主筋设计截面面积不够、钢筋锚固长度不足或者钢筋和混凝土之间黏结锚固力不够等。

（2）基础立柱沿混凝土和岩体结合面滑移破坏。出现基础立柱沿混凝土和岩体结合面滑移破坏的主要原因是基础成孔后暴露时间较长，基坑侧壁岩体风化或遇水后软化严重，降低了混凝土与基坑侧壁岩体的黏结强度。同时，立柱周围侧壁岩体强度高于基础混凝土强度时，容易导致基础混凝土和岩体结合面受剪破坏。

（3）基础立柱混凝土破坏。对于条件较好的岩石地基，在上拔荷载作用下，岩石挖孔桩基顶上拔力转化为基础混凝土与岩体结合面上的剪切力并引起桩周岩体剪切变形。但如果基础周围岩石性能较好，基础混凝土达到极限抗拉强度后，即出现与拉力方向垂直的横向裂缝，此时拉力将完全由立柱截面钢筋和地脚螺栓承担。由于输电线路基础预埋地脚螺栓强度较高、数量较多，当试验基础埋深较大时，容易出现基础混凝土被拉裂的破坏模式。

（4）岩石地基破坏。在软质岩或者风化程度较高的岩石地基中，当基础埋深较小，且扩底挖孔基础混凝土强度大于岩体强度或者与周围岩体强度相近时，破坏一般发生在一定深度的岩体内，这已被大量的室内模型试验及现场试验所证实。在上拔荷载作用下，等直径直柱基础柱顶上拔荷载将转化为基础混凝土和岩体结合面之间的剪切力，引起基础混凝土及其侧壁岩体剪切变形，并出现剪切微裂隙。随着荷载的持续增大，当基础混凝土达到极限抗拉强度后，基础立柱截面拉力将完全由钢筋承担，钢筋接近或进入屈服阶段，基础立柱位移增大，基础立柱周围岩体在侧阻力作用下与基础立柱变形一致，使岩体中应力增大，裂缝开展，最后出现岩石地基倒锥式破坏。

（二）抗拔试验基础的实际破坏模式

为研究岩石挖孔基础破坏模式的破坏过程及其承载机理，试验过程中分别对试验基础的基顶、距离基础中心不同位置测点的地表竖向与侧向位移、地表岩体破坏形态及其范围进行了监测。

图1-28～图1-31分别给出了北京房山中风化泥质砂岩试验场地（试验场地编号A）等直径直柱基础、圆台形基础、直柱扩底基础三种岩石挖孔基础抗拔承载过程中基顶及距离基础中心不同位置测点地表竖向、侧向位移随上拔荷载变化曲线，上拔荷载作用下基顶及距离基础中心不同位置测点地表竖向位移分布规律以及各试验基础破坏模式及其地表破裂面形态。同时，图1-32～图1-35分别给出了安徽霍山试验场地（试验场地编号B）等直径直柱基础、圆台形基础、直柱扩底基础三种岩石挖孔基础抗拔承载过程中基顶及距离基础中心不同位置测点地表竖向、侧向位移随上拔荷载变化曲线，上拔荷载作用下基顶及距离基

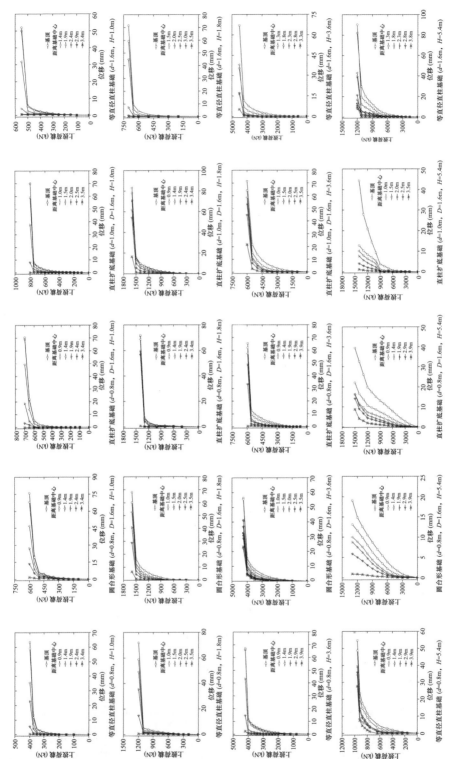

图1-28 基顶及距离基础中心不同位置测点地表竖向位移随上拔荷载变化曲线（试验场地编号 A）

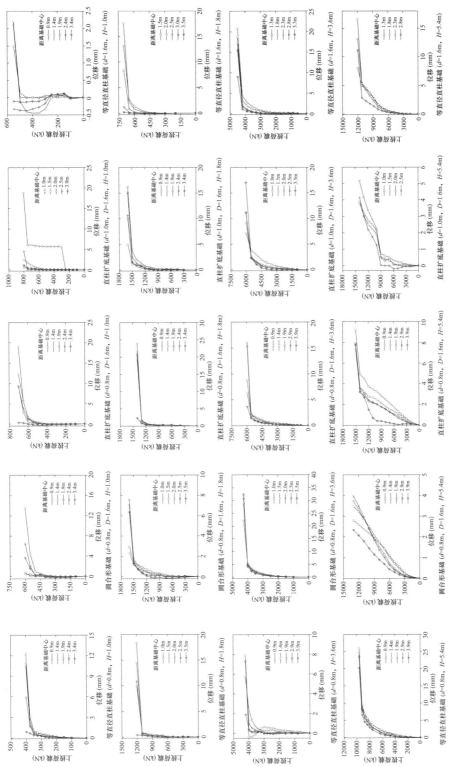

图 1-29　距离基础中心不同位置测点地表侧向位移随上拔荷载变化曲线（试验场地编号 A）

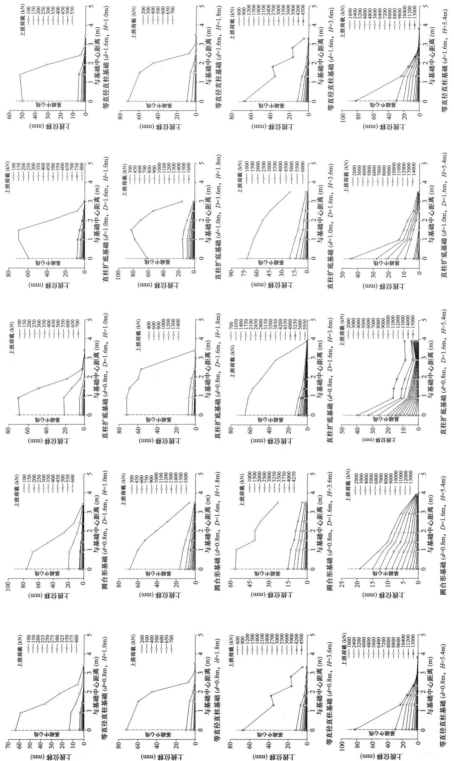

图 1-30 上拔荷载作用下基顶及距离基础中心不同位置测点地表竖向位移分布规律（试验场地编号 A）

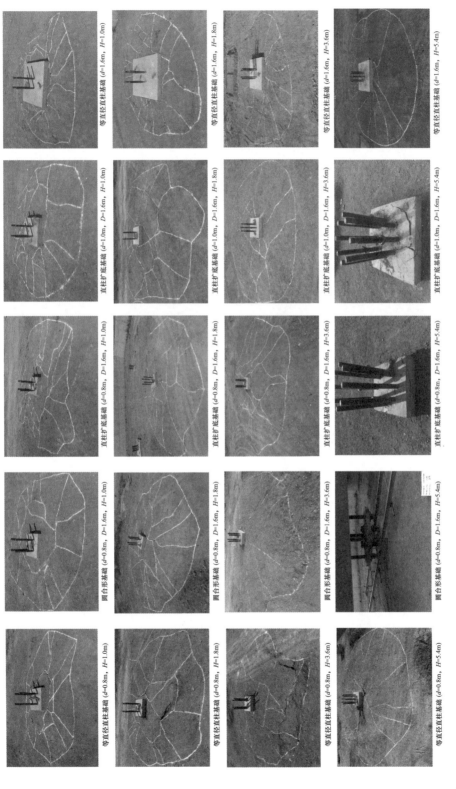

等直径直柱基础（d=1.6m，H=1.0m）

等直径直柱基础（d=1.6m，H=1.8m）

等直径直柱基础（d=1.6m，H=3.6m）

等直径直柱基础（d=1.6m，H=5.4m）

直柱扩底基础（d=1.0m，D=1.6m，H=1.0m）

直柱扩底基础（d=1.0m，D=1.6m，H=1.8m）

直柱扩底基础（d=1.0m，D=1.6m，H=3.6m）

直柱扩底基础（d=1.0m，D=1.6m，H=5.4m）

直柱扩底基础（d=0.8m，D=1.6m，H=1.0m）

直柱扩底基础（d=0.8m，D=1.6m，H=1.8m）

直柱扩底基础（d=0.8m，D=1.6m，H=3.6m）

直柱扩底基础（d=0.8m，D=1.6m，H=5.4m）

圆台形基础（d=0.8m，D=1.6m，H=1.0m）

圆台形基础（d=0.8m，D=1.6m，H=1.8m）

圆台形基础（d=0.8m，D=1.6m，H=3.6m）

圆台形基础（d=0.8m，D=1.6m，H=5.4m）

等直径直柱基础（d=0.8m，H=1.0m）

等直径直柱基础（d=0.8m，H=1.8m）

等直径直柱基础（d=0.8m，H=3.6m）

等直径直柱基础（d=0.8m，H=5.4m）

图 1-31　各试验基础基础破坏模式及其地表破裂面形态（试验场地编号 A）

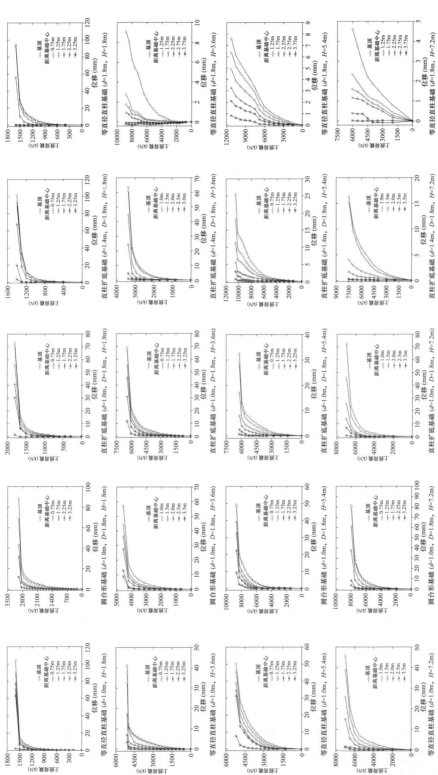

图 1-32　基顶及距离基础中心不同位置测点地表竖向位移随上拔荷载变化曲线（试验场地编号 B）

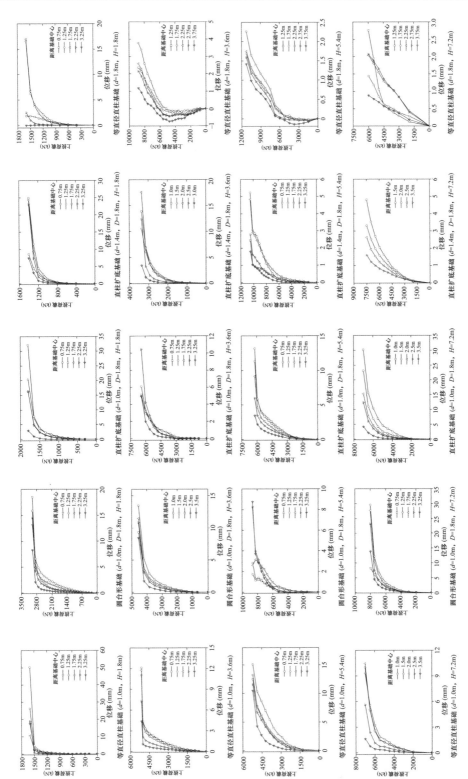

图 1-33 距离基础中心不同位置测点地表侧向位移随上拔荷载变化曲线（试验场地编号 B）

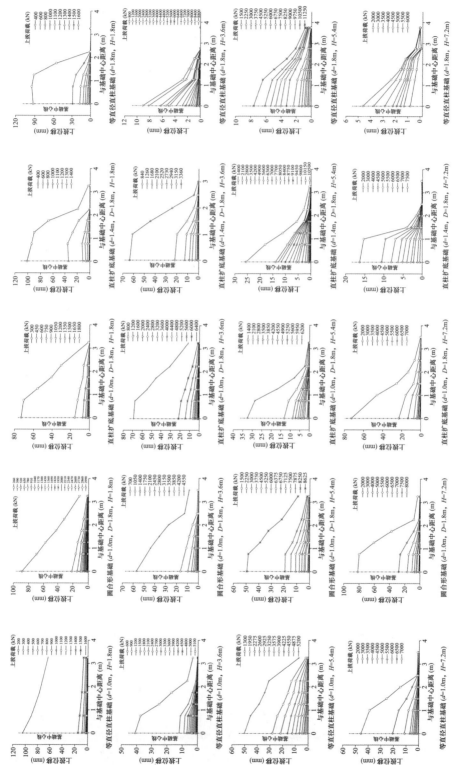

图 1-34 上拔荷载作用下基础顶及距离基础中心不同位置处竖向位移分布规律（试验场地编号 B）

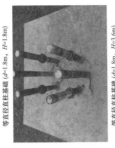

等直径直柱基础（d=1.8m，H=1.8m）　等直径直柱基础（d=1.8m，H=3.6m）　等直径直柱基础（d=1.8m，H=5.4m）　等直径直柱基础（d=1.8m，H=7.2m）

直柱扩底基础（d=1.4m，D=1.8m，H=1.8m）　直柱扩底基础（d=1.4m，D=1.8m，H=3.6m）　直柱扩底基础（d=1.4m，D=1.8m，H=5.4m）　直柱扩底基础（d=1.4m，D=1.8m，H=7.2m）

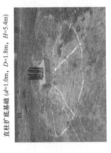

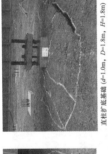

直柱扩底基础（d=1.0m，D=1.8m，H=1.8m）　直柱扩底基础（d=1.0m，D=1.8m，H=3.6m）　直柱扩底基础（d=1.0m，D=1.8m，H=5.4m）　直柱扩底基础（d=1.0m，D=1.8m，H=7.2m）

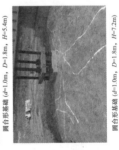

圆台形基础（d=1.0m，D=1.8m，H=1.8m）　圆台形基础（d=1.0m，D=1.8m，H=3.6m）　圆台形基础（d=1.0m，D=1.8m，H=5.4m）　圆台形基础（d=1.0m，D=1.8m，H=7.2m）

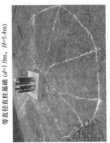

等直径直柱基础（d=1.0m，H=1.8m）　等直径直柱基础（d=1.0m，H=3.6m）　等直径直柱基础（d=1.0m，H=5.4m）　等直径直柱基础（d=1.0m，H=7.2m）

图 1-35　各试验基础基础破坏模式及其地表破裂面形态（试验场地编号 B）

础中心不同位置测点地表竖向位移分布规律以及各试验基础破坏模式及其地表破裂面形态。此外，图 1-36 给出了强风化~中等风化凝灰岩地基（试验场地编号 O）岩石挖孔基础抗拔试验情况。

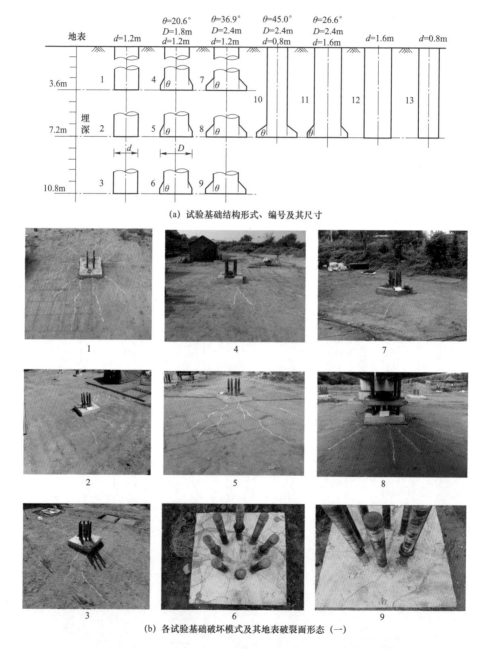

(a) 试验基础结构形式、编号及其尺寸

(b) 各试验基础破坏模式及其地表破裂面形态（一）

图 1-36　凝灰岩地基岩石挖孔基础抗拔试验情况（试验场地编号 O）（一）

10　　　　　　　　　　　　12

11　　　　　　　　　　　　13

(b) 各试验基础破坏模式及其地表破裂面形态（二）

图 1−36　凝灰岩地基岩石挖孔基础抗拔试验情况（试验场地编号 O）（二）

从图 1−28～图 1−36 所示监测结果看，当地表无覆土层或者覆盖层较薄时，等直径直柱基础、圆台形基础、直柱扩底基础三种形式的岩石地基挖孔基础与周围岩体协同抗拔承载工作性能良好。在上拔荷载作用下，距离基础中心不同位置测点地表在竖向和侧向都产生相应位移，呈现为地表隆起。尽管三种基础结构形式与基础尺寸不同，但在试验上拔荷载作用过程中，地表位移影响范围一般为基础立柱直径的 2～3 倍，若超出该范围，则几乎没有影响。

总体上看，当地表无覆土层时，等直径直柱基础、圆台形基础、直柱扩底基础三种形式的岩石地基挖孔基础主要呈现为岩石地基破坏和基础混凝土破坏两种模式，破坏时基础周围岩石地基的地表裂缝呈环向和径向交错分布特征。在试验条件下，上述三种基础形式均没有出现主筋拉断/拔出以及基础立柱沿混凝土和岩体结合面滑移破坏的模式。

四、不同失效准则下试验基础抗拔极限承载力与位移

根据试验荷载−位移曲线确定基础极限承载力及其对应位移的方法，通常也称基础承载性能失效准则。图 1−22 所示三种类型基础的荷载−位移曲线，其基础承载性能失效准则不同。对有峰值荷载的软化型曲线 A，取曲线峰值荷载作为基础极限承载力。对陡变型曲线 B，取其陡变起始点所对应荷载作为基础极限承载力。但取陡变起始点对应荷载作为基础极限承载力是"定性"方法，实践中容易受荷载−位移曲线绘图比例以及试验人员判定误差所影响。对缓变型曲线 C

所对应的基础极限承载力,目前国内外尚无统一的确定方法。在总结国内外研究成果的基础上,著者对缓变型曲线 C 所对应抗拔的基础极限承载力,给出了六种确定方法,主要可分为数学模型法、位移法和图解法三种类型,见表 1−14。

表 1−14　　　　缓变型荷载−位移曲线基础极限承载力确定方法

名称	类别	极限承载力的定义
Chin 双曲线模型法（Chin，1970）	数学模型法	如图 1−37 所示,将实测荷载−位移曲线按照双曲线方程 $T=s/(ms+c)$ 或直线方程 $s/T=(ms+c)$ 进行拟合,T 为上拔荷载,s 为上拔位移,m 为直线斜率,c 为截距。取直线斜率的倒数 $1/m$ 为极限承载力,记为 T_{Chin},对应位移为 s_{Chin}
Terzaghi 和 Peck 法（Terzaghi 和 Peck，1967）	位移法	取位移 25.4mm 所对应上拔荷载为极限承载力,记为 $T_{T\&P}$,对应位移 $s_{T\&P}=25.4mm$
Davisson 法（Davisson，1972）	图解法	如图 1−38（a）所示,将上拔荷载作用下基础立柱弹性变形直线 TH/E_pA 平移 3.8mm 后与实测荷载−位移曲线相交,取交点对应荷载为极限承载力,记为 T_{DA},对应位移为 s_{DA}。其中,T 为上拔荷载,H 为基础埋深,E_p 为基础弹性模量,A 为基础立柱截面面积
初始斜率法（O'Rourke 和 Kulhawy，1985）	图解法	如图 1−38（b）所示,将实测荷载−位移初始刚度曲线平移 3.8mm 后与实测荷载−位移曲线相交,取交点对应荷载为极限承载力,记为 T_{ST},对应位移为 s_{ST}
双切线交点法（Housel，1966；Tomlinson，1977）	图解法	如图 1−38（c）所示,过实测荷载−位移曲线初始弹性段切线和破坏段切线的交点做水平线并与实测荷载−位移曲线相交,取交点所对应荷载为极限承载力,记为 T_{TI},对应位移为 s_{TI}
L_1-L_2 两点法（Hirany 和 Kulhawy，1988、1989、2002）	图解法	如图 1−38（d）所示,取初始弹性直线段终点 L_1 对应的荷载为弹性极限荷载,取破坏直线段起点 L_2 对应的荷载为塑性极限承载力,分别记为 T_{L1} 和 T_{L2},所对应位移分别为 s_{L1} 和 s_{L2}

（一）数学模型法

数学模型法是将实测荷载−位移曲线采用一定数学模型进行拟合处理,从而得到基础极限承载力和位移,其代表性方法为 Chin 双曲线模型法。该法由国外学者 Chin 在 1970 年提出,其将土体应力−应变关系双曲线模型应用到基础承载力确定中。如图 1−37 所示,该方法利用双曲线方程 $T=s/(ms+c)$ 或直线方程

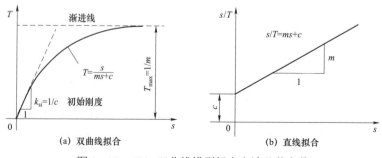

图 1−37　Chin 双曲线模型拟合方法及其参数

$s/T = (ms + c)$，对实测的荷载与位移数据进行拟合，其中 T 为上拔荷载，s 为上拔位移，m 为直线斜率，c 为截距。

如图 1-37 所示，荷载-位移拟合曲线上任一点的刚度可按式（1-7）计算，进一步按式（1-8）可得到初始刚度 $k_{si} = 1/c$。此外，当位移趋向无穷大时，基础最大承载力即荷载-位移拟合曲线渐进线所对应的荷载 $T_{max} = 1/m$，见式（1-9）。由此就得到了 Chin 双曲线模型拟合参数的物理意义。

$$k_s = \frac{c}{(ms + c)^2} \qquad (1-7)$$

$$k_{si} = \lim_{s \to 0} k_s = \lim_{s \to 0} \frac{c}{(ms + c)^2} = \frac{1}{c} \qquad (1-8)$$

$$\lim_{s \to \infty} T = \lim_{s \to \infty} \frac{s}{ms + c} = \frac{1}{m} = T_{max} \qquad (1-9)$$

按照 Chin 双曲线模型法，基础极限承载力取拟合直线斜率的倒数，记为 T_{Chin}，即 $T_{Chin} = 1/m$。由 Chin 双曲线模型法的定义可以看出，一方面该方法隐含了基础试验最大加载能力需超过基础极限承载力，以获得完整的荷载-位移曲线的前提条件；另一方面该方法可较好地适用于接近陡变型变化的基础荷载-位移曲线。总体上看，Chin 双曲线模型法因取荷载-位移曲线渐进线所对应的荷载为基础极限承载力，往往会过高估计基础的极限承载能力。

（二）位移法

该方法通常可分为位移定值法和位移变化速率定值法两种。位移定值法较为常用，其根据实测荷载-位移曲线，按照给定位移值确定基础极限承载力，实质上是假定基础在正常使用荷载条件下，基础位移不超过该给定允许位移。位移定值法没有考虑基础类型、结构尺寸、地基特性对基础承载性能的影响，所得到的基础极限承载力不一定在荷载-位移曲线的塑性区。

代表性位移定值法由国外学者 Terzaghi 和 Peck 在 1967 年提出，其取实测荷载-位移曲线上位移为 1.0 英寸（25.4mm）的测点所对应荷载为基础极限承载力。

（三）图解法

图解法是按照一定的取值规则，对荷载-位移曲线进行做图处理，从而得到相应基础极限承载力和位移。如图 1-38 所示，图解法主要有四种方法：Davisson 法、初始斜率法、双切线交点法和 $L_1 - L_2$ 两点法。

（1）Davisson 法。如图 1-38（a）所示，该方法由国外学者 Davisson 于 1972 年研究桩基失效准则时提出，其取桩身弹性变形直线（TH/E_pA）平移 0.15 英寸（3.8mm）后与实测荷载-位移曲线交点所对应的荷载为极限承载力，其中 T 为上拔荷载，H 为基础埋深，A 为基础立柱截面面积，E_p 为基础弹性模量。

（2）初始斜率法。如图 1-38（b）所示，该方法由国外学者 O'Rourke 和 Kulhawy 在 1985 年提出，其取与初始直线段斜率相同的直线，经平移 3.8mm 后与实测荷载-位移曲线交点所对应荷载为基础极限承载力。

（3）双切线交点法。如图 1-38（c）所示，该方法由国外学者 Housel 和 Tomlinson 分别于 1966 年和 1977 年提出，其根据图 1-27 所示缓变型曲线 C 的三个特征阶段，取过初始弹性段切线和破坏段切线交点的水平线与实测荷载-位移曲线交点所对应荷载作为基础极限承载力。

（4）L_1-L_2 两点法。如图 1-38（d）所示，该方法由 Hirany 和 Kulhawy 通过研究分别在 1988、1989、2002 年的相关文献中提出，其取初始弹性段终点 L_1 对应的荷载、位移作为弹性极限荷载和位移，记为 T_{L1} 和 s_{L1}；取破坏段起点 L_2 对应荷载、位移作为塑性极限承载力和位移，记为 T_{L2} 和 s_{L2}。

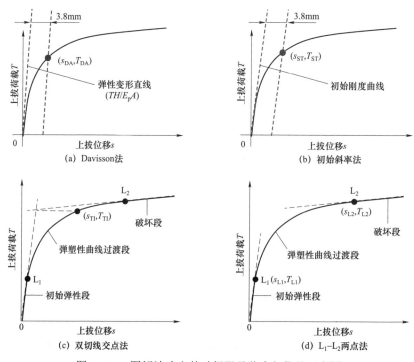

图 1-38　图解法确定基础极限承载力与位移示意图

根据无覆盖土层和有覆土盖层两种地层分布条件下的各抗拔试验基础荷载–位移实测曲线，分别按照表1–14所示基础承载力确定方法，可得到不同失效准则下相应试验基础的抗拔极限承载力及其对应位移，相关试验结果已分别列于表1–9～表1–11和表1–13中。

五、岩石挖孔基础抗拔承载性能归一化处理与分析

不同失效准则下试验的基础抗拔极限承载力与位移分析结果表明，对于同场地同一试验基础，采用不同失效准则所得到的基础极限承载力及其对应的位移往往是不同的。因此，有必要对岩石挖孔基础抗拔承载性能进行归一化处理与分析。

（一）实测荷载–位移曲线的归一化处理

著者在《架空送电线路基础设计技术规定》（DL/T 5219—2005）的"掏挖基础'剪切法'抗拔设计方法"修订专题研究中发现，L_1–L_2两点法可较好地适用于掏挖基础抗拔极限承载性能的分析。为便于比较，这里仍以 L_1–L_2 两点法中的塑性极限承载力 T_{L2} 作为基准，开展岩石挖孔基础抗拔承载性能对比与分析。

以试验过程中每级上拔荷载 T 与 L_1–L_2 两点法所确定的塑性极限承载力 T_{L2} 的比值作为抗拔归一化荷载，以 T/T_{L2} 为 y 轴，以相应实测上拔荷载 T 所对应位移 s 为 x 轴，可得到各试验基础抗拔归一化荷载–位移曲线，并与实测荷载–位移曲线进行对比，结果分别如图1–39～图1–42所示。

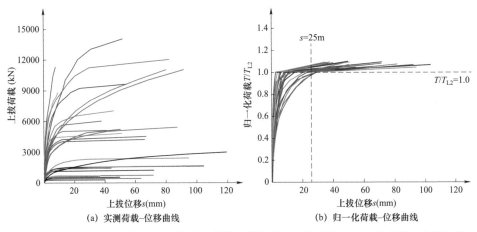

(a) 实测荷载–位移曲线　　　　　　(b) 归一化荷载–位移曲线

图1–39　无覆盖土层等直径直柱基础抗拔实测荷载–位移曲线与归一化荷载–位移曲线

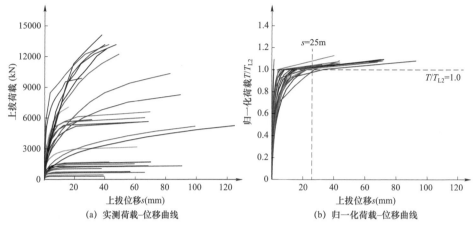

图 1-40　无覆盖土层圆台形基础抗拔实测荷载－位移曲线与归一化荷载－位移曲线

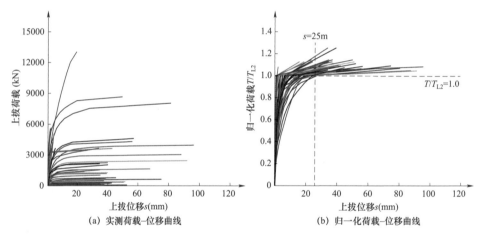

图 1-41　无覆盖土层直柱扩底基础抗拔实测荷载－位移曲线与归一化荷载－位移曲线

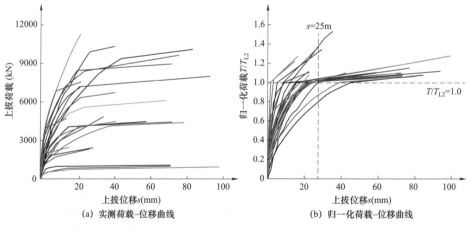

图 1-42　有覆盖土层岩石挖孔基础抗拔实测荷载－位移曲线与归一化荷载－位移曲线

图 1-39~图 1-42 所示对比结果表明,归一化荷载-位移曲线离散性明显低于实测荷载-位移曲线,归一化处理可显著降低实测数据的离散性,从而便于问题分析。同时,无覆盖土层岩石地基等直径直柱、圆台形和直柱扩底三种结构形式的挖孔基础达到塑性极限承载力 T_{L2} 所对应上拔位移一般均小于 25mm,而有覆盖土层岩石挖孔基础达到塑性极限承载力 T_{L2} 所对应上拔位移要明显大于无覆盖土层岩石挖孔基础,但以上拔位移小于 25mm 为主。

(二)抗拔归一化荷载-位移特征曲线

进一步地,以 L_1-L_2 两点法所确定的塑性极限承载力 T_{L2} 为基准,将采用 Chin 双曲线模型法、Terzaghi 和 Peck 法、Davisson 法、初始斜率法、双切线交点法各失效准则所得到的基础极限承载力与 T_{L2} 进行对比,可得到各岩石挖孔基础在相应失效准则下的抗拔极限承载力归一化荷载 T/T_{L2}。根据表 1-9~表 1-11 和表 1-13 所示试验结果,可得无覆盖土层条件下岩石地基等直径直柱基础、圆台形基础、直柱扩底基础在不同失效准则下,抗拔极限承载力归一化荷载 T/T_{L2} 及相应极限承载力对应位移 s 的统计分析结果,见表 1-15。

表 1-15　　基于不同失效准则的无覆盖土层岩石挖孔基础承载性能统计分析结果

基础形式	统计参数	归一化荷载 T/T_{L2}						极限承载力对应位移 s（mm）					
		T_{L1}	T_{DA}	T_{ST}	T_{TI}	$T_{T\&P}$	T_{Chin}	s_{L1}	s_{DA}	s_{ST}	s_{TI}	s_{L2}	s_{Chin}
圆台形基础	最大值	0.91	1.02	1.03	1.00	1.17	1.33	2.67	4.88	10.05	33.36	44.23	96.92
	最小值	0.18	0.51	0.55	0.73	0.95	1.03	0.01	3.71	3.95	0.25	0.4	0.40
	均值	0.49	0.83	0.89	0.96	1.04	1.12	0.68	4.00	5.51	9.10	9.15	32.36
	标准差	0.16	0.14	0.12	0.05	0.05	0.38	0.64	0.24	1.33	7.47	9.43	26.34
	变异系数	0.33	0.17	0.13	0.06	0.05	0.34	0.93	0.06	0.24	0.82	1.03	0.81
直柱扩底基础	最大值	0.77	0.98	1.01	0.99	1.07	1.43	2.73	7.3	10.42	35.07	86.81	129.89
	最小值	0.15	0.25	0.35	0.69	0.61	1.03	0.06	3.71	4.03	0.34	1.03	1.03
	均值	0.40	0.66	0.74	0.90	0.95	1.14	1.16	4.45	6.42	15.52	24.23	55.62
	标准差	0.16	0.22	0.19	0.10	0.12	0.03	0.73	0.77	1.69	9.41	21.07	28.61
	变异系数	0.39	0.34	0.26	0.11	0.13	0.02	0.63	0.17	0.26	0.61	0.87	0.51
等直径直柱基础	最大值	0.64	1.00	1.01	1.00	1.06	1.65	2.42	6.59	8.28	38.93	92.43	119.39
	最小值	0.18	0.29	0.38	0.71	0.62	1.07	0.03	2.36	4.15	0.22	0.66	0.74
	均值	0.42	0.74	0.80	0.92	0.97	1.13	0.88	4.32	5.90	13.19	19.95	55.09
	标准差	0.14	0.20	0.18	0.10	0.11	0.11	0.64	0.82	1.28	10.03	21.64	31.45
	变异系数	0.33	0.27	0.23	0.10	0.12	0.10	0.72	0.19	0.22	0.76	1.08	0.57

注　$T_{T\&P}$ 对应位移为 25.4mm。

需要说明的是，$L_1 - L_2$两点法失效准则中的T_{L1}为弹性极限荷载，一般不作为基础极限承载力。表1-15中归一化荷载考虑了T_{L1}，主要是为了比较不同结构形式的岩石挖孔基础抗拔承载性能，并进一步为研究岩石地基挖孔基础安全度水准设置提供参考。

以表1-15中三种基础形式不同失效准则下抗拔极限承载力归一化荷载T/T_{L2}的均值为y轴，以相应失效准则下基础极限承载力所对应位移s的均值为x轴，可得到相应基础形式抗拔归一化荷载-位移特征曲线，分别如图1-43～图1-45所示。为便于比较，将抗拔极限承载力T_{L1}、T_{DA}、T_{ST}、T_{TI}、T_{L2}、$T_{T\&P}$

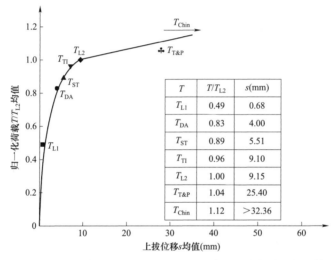

T	T/T_{L2}	s(mm)
T_{L1}	0.49	0.68
T_{DA}	0.83	4.00
T_{ST}	0.89	5.51
T_{TI}	0.96	9.10
T_{L2}	1.00	9.15
$T_{T\&P}$	1.04	25.40
T_{Chin}	1.12	>32.36

图1-43　无覆盖土层岩石地基圆台形基础抗拔归一化荷载-位移特征曲线

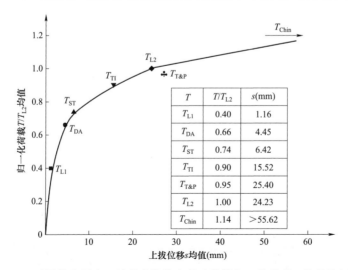

T	T/T_{L2}	s(mm)
T_{L1}	0.40	1.16
T_{DA}	0.66	4.45
T_{ST}	0.74	6.42
T_{TI}	0.90	15.52
$T_{T\&P}$	0.95	25.40
T_{L2}	1.00	24.23
T_{Chin}	1.14	>55.62

图1-44　无覆盖土层岩石地基直柱扩底基础抗拔归一化荷载-位移特征曲线

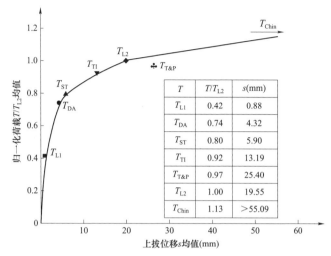

图1-45 无覆盖土层岩石地基等直径直柱基础抗拔归一化荷载-位移特征曲线

以及 T_{Chin} 依次标注于归一化荷载-位移曲线上，同时将相应的归一化荷载 T/T_{L2} 的均值及其所对应位移 s 的均值列于图中。此外，图1-46给出了岩石地基三种基础形式抗拔归一化荷载-位移特征曲线的比较。

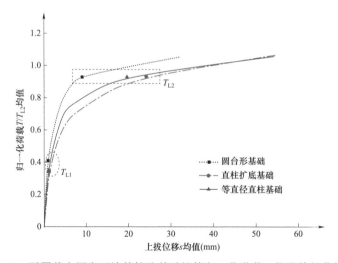

图1-46 无覆盖土层岩石地基挖孔基础抗拔归一化荷载-位移特征曲线比较

图1-43～图1-46所示结果表明，无覆盖土层岩石地基中圆台形基础弹性段范围要大于等直径直柱基础和直柱扩底基础，而等直径直柱基础和直柱扩底基础弹性段范围较为接近。三种形式的岩石挖孔基础抗拔荷载-位移特征曲线刚度从大到小的顺序依次为圆台形基础、等直径直柱基础、直柱扩底基础。

此外，根据表1-9～表1-11和表1-13所示试验结果，可得到采用不同失效准则下无覆盖土层和有覆盖土层岩石挖孔基础承载性能统计分析对比结果，见表1-16。同理，可得到无覆盖土层和有覆盖土层条件下岩石挖孔基础抗拔归一化荷载-位移特征曲线，如图1-47所示。

表1-16　　不同失效准则下无覆盖土层和有覆盖土层岩石地基挖孔
基础承载性能统计分析对比结果

覆盖层情况	统计参数	归一化荷载 T/T_{L2}						极限承载力对应位移 s（mm）					
		T_{L1}	T_{DA}	T_{ST}	T_{TI}	$T_{T\&P}$	T_{Chin}	s_{L1}	s_{DA}	s_{ST}	s_{TI}	s_{L2}	s_{Chin}
无覆盖	最大值	0.91	1.02	1.03	1.00	1.17	1.65	2.73	7.3	10.42	38.93	92.43	129.89
	最小值	0.15	0.25	0.35	0.69	0.61	1.03	0.01	2.36	3.95	0.22	0.4	0.40
	均值	0.45	0.75	0.82	0.93	0.99	1.13	0.87	4.23	5.90	12.32	16.15	44.78
	标准差	0.16	0.20	0.17	0.09	0.10	0.08	0.69	0.65	1.47	9.23	18.04	30.39
	变异系数	0.35	0.26	0.21	0.09	0.11	0.07	0.79	0.15	0.25	0.75	1.12	0.68
有覆盖	最大值	0.69	1.06	1.06	1.00	1.38	1.54	5.19	6.46	11.76	34.93	41.56	91.39
	最小值	0.20	0.33	0.43	0.58	0.80	1.12	0.15	3.95	2.95	1.32	1.35	13.36
	均值	0.36	0.65	0.74	0.91	1.05	1.24	1.49	4.77	6.56	13.23	16.75	48.81
	标准差	0.12	0.21	0.17	0.10	0.16	0.11	1.17	0.65	1.94	8.95	9.88	25.07
	变异系数	0.33	0.32	0.24	0.11	0.15	0.11	0.78	0.14	0.30	0.68	0.59	0.51

注　$T_{T\&P}$ 对应位移为 25.4mm。

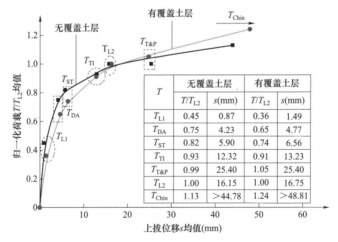

图1-47　无覆盖土层和有覆盖土层岩石挖孔基础抗拔归一化荷载-位移特征曲线对比

图1-47所示结果表明，无覆盖土层岩石地基挖孔基础和有覆盖土层岩石地基挖孔基础所对应的 T_{L1}/T_{L2} 均值分别为 0.45 和 0.36，相应的弹性极限位移均值分别为 0.87mm 和 1.49mm。在达到抗拔极限承载力 T_{L2} 前，无覆盖土层岩石地基挖孔基础刚度及其弹性段范围都明显大于有覆盖土层条件下的岩石挖孔基础。

第三节 输电线路岩石挖孔基础分类与工程可靠性设计

一、岩石挖孔基础分类

根据山区岩石地层主要呈基岩出露和上土下岩二元分布特征的两种赋存形态，基于前述对岩石挖孔基础承载性能认识误区的澄清以及等直径直柱、圆台形和直柱扩底三种岩石挖孔基础抗拔承载性能现场试验成果，同时充分尊重我国山区架空输电线路基础设计历史传承，著者在编制《输电线路岩石地基挖孔基础工程技术规范》（DL/T 5845—2021）时，将架空输电线路岩石挖孔基础分为岩石嵌固基础（rock-embedded belled shaft foundation）和嵌岩桩基础（rock-socketed straight-sided shaft foundation）两类，并明确了其应用原则。这一方面有利于岩石地基浅埋挖孔基础采用扩底以提高其承载性能，另一方面在有效确保输电线路基础安全可靠的前提下，确定了取消传统扩底结构以形成嵌岩桩这一深埋岩石挖孔基础形式的选型方案，既有利于岩石地基挖孔基础的施工安全性，又可更好地促进输电线路岩石基础机械化成孔施工技术的推广与应用。

（一）岩石嵌固基础

岩石嵌固基础是指浅埋扩底岩石挖孔基础，可分为圆台形、直柱平底形扩底、直柱锅底形扩底三种形式，如图 1−48 所示。岩石嵌固基础一般适用于无覆盖土层或覆盖土层较薄（小于 0.5m）的岩石地基，其埋深一般不超过 6m。

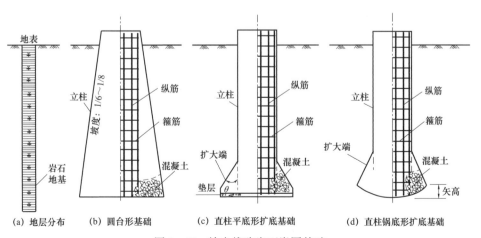

图 1−48 输电线路岩石嵌固基础

（二）嵌岩桩基础

嵌岩桩基础是指岩石地基中的等直径直柱深埋挖孔基础，即在无覆盖土层或有覆盖土层岩石地基中采用的桩端嵌入基岩一定深度的深埋挖孔基础，如图 1-49 所示。嵌岩桩基础一般采用等直径直柱形式，且埋深宜超过 6m。为保证输电线路基础安全稳定性，当嵌岩段桩周岩体为极软岩、全风化岩或极破碎岩时，相应岩层可按覆盖层进行考虑。

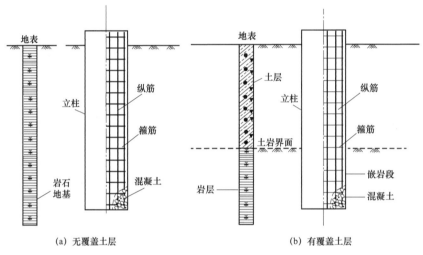

图 1-49 输电线路嵌岩桩基础

二、岩石嵌固基础和嵌岩桩基础抗拔归一化荷载－位移特征曲线

为便于问题分析，接下来将本章第二节现场试验中的圆台形基础、直柱扩底基础统一视为岩石嵌固基础，而将等直径直柱基础视为嵌岩桩基础，并根据表 1-9～表 1-11 和表 1-13 所示试验结果，以 L_1-L_2 两点法确定的塑性极限承载力 T_{L_2} 作为基准，取初始斜率法、Davisson 法、双切线交点法、Terzaghi 和 Peck 法以及 Chin 双曲线模型法所得到的基础极限承载力与 T_{L_2} 之比 T/T_{L_2} 作为相应试验基础的抗拔极限承载力归一化荷载，据此可得到采用不同失效准则下岩石嵌固基础、嵌岩桩基础以及全部试验基础抗拔极限承载力归一化荷载 T/T_{L_2} 和相应失效准则所确定的极限承载力对应位移 s 的统计分析结果，见表 1-17。

表1-17　　　不同失效准则下岩石挖孔基础极限抗拔归一化荷载 T/T_{L2} 与位移统计分析结果

基础形式	统计参数	归一化荷载 T/T_{L2}						极限承载力对应位移 s（mm）					
		T_{L1}	T_{DA}	T_{ST}	T_{TI}	$T_{T\&P}$	T_{Chin}	s_{L1}	s_{DA}	s_{ST}	s_{TI}	s_{L2}	s_{Chin}
岩石嵌固基础（$N=83$）	最大值	0.91	1.02	1.03	1.00	1.17	1.43	2.73	7.30	10.42	35.07	86.81	>129.89
	最小值	0.15	0.25	0.35	0.69	0.61	1.03	0.01	3.71	3.95	0.25	0.40	>0.40
	均值	0.46	0.76	0.83	0.94	1.01	1.13	0.86	4.20	5.90	11.94	14.78	>41.05
	标准差	0.16	0.20	0.17	0.08	0.10	0.07	0.71	0.58	1.55	8.92	16.48	29.31
	变异系数	0.36	0.26	0.21	0.09	0.10	0.07	0.82	0.14	0.26	0.75	1.11	0.71
嵌岩桩基础（$N=52$）	最大值	0.69	1.06	1.06	1.00	1.38	1.65	5.19	6.59	11.76	38.93	92.43	>119.40
	最小值	0.18	0.29	0.38	0.58	0.62	1.07	0.03	2.36	2.95	0.22	0.66	>0.74
	均值	0.39	0.70	0.77	0.92	1.02	1.18	1.14	4.52	6.20	13.21	18.60	>52.43
	标准差	0.13	0.21	0.18	0.10	0.14	0.12	0.94	0.76	1.34	10.33	17.58	28.83
	变异系数	0.33	0.29	0.23	0.11	0.14	0.10	0.83	0.17	0.22	0.78	0.95	0.55
全部岩石挖孔基础（$N=135$）	最大值	0.91	1.06	1.06	1.00	1.38	1.65	5.19	7.30	11.76	38.93	92.43	>129.89
	最小值	0.15	0.25	0.35	0.58	0.61	1.03	0.01	2.36	2.95	0.22	0.4	>0.40
	均值	0.43	0.73	0.80	0.93	1.01	1.15	0.97	4.33	6.03	12.48	16.25	>45.43
	标准差	0.15	0.20	0.18	0.09	0.06	0.08	0.81	0.68	1.58	9.15	16.95	29.54
	变异系数	0.36	0.28	0.22	0.09	0.06	0.08	0.84	0.16	0.26	0.73	1.04	0.65

注　$T_{T\&P}$ 对应位移为 25.4mm。

　　进一步地，以表1-17中的抗拔极限承载力归一化荷载 T/T_{L2} 的均值为 y 轴，相应失效准则下极限承载力对应位移 s 的均值为 x 轴，可分别得到岩石嵌固基础和嵌岩桩基础抗拔归一化荷载–位移特征曲线对比结果，如图1-50所示；而基

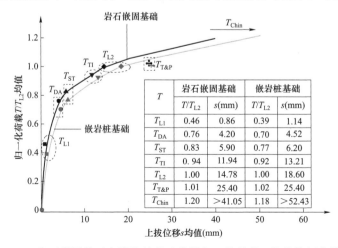

图1-50　岩石嵌固基础和嵌岩桩基础抗拔归一化荷载–位移特征曲线比较

于所有岩石地基挖孔基础抗拔试验得到的归一化荷载-位移特征曲线如图1-51所示。为便于比较,将不同失效准则下的抗拔极限承载力 T_{L1}、T_{DA}、T_{ST}、T_{TI}、T_{L2}、$T_{T\&P}$ 以及 T_{Chin} 依次标注于归一化荷载-位移曲线上,同时将相应的归一化荷载 T/T_{L2} 的均值及其所对应位移 s 的均值列于图中。

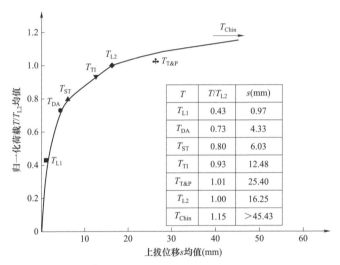

图1-51　岩石挖孔基础抗拔归一化荷载-位移特征曲线

从图1-50所示结果可以看出,岩石嵌固基础弹性段范围及其荷载-位移曲线刚度总体上大于嵌岩桩基础。此外,对岩石嵌固基础和嵌岩桩基础而言,基于不同失效准则所确定的基础极限承载力及其对应位移值是不同的,但相同失效准则下所确定的基础极限承载力归一化荷载均值在特征曲线上排序从小到大的顺序,依次为 Davisson 法、初始斜率法、双切线交点法、L_1-L_2 两点法、Terzaghi和 Peck 法以及 Chin 双曲线模型法。基于 Davisson 法、初始斜率法、双切线交点法得到的基础极限承载力处于基础抗拔荷载-位移曲线的弹塑性曲线过渡段,而基于 Terzaghi 和 Peck 法得到的基础极限承载力与基于 L_1-L_2 两点法确定的塑性极限荷载 T_{L2} 较为接近,但其对应位移为 25.4mm,已明显进入基础抗拔荷载-位移曲线的直线破坏段。Chin 双曲线模型法实际上是取抗拔荷载-位移曲线的渐近线所对应荷载作为试验基础抗拔极限承载力,因而过高估计了基础抗拔承载性能。图1-51所示所有岩石挖孔基础抗拔归一化荷载-位移特征曲线及基于不同失效准则所确定的基础抗拔极限承载力变化规律与图1-50中的类似。

总体上看,基于 L_1-L_2 两点法取基础抗拔荷载-位移曲线初始弹性段终点

L_1 对应荷载作为弹性极限荷载，取破坏直线段起点 L_2 对应荷载作为基础塑性极限承载力，可较好地反映岩石挖孔基础抗拔荷载–位移曲线的形态特征及其承载性能的特征阶段。

三、岩石挖孔基础工程可靠性设计方法与安全度设置水准

采用与前述类似的研究方法，以 L_1–L_2 两点法确定的弹性极限承载力 T_{L1} 作为基准，并根据表 1–9～表 1–11 和表 1–13 所示试验结果，可得到不同失效准则下岩石嵌固基础、嵌岩桩基础和所有岩石挖孔试验基础的抗拔极限承载力归一化荷载 T/T_{L1} 的统计分析结果，见表 1–18，且相应的分布直方图如图 1–52 所示。进一步地，图 1–53 和图 1–54 分别给出了岩石嵌固基础、嵌岩桩基础以及所有岩石挖孔基础按照 L_1–L_2 两点法确定的弹性极限承载力 T_{L1}、塑性极限承载力 T_{L2} 所对应位移 s_{L1} 和 s_{L2} 的分布直方图情况。

表 1–18　基于不同失效准则的岩石挖孔基础承载性能统计分析结果

基础形式	统计参数	归一化荷载 T/T_{L1}					
		T_{DA}	T_{ST}	T_{TI}	T_{L2}	$T_{T\&P}$	T_{Chin}
岩石嵌固基础（$N=83$）	最大值	2.87	3.11	5.46	6.47	6.07	9.19
	最小值	1.10	1.11	1.09	1.10	1.33	1.26
	均值	1.68	1.87	2.23	2.54	2.43	2.90
	标准差	0.40	0.46	0.89	1.14	0.91	1.48
	变异系数	0.24	0.25	0.40	0.45	0.37	0.51
嵌岩桩基础（$N=83$）	最大值	3.46	3.35	4.92	5.48	5.05	6.27
	最小值	0.88	1.39	1.42	1.44	1.49	1.65
	均值	1.87	2.07	2.57	2.87	2.72	3.40
	标准差	0.53	0.51	0.82	1.05	0.88	1.34
	变异系数	0.28	0.25	0.32	0.36	0.32	0.39
所有岩石挖孔基础（$N=135$）	最大值	3.46	3.35	5.46	6.47	6.07	9.19
	最小值	0.88	1.39	1.42	1.44	1.49	1.65
	均值	1.76	1.95	2.38	2.66	2.55	3.09
	标准差	0.46	0.49	0.87	1.11	0.90	1.44
	变异系数	0.26	0.25	0.37	0.42	0.35	0.47

注　$T_{T\&P}$ 对应位移为 25.4mm。

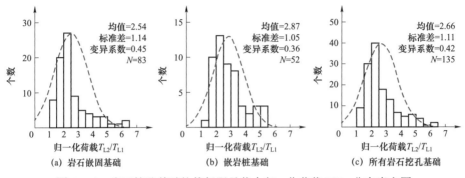

图1-52 岩石挖孔基础抗拔极限承载力归一化荷载 T/T_{L1} 分布直方图

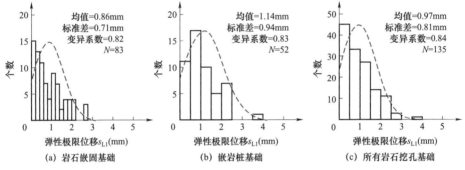

图1-53 岩石挖孔基础弹性极限位移 s_{L1} 分布直方图

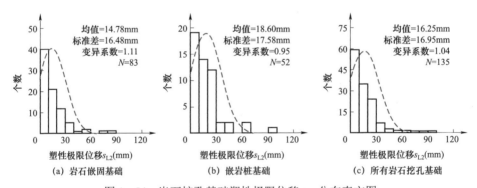

图1-54 岩石挖孔基础塑性极限位移 s_{L2} 分布直方图

结果表明，岩石嵌固基础、嵌岩桩基础和所有岩石挖孔试验基础的 T_{L2}/T_{L1} 均值分别为2.54、2.87和2.66，对应的变异系数分别为0.45、0.36和0.42。同时，岩石嵌固基础、嵌岩桩基础和所有岩石挖孔试验基础弹性极限荷载所对应的位移 s_{L1} 均值分别为0.86、1.14mm和0.97mm，而塑性极限荷载所对应的位移 s_{L2} 值分别为14.78、18.60mm和16.25mm。因此，当取岩石挖孔基础抗拔设计安全系数 $K=2.5\sim3.0$ 时，在上拔设计荷载作用下，基础抗拔承载性能将主要处于其抗拔荷载–位移特征曲线的弹性段，且塑性极限承载力 T_{L2} 对应上拔位移均满足输电线路基础 25mm 位移限值要求。

考虑到架空输电线路不同类型杆塔的基础抗拔设计安全要求，著者在编制《输电线路岩石地基挖孔基础工程技术规范》（DL/T 5845—2021）时，规定输电线路工程岩石挖孔基础应按承载能力极限状态和正常使用极限状态进行设计。同时，岩石挖孔基础竖向承载力设计安全系数取值不应小于表 1–19 的规定值，这较好地符合了我国架空输电线路基础行业设计传统与习惯。

表 1–19　　　架空输电线路岩石挖孔基础竖向承载力设计安全系数

杆塔类型	安全系数
悬垂型杆塔	2.5
耐张直线（0°转角）及悬垂转角杆塔	2.8
耐张转角、终端、大跨越塔	3.0

此外，美国国家高速公路和交通运输协会（American Association of State Highway and Transportation Officials，AASHTO）第 17 版《公路桥梁设计规范》（*Standard specifications for highway bridges*）规定，当嵌岩桩基础承载力设计基于现场试验结果时，应取最小安全系数为 2.0；反之，应取为 2.5。同时，该规范还指出，其推荐的嵌岩桩基础设计最小安全系数是建立在基础正常施工且施工质量有保障的前提之下的，如果基础现场施工质量得不到有效保证，则应取更高的设计安全系数。在《输电线路岩石地基挖孔基础工程技术规范》（DL/T 5845—2021）编制专题研究过程中，也基于相同荷载和地质条件开展了该规范与《公路桥涵地基与基础设计规范》（JTG 3363—2019）、《码头结构设计规范》（JTS 167—2018）和《建筑桩基技术规范》（JGJ 94—2008）的设计对比工作，结果表明按表 1–19 规定的架空输电线路工程岩石挖孔基础设计安全系数取值较为合理。

这里需要特别说明两点：一是抗拔稳定通常是输电线路基础设计的控制条件；二是岩石地基抗压承载性能要显著高于抗拔承载性能。因此，表 1–19 所规定的安全系数取值，可同时满足上拔和下压岩石挖孔基础承载性能的安全性要求。

第四节　嵌岩段桩的极限侧阻力和端阻力发挥性状与计算

一、嵌岩段桩的抗压和抗拔极限承载力组成

嵌岩段桩荷载传递是桩～土～岩相互作用的复杂过程。以图1-55所示有覆盖土层条件下的嵌岩桩基础为例，国内外学术界和工程界目前普遍认为其抗压极限承载力由覆盖土层桩侧阻力、嵌岩段桩侧阻力和桩端阻力三部分组成，而抗拔极限承载力由覆盖土层桩侧阻力、嵌岩段桩侧阻力和基础自重三部分组成。

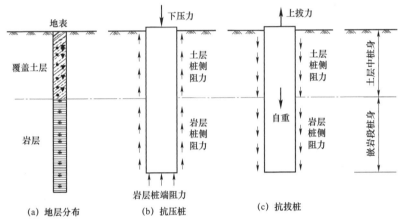

图1-55　嵌岩段桩的抗压和抗拔极限承载力组成

在嵌岩段桩的抗拔极限承载力设计计算时，一般采用将覆盖土层和岩层中桩侧抗压极限侧阻力分别乘以相应的折减系数的方法，计算得到相应桩身段抗拔极限侧阻力。因此，研究下压荷载作用下嵌岩段桩的极限侧阻力和端阻力发挥性状及其计算方法，对架空输电线路嵌岩桩基础设计具有重要的理论和工程意义。

二、嵌岩段桩的极限侧阻力和端阻力发挥性状

在传统观念和土力学及基础工程教科书中，一般将嵌岩桩作为端承桩的典型例子。比较典型的是《建筑地基基础设计规范》（GB 50007—2011），其规定嵌岩桩按端承桩设计，完全不考虑嵌岩段桩身侧阻力。然而，国内外大量的实测资料都表明，即使是无覆盖土层条件下的嵌岩桩或桩的长径比 L/d 小于5.0的短桩，也并非一律是端承桩，若不加区分地把嵌岩桩一律视为端承桩是不符合实际的。

尤其是当覆盖土层较厚时，为了提高嵌岩桩承载性能，不适当地把桩端过多地嵌入中等风化及以上岩层，甚至增加嵌岩段桩长或者采用扩大端结构形式并增加其尺寸的方法，都无助于发挥基岩端承作用，而是徒然增加工程施工难度和费用。

（一）嵌岩桩的桩端阻力分担下压荷载试验分析

国内学者史佩栋（1994）收集分析了国内外 150 根嵌岩桩试验结果，给出了桩顶最大下压荷载作用下桩端阻力 Q_b 分担桩顶荷载 Q 的比例（Q_b/Q）随桩的长径比（L/d）的变化关系曲线，如图 1-56 所示。其中，无覆盖土层嵌岩桩 20 根，有覆盖土层嵌岩桩 130 根，桩长 $L=3.0\sim55.0$m，桩径 $d=0.5\sim8.0$m，桩的长径比 $L/d=1.0\sim63.7$。

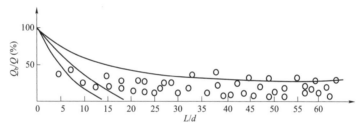

图 1-56　桩端阻力分担荷载比 Q_b/Q 随桩的长径比 L/d 的变化关系曲线（史佩栋，1994）

图 1-56 表明：当 $1<L/d<20$ 时，随 L/d 的增大 Q_b/Q 自 100% 递减至 20% 左右。当 $20<L/d<63.7$ 时，Q_b/Q 一般不超过 20%，其中大部分桩在 20% 以下，甚至不少桩还在 5% 以下。与此相对应，桩侧阻力大约在 $L/d\geqslant10\sim15$ 时开始起主要作用，且随 L/d 增大而增大，一般保持在 70% 以上。上述规律形成的实质是覆盖土层侧阻作用得到了发挥，并可从竖向下压荷载作用时桩土（岩）体系荷载传递的机理进行解释。首先，当 $L/d\geqslant10\sim15$ 的较长桩受压后，桩身弹性压缩变形量较大，桩土（岩）间相对位移较大，可使桩侧阻力得到较好发挥。其次，桩底沉渣一般很难彻底清除，且桩越长，沉渣越难清除。桩受压后沉渣被压实，为桩身整体变形提供了条件，使桩侧阻力得以进一步发挥。最后，当桩底沉渣被压实，继桩周土体侧阻力被充分发挥后，嵌岩段桩侧阻力也将在桩端阻力发挥之前发挥作用，这种桩侧阻力和桩端阻力发挥的异步性使传至桩端平面处的下压荷载大大减少，从而削弱了桩端岩体的端承作用。

总体上看，嵌岩桩的桩端阻力发挥过程比较复杂，在竖向荷载作用下会产生桩体变形和桩岩（土）间相对位移，从而将桩顶荷载通过桩侧岩土体阻力逐渐传递至桩端，且嵌岩段桩侧阻力一般先于桩端阻力发挥。由于岩体发挥极限侧阻力所需相对位移较小，嵌岩段桩身侧阻力比较容易达到峰值而使岩体破坏，此时桩端阻力甚至仍未得到充分发挥。因此，下压荷载作用下的嵌岩桩主要呈摩擦端承桩承载性状，且这种承载性状与嵌岩段桩体和桩身周围岩土体的刚度比，以及成桩工艺、施工质量等因素有关。

基于图 1-56 所示试验结果分析，史佩栋（1994）指出了嵌岩桩成为端承桩或摩擦端承桩的条件：一是桩短而粗（L/d 较小）且嵌岩深度较小（$h_r < 0.5d$），桩底沉渣清除干净；二是嵌岩桩的长径比 L/d 较大，但覆盖土层厚且性质较差，桩侧阻力较小，桩端嵌岩深度较小（$h_r \leqslant 2d$）且桩底沉渣清除较好，下压荷载作用下桩端产生少量位移即能调动桩端阻力发挥。

（二）嵌岩桩的桩端阻力分担荷载比理论分析

国外学者 Carter 和 Kulhawy（1988）根据图 1-57 所示嵌岩段桩抗压极限承载力计算模型，基于弹性半空间理论，给出了桩端阻力分担荷载比 Q_b/Q 的理论计算方法，见式（1-10）～式（1-14）。

$$\frac{Q_b}{Q} = \frac{\left(\dfrac{4}{1-\nu_b}\right)\left(\dfrac{1}{\xi}\right)\left[\dfrac{1}{\cosh(\mu h_r)}\right]}{\left(\dfrac{4}{1-\nu_b}\right)\left(\dfrac{1}{\xi}\right) + \left(\dfrac{2\pi}{\zeta}\right)\left(\dfrac{2h_r}{d}\right)\left[\dfrac{\tanh(\mu h_r)}{\mu h_r}\right]} \qquad (1-10)$$

$$(\mu h_r)^2 = \left(\frac{2}{\zeta\lambda}\right)\left(\frac{2h_r}{d}\right)^2 \qquad (1-11)$$

$$\zeta = \ln[5(1-\nu_r)h_r/d] \qquad (1-12)$$

$$\lambda = E_c/G_r \qquad (1-13)$$

$$\xi = G_b/G_r \qquad (1-14)$$

式中　　h_r、d——嵌岩段桩长和桩径；

$\qquad E_c$——桩身混凝土弹性模量；

$\qquad G_r$、G_b——嵌岩段桩侧和桩端岩体剪切模量；

$\qquad \nu_r$、ν_b——嵌岩段桩侧和桩端岩体泊松比；

μh_r、ζ、λ 和 ξ——计算参数。

基于 Carter 和 Kulhawy 计算理论，参考混凝土结构设计规范和工程岩体分级标准的相关参数取值范围，可计算得到嵌岩段典型岩体条件下桩端阻力分担荷载比 Q_b/Q 随桩岩刚度比 E_c/E_r、桩侧和桩端岩体刚度比 E_r/E_b 以及嵌岩深径比 h_r/d 的变化规律，如图 1-58 所示。结果表明，不论嵌岩段桩侧与桩端岩石条件

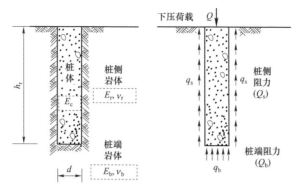

(a) 嵌岩段桩基与岩体参数　　　(b) 抗压承载力计算模型

图 1-57　嵌岩段桩抗压极限承载力计算模型

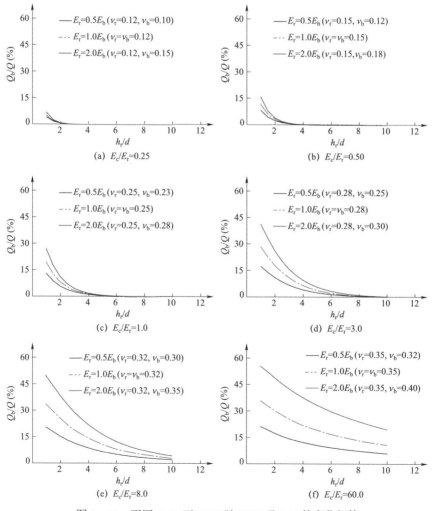

图 1-58　不同 E_c/E_r 下 Q_b/Q 随 E_r/E_b 及 h_r/d 的变化规律

以及桩岩刚度比如何变化，Q_b/Q 总是随 h_r/d 增大而迅速减小，这与前述史佩栋（1994）桩端阻力分担下压荷载试验结果统计分析结论一致。此外，在相同 E_c/E_r 和 h_r/d 条件下，Q_b/Q 随桩端岩体质量提高而降低，即桩端岩体质量越好，Q_b/Q 越小，而嵌岩段桩侧阻力所分担的荷载比例越高。总体上看，Q_b/Q 随桩岩刚度比 E_c/E_r 增大而增大，这与国外学者 Pells 和 Turner 在 1979 年基于 Mindlin 方程的数值积分和有限元计算结果一致。因此，提高桩身混凝土强度，可增加嵌岩段桩端阻力分担下压荷载的比例。

三、输电线路嵌岩桩承载性状及嵌岩段桩极限侧阻力和端阻力计算

从我国山区架空输电线路基础工程实践看，基础塔位覆盖层土体相对较浅，桩身直径相对较大，桩的长径比（L/d）总体相对较小，相应的嵌岩深径比（h_r/d）一般也相对较小。基于嵌岩段桩的侧阻力和端阻力发挥性状试验与理论分析结果，可知下压荷载作用下输电线路嵌岩桩将主要呈摩擦端承桩承载性状。因此，嵌岩段桩的极限侧阻力和端阻力计算，对架空输电线路基础设计尤为重要。

（一）桩基嵌岩段极限侧阻力试验成果统计与分析

嵌岩桩抗压极限承载力计算目前主要基于经验和半经验公式，经验参数较多。在进行嵌岩段基桩极限侧阻力工程设计时，国内外普遍采用岩石极限侧阻力系数乘以桩侧岩石单轴抗压强度的方法。该方法简单且工程意义明确，工程设计使用方便，因而被广泛采用。但总体上看，嵌岩段岩石极限侧阻力系数确定方法与取值差异较大，且在岩石单轴抗压强度取值时，国外多采用岩石天然单轴抗压强度，而国内则主要采用岩石饱和单轴抗压强度。因此，需要收集整理更多嵌岩桩下压承载力试验数据，对嵌岩桩嵌岩段岩石极限侧阻力和极限侧阻力系数进行统计分析，进而为山区架空输电线路岩石地基嵌岩桩设计提供依据。

为此，著者在 2018 年收集整理了国外学者不同时期、不同地区、不同岩石强度和不同嵌岩条件下竖向下压嵌岩桩极限侧阻力试验成果，主要包括嵌岩段岩石类型及其天然单轴抗压强度、嵌岩段桩的直径与嵌岩深度、嵌岩段桩的极限侧阻力等。在此基础上，定义嵌岩段桩的极限侧阻力和岩石天然单轴抗压强度的比值为岩石极限侧阻力系数，分析了桩径、嵌岩深度、嵌岩深径比和岩石强度对嵌岩段极限侧阻力和极限侧阻力系数的影响规律。

1. 试验数据收集与整理

所收集试验资料来源于 34 篇国外文献，其作者及发表年代汇总见表 1-20，

具体文献信息详见附录 A。嵌岩桩竖向下压承载力试验共 145 个，主要试验结果见表 1-21，包括嵌岩段岩石类型、嵌岩段桩径 d 与嵌岩深度 h_r、岩石天然单轴抗压强度 f_{ucs} 及嵌岩段桩侧极限阻力 q_s 等。

表 1-20　　　　　　　　　　文献作者及发表年代

序号	作者及年代	序号	作者及年代
1	Mason（1960）	18	Webb 和 Davies（1980）
2	Thorburn（1966）	19	Williams（1980）
3	Matich 和 Kozicki（1967）	20	Williams 和 Ervin（1980）
4	Seychuck（1970）	21	Williams 等（1980）
5	Osterberg 和 Gill（1973）	22	Williams 和 Pells（1981）
6	Davis（1974）	23	Horvath 等（1983）
7	Buttling（1976）	24	Lam 等（1991）
8	Rosenberg 和 Journeaux（1976）	25	McVay 等（1992）
9	Webb（1976）	26	Leung（1996）
10	Wilson（1976）	27	Carrubba（1997）
11	Vogan（1977）	28	Walter 等（1997）
12	Pells 等（1978）	29	Gunnick 和 Kiehne（1998）
13	Horvath 和 Kenney（1979）	30	Long（2000）
14	Johnston 和 Donald（1979）	31	Zhan 和 Yin（2000）
15	Horvath 等（1980）	32	Ng 等（2001）
16	Pells 等（1980）	33	Castelli 和 Fan（2002）
17	Thorne（1980）	34	Gordon 等（2004）

表 1-21　　　　　　　　嵌岩桩嵌岩段极限侧阻力试验结果

基础编号	岩石类型	d (mm)	h_r (mm)	f_{ucs} (MPa)	q_s (MPa)	ξ_s	基础编号	岩石类型	d (mm)	h_r (mm)	f_{ucs} (MPa)	q_s (MPa)	ξ_s
1/1	页岩	610	1800	1.5	0.417	0.278	8/1	页岩	203	900	20.7	5.240	0.103
2/1	页岩	762	3650	12.2	0.242	0.020	8/2	安山岩	450	560	10.55	5.120	0.106
3/1	页岩	610	6000	0.48	0.310	0.646	8/3	页岩	200	910	25.1	1.720	0.082
4/1	页岩	480	1800	50.0	3.030	0.061	9/1	辉绿岩	615	12200	0.4	0.122	0.305
5/1	页岩	1220	1200	15.1	1.040	0.094	10/1	泥岩	900	1000	1.09	0.120	0.110
6/1	泥灰岩	760	4000	1.3	0.230	0.177	10/2	泥岩	900	1000	1.09	0.180	0.165
7/1	白垩	1050	8000	5.1	0.190	0.173	11/1	页岩	610	2900	7.0	0.932	0.133

基础编号	岩石类型	d (mm)	h_r (mm)	f_{ucs} (MPa)	q_s (MPa)	ξ_s	基础编号	岩石类型	d (mm)	h_r (mm)	f_{ucs} (MPa)	q_s (MPa)	ξ_s
12/1	泥岩	1090	1500	2.3	0.800	0.348	18/1	砂岩	471	1080	2.5	0.530	0.212
13/1	页岩	635	900	15.2	0.830	0.055	18/2	砂岩	450	1750	2.5	0.730	0.292
13/2	页岩	635	900	15.2	0.830	0.055	18/3	砂岩	450	2770	2.5	0.680	0.272
14/1	泥岩	1200	1000	3.06	1.050	0.343	18/4	砂岩	450	900	2.5	0.630	0.252
14/2	泥岩	1200	1000	1.93	0.940	0.487	18/5	砂岩	536	1300	2.5	0.480	0.192
15/1	页岩	710	1400	10.4	1.090	0.105	18/6	砂岩	450	500	2.5	0.420	0.168
16/1	砂岩	75	960	6.0	0.820	0.137	18/7	砂岩	436	1670	2.5	0.910	0.364
16/2	砂岩	210	920	6.0	5.120	0.187	18/8	砂岩	450	600	18.0	0.590	0.033
16/3	砂岩	315	400	6.0	1.410	0.235	18/9	砂岩	450	800	18.0	5.380	0.177
16/4	砂岩	210	1370	6.0	0.890	0.148	18/10	砂岩	450	1600	18.0	2.260	0.126
16/5	砂岩	210	518	6.0	0.810	0.135	19/1	泥岩	660	1520	0.83	0.560	0.675
16/6	砂岩	160	460	6.0	0.940	0.157	19/2	泥岩	1120	2590	0.57	0.510	0.895
16/7	砂岩	160	450	6.0	5.160	0.193	19/3	泥岩	1170	2510	0.59	0.410	0.695
16/8	砂岩	315	520	6.0	0.890	0.148	19/4	泥岩	395	870	0.58	0.500	0.862
16/9	砂岩	255	330	6.0	1.650	0.275	19/5	泥岩	395	870	0.6	0.410	0.683
16/10	砂岩	160	620	6.0	5.130	0.188	19/6	泥岩	395	885	0.58	0.360	0.621
16/11	砂岩	310	450	6.0	0.480	0.080	19/7	泥岩	1220	2000	2.46	0.600	0.244
16/12	砂岩	210	600	6.0	1.200	0.200	19/8	泥岩	1300	2000	2.3	0.640	0.278
16/13	砂岩	210	700	6.0	5.170	0.195	19/9	泥岩	1230	2000	2.3	0.710	0.309
16/14	砂岩	290	1300	6.0	0.320	0.053	19/10	泥岩	1350	2000	2.34	0.620	0.265
16/15	砂岩	710	900	6.0	0.650	0.108	20/1	泥岩	NA	NA	7.2	0.860	0.119
16/16	砂岩	290	1270	6.0	0.680	0.113	21/1	泥岩	660	1800	2.3	0.965	0.420
16/17	砂岩	210	340	30.0	4.750	0.158	22/1	页岩	690	3400	5.3	5.100	0.355
16/18	砂岩	160	184	14.0	2.300	0.164	22/2	页岩	660	5200	0.5	0.300	0.600
16/19	砂岩	64	160	14.0	2.600	0.186	22/3	页岩	790	8900	2.7	0.720	0.267
16/20	砂岩	84	130	14.0	3.460	0.247	23/1	页岩	710	1370	5.4	5.110	0.206
16/21	砂岩	84	330	14.0	2.430	0.174	23/2	页岩	710	1370	15.1	5.110	0.100
16/22	砂岩	84	385	14.0	2.590	0.185	23/3	页岩	710	1370	5.6	2.000	0.357
16/23	砂岩	160	112	14.0	5.220	0.373	23/4	页岩	710	1370	5.5	1.750	0.318
16/24	砂岩	160	160	14.0	2.690	0.192	23/5	页岩	710	1370	10.4	1.090	0.105
16/25	砂岩	91	255	14.0	0.150	0.011	24/1	花岗岩	1000	800	120.0	0.695	0.006
17/1	页岩	900	1300	21.0	1.260	0.060	25/1	石灰石	760	1100	1.72	0.480	0.279
17/2	页岩	450	700	34.0	2.500	0.074	25/2	石灰石	760	2450	2.3	0.390	0.170

续表

基础编号	岩石类型	d (mm)	h_r (mm)	f_{ucs} (MPa)	q_s (MPa)	ξ_s	基础编号	岩石类型	d (mm)	h_r (mm)	f_{ucs} (MPa)	q_s (MPa)	ξ_s
25/3	石灰石	760	1000	6.71	1.200	0.179	30/12	石灰石	210	500	78.0	0.620	0.008
25/4	石灰石	760	3100	3.55	0.690	0.194	30/13	石灰石	190	1000	84.0	0.420	0.005
25/5	石灰石	760	1200	4.41	0.710	0.161	30/14	石灰石	600	2000	50.0	1.950	0.039
25/6	石灰石	910	3700	4.55	0.820	0.180	30/15	石灰石	600	1750	51.0	1.670	0.033
26/1	花岗岩	1000	1000	12.5	0.800	0.064	30/16	石灰石	600	2100	50.0	0.500	0.010
26/2	粉砂岩	810	10000	6.0	0.560	0.093	30/17	石灰石	800	1500	52.0	0.470	0.009
26/3	粉砂岩	1350	6800	7.0	0.600	0.086	30/18	石灰石	800	200	50.0	2.000	0.040
26/4	粉砂岩	1500	11500	9.0	0.800	0.089	30/19	石灰石	600	1600	50.0	1.300	0.026
26/5	粉砂岩	710	7300	9.0	0.700	0.078	30/20	石灰石	600	3000	16.0	0.910	0.057
26/6	粉砂岩	1400	2500	3.5	0.390	0.111	30/21	石灰石	600	3000	16.0	0.975	0.061
26/7	粉砂岩	1400	3000	6.5	0.620	0.095	30/22	石灰石	800	3000	25.0	0.995	0.040
27/1	泥灰岩	1200	7500	0.9	0.140	0.156	30/23	石灰石	800	3000	25.0	0.995	0.040
27/2	辉绿岩	1200	2500	15.0	0.490	0.033	30/24	石灰石	190	500	40.0	3.000	0.075
27/3	石膏岩	1200	11000	6.0	0.120	0.020	30/25	石灰石	170	500	75.0	1.500	0.020
27/4	辉绿岩	1200	2000	40.0	0.890	0.022	31/1	凝灰岩	1050	2000	30.0	2.630	0.088
27/5	石灰石	1200	2500	2.5	0.400	0.160	32/1	凝灰岩	1200	2000	105.0	2.900	0.028
28/1	泥岩	910	1000	3.2	0.600	0.188	32/2	凝灰岩	1060	6000	156.0	1.740	0.011
28/2	粉砂岩	910	2100	8.9	5.110	0.125	32/3	凝灰岩	1020	2000	40.0	2.860	0.072
28/3	砂岩	910	2200	11.6	5.260	0.186	32/4	砂岩	1200	1500	28.8	5.100	0.177
29/1	石灰石	457.2	4120	43.6	2.343	0.054	32/5	凝灰岩	1320	2100	6.0	0.480	0.080
29/2	石灰石	457.2	4020	73.8	0.916	0.012	32/6	凝灰岩	1200	1200	82.5	1.700	0.021
29/3	石灰石	457.2	3770	64.7	2.278	0.035	32/7	凝灰岩	1200	3600	10.0	0.610	0.061
30/1	花岗岩	350	1500	50.0	2.015	0.040	32/8	凝灰岩	1000	900	125.0	2.865	0.023
30/2	石灰石	350	2800	25.0	0.750	0.030	32/9	凝灰岩	1000	2500	28.8	0.960	0.033
30/3	石灰石	350	2800	54.0	1.500	0.028	32/10	凝灰岩	1200	1500	23.0	1.000	0.043
30/4	石灰石	350	2300	29.0	1.000	0.034	32/11	凝灰岩	1200	3000	38.0	1.210	0.032
30/5	石灰石	350	2300	54.0	1.880	0.035	32/12	凝灰岩	1200	1100	18.8	0.600	0.032
30/6	石灰石	350	3300	51.0	1.920	0.038	33/1	石灰石	1830	5250	7.5	0.977	0.130
30/7	石灰石	350	2000	50.0	1.455	0.029	34/1	粉砂岩	1829	2410	20.0	0.977	0.049
30/8	石灰石	300	3000	92.0	0.550	0.006	34/2	砂岩	1829	2130	17.0	0.756	0.044
30/9	石灰石	325	2250	51.0	0.765	0.015	34/3	砂岩	1829	2350	17.0	1.006	0.059
30/10	石灰石	350	2700	51.0	1.620	0.032	34/4	砂岩	1829	2180	33.0	0.191	0.006
30/11	石灰石	350	3150	51.0	1.270	0.025							

注 1. 基础编号中"/"的前一个数字代表文献序号,"/"的后一个数字代表该文献中试验基础个序号。

2. 表中"NA"表示文献中无该数据。

定义嵌岩段桩侧极限阻力 q_s 和岩石单轴抗压强度 f_{ucs} 的比值为嵌岩段岩石极限侧阻力系数，记为 ξ_s，即：

$$\xi_s = q_s/f_{ucs} \qquad\qquad (1-15)$$

根据表 1-21 的试验结果，将按式（1-15）计算得到的各试验基础嵌岩段岩石极限侧阻力系数 ξ_s 的值一并列于表 1-21 中。

需要特别说明的是，附录 A 所示文献中的试验工作是不同时期、不同地区学者在不同岩石类型与强度、不同桩端嵌岩条件下完成的，对嵌岩桩的极限侧阻力测试方法、极限承载力的确定原则也不尽相同。著者在试验数据分析过程中直接采用了原文献成果，因此这种处理方法以及基于表 1-21 的试验数据分析所得到的研究结论应更具有一般性。

2. 嵌岩特征和岩体性质对桩的极限侧阻力与极限侧阻力系数的影响规律

表 1-21 表明，嵌岩段桩的极限侧阻力大小的差异主要是由桩身嵌岩特征和岩体性质不同而引起的，其中桩身嵌岩特征主要包括桩径、嵌岩深度和嵌岩深径比。尽管表 1-21 中嵌岩段岩石包括页岩、泥灰岩、安山岩、泥岩、砂岩、花岗岩、石灰岩、粉砂岩、凝灰岩、辉绿岩等多种类型，但正如《工程岩体分级标准》（GB/T 50218—2014）所指出的，影响岩体性质的主要因素有岩石物理力学性质、构造发育情况、承受的荷载（工程荷载和初始应力）、应力应变状态、几何边界条件以及水的赋存状态等，而岩石强度则是反映这些影响因素综合作用下岩体基本特性的一个重要指标。

（1）桩径。图 1-59 所示为嵌岩段桩的极限侧阻力和极限侧阻力系数随桩径

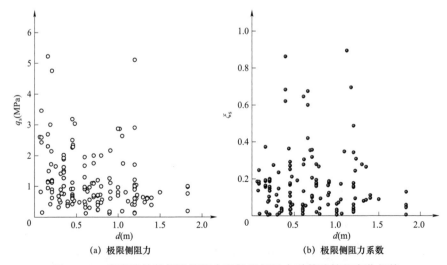

(a) 极限侧阻力　　　　　　　　　(b) 极限侧阻力系数

图 1-59　嵌岩段桩的极限侧阻力和极限侧阻力系数随桩径变化规律

变化规律。结果表明，嵌岩段桩的极限侧阻力和极限侧阻力系数随桩径变化均具有较大的离散性，两者之间无明显的相关性。Williams 的试验研究结果也表明，当桩径大于 150mm 时，桩径对嵌岩桩的极限侧阻力影响可忽略不计。可能原因如下：嵌岩桩嵌岩段桩侧阻力主要靠桩～岩间相对位移而发挥，但岩体发挥极限侧阻力所需的相对位移较小，对破碎砂质黏土岩和细砂岩约 4mm，对完整细砂岩约 3mm，对完整石灰岩和花岗岩小于或等于 2mm。由于桩～岩间极限侧阻力发挥所需的相对位移主要与岩体类别有关，因此嵌岩段桩周岩石极限侧阻力与桩径之间的相关性不强。

（2）嵌岩深度和嵌岩深径比。嵌岩深度是嵌岩桩设计的重要参数之一，直接关系着嵌岩桩设计的安全性和经济性。嵌岩深度过大，虽然安全可靠，但施工难度大、费用高。反之，嵌岩深度过小，若桩端岩层性质较差，则嵌岩桩承载力和位移可能都不满足要求。

图 1-60 所示为嵌岩段桩的极限侧阻力和极限侧阻力系数随嵌岩深度变化规律。结果表明，嵌岩段桩的极限侧阻力和极限侧阻力系数随嵌岩深度的变化都具有一定的离散性，但总体随嵌岩深度增加而减小。这与 Rowe 和 Armitage（1987）研究的结论一致。

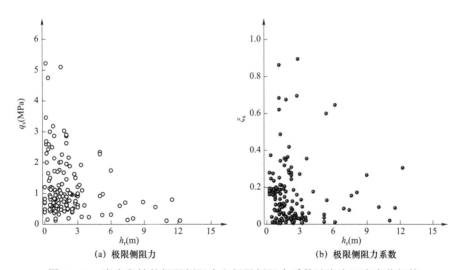

图 1-60 嵌岩段桩的极限侧阻力和极限侧阻力系数随嵌岩深度变化规律

图 1-61 所示为嵌岩段桩的极限侧阻力和极限侧阻力系数随嵌岩深径比的变化规律。结果表明，嵌岩段桩的极限侧阻力和极限侧阻力系数也总体上随嵌岩深径比的增大而减小。

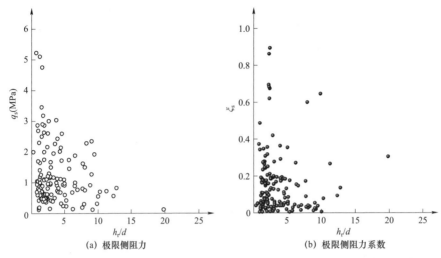

(a) 极限侧阻力　　　　　　　　　　　　　(b) 极限侧阻力系数

图 1－61　嵌岩段桩的极限侧阻力和极限侧阻力系数随嵌岩深径比变化规律

　　图 1－60 和图 1－61 表明，在一定嵌岩深度范围内，增加嵌岩深度可提高嵌岩桩承载力，但超过某一深度后，增加嵌岩深度对单桩承载力几乎没有影响，这与我国学者对嵌岩深度的普遍看法一致，即嵌岩桩存在最佳嵌岩深度，其可使嵌岩段桩侧阻力和桩端阻力发挥最为协调与充分。尽管国内外不同学者对最佳嵌岩深度取值的研究结论不一致，但普遍都认为当嵌岩深度为 3d（d 为嵌岩段桩径）时，嵌岩桩的桩侧阻力和桩端阻力发挥最佳。当超过 5d 后，嵌岩深度增加对嵌岩桩竖向抗压极限承载力提高作用较小。例如，在《公路桥涵地基与基础设计规范》（JTG 3363—2019）专题研究过程中，收集整理了 120 根嵌岩桩静荷载试验成果，统计分析了桩端不同岩石坚硬程度下嵌岩桩的下压承载特性，给出的嵌岩桩嵌岩深度范围推荐值见表 1－22。

表 1－22　《公路桥涵地基与基础设计规范》（JTG 3363—2019）嵌岩深度推荐值

岩石坚硬程度类别	嵌岩深度
极软岩	（3～5）d
软岩	（4～5）d
较软岩	（3～4）d
较硬岩	（2～3）d

　　（3）岩石强度。图 1－62 所示为嵌岩段桩的极限侧阻力和极限侧阻力系数随岩石强度变化规律。结果表明，嵌岩段桩的极限侧阻力总体上随岩石天然单轴抗压强度的增加而增大，而岩石极限侧阻力系数则随岩石天然单轴抗压强度的

增加而减小。

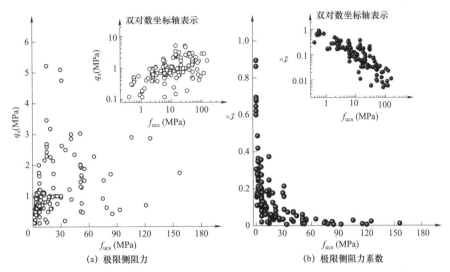

(a) 极限侧阻力　　　　　　　　(b) 极限侧阻力系数

图 1−62　嵌岩段桩的极限侧阻力和极限侧阻力系数随岩石强度变化规律

（二）桩基嵌岩段极限端阻力试验成果统计与分析

与嵌岩段桩的极限侧阻力计算方法相同，国内外工程设计中也普遍采用岩石极限端阻力系数乘以桩端岩石单轴抗压强度的方法，计算下压荷载作用下嵌岩桩的极限端阻力。但不同行业桩基规范中对桩端岩石极限端阻力系数的确定方法与取值差异较大。因此，收集更多嵌岩桩试验数据，对嵌岩桩的极限端阻力和极限端阻力系数进行分析，可为架空输电线路嵌岩桩设计提供依据。

为此，著者在 2019 年收集整理了国外不同地区学者在不同时期、不同岩石性质和不同嵌岩条件下 165 个嵌岩桩端阻力试验成果，主要包括嵌岩段岩石类型及其天然单轴抗压强度、嵌岩段桩的直径与嵌岩深度、嵌岩段桩的极限端阻力等。在此基础上，定义嵌岩桩极限端阻力与岩石天然单轴抗压强度的比值为岩石极限端阻力系数，分析了桩径、嵌岩深度、嵌岩深径比和岩石强度对嵌岩桩岩石极限端阻力和极限端阻力系数的影响规律。

1. 试验数据收集与整理

所收集试验资料来源于 34 篇国外文献，其作者及发表年代汇总见表 1−23，具体文献信息详见附录 B。嵌岩桩竖向下压承载力试验共 165 个，主要试验结果见表 1−24，包括嵌岩段岩石类型、嵌岩段桩径 d、嵌岩深度 h_r、岩石天然单轴抗压强度 f_{ucs} 以及嵌岩桩极限端阻力 q_b 等。

表 1-23　　　　　　　　　　　文献作者及发表年代

序号	作者及年代	序号	作者及年代
1	Reese 和 Hudson（1968）	18	Leung 和 Ko（1993）
2	Vijayvergiya 等（1969）	19	Thompson（1994）
3	Engeling 和 Reese（1974）	20	Carrubba（1997）
4	Aurora 和 Reese（1976）	21	O'Neill（1998）
5	Webb（1976）	22	Tchepak（1998）
6	Wilson（1976）	23	Osterberg（2001）
7	Goeke 和 Hustad（1979）	24	Gunnink 和 Kiehne（2002）
8	Thorne（1980）	25	Abu-Hejleh 等（2003）
9	Williams（1980）	26	Bullock（2003）
10	Jubenville 和 Hepworth（1981）	27	McVay 等（2003）
11	Glos 等（1983）	28	Mello 等（2003）
12	Horvath 等（1983）	29	Miller（2003）
13	Baker（1985）	30	Nam（2004）
14	Seik 等（1985）	31	Abu-Hejleh 和 Attwooll（2005）
15	Hummert 和 Cooling（1988）	32	Basarkar 和 Dewaikar（2006）
16	Orpwood 等（1989）	33	GEO（2006）
17	Radhakrishnan 和 Leung（1989）	34	Kulkarni 和 Dewaikar（2017）

表 1-24　　　　　　　　　　嵌岩桩极限端阻力试验结果

基础编号	岩石类型	d (mm)	h_r (m)	f_{ucs} (MPa)	q_b (MPa)	ξ_b	基础编号	岩石类型	d (mm)	h_r (m)	f_{ucs} (MPa)	q_b (MPa)	ξ_b
1/1	黏土岩	610	1.80	0.50	1.642	3.285	8/1	页岩	2000	5.00	8.00	3.650	0.456
2/1	页岩	760	2.40	0.60	3.637	6.062	8/2	砂岩	2000	5.00	12.50	14.000	5.120
3/1	黏土岩	760	4.00	0.40	3.329	8.322	8/3	页岩	2000	5.00	18.20	7.500	0.412
4/1	泥页岩	890	1.83	0.62	2.643	4.263	9/1	泥岩	600	NA	0.50	4.510	9.020
4/2	泥页岩	740	5.14	1.42	5.680	4.000	9/2	泥岩	1000	NA	0.60	5.530	9.217
4/3	泥页岩	790	5.19	1.42	5.125	3.609	9/3	泥岩	100	NA	0.60	8.910	14.850
4/4	泥页岩	750	1.61	1.42	6.111	4.304	9/4	泥岩	300	NA	0.70	6.390	9.129
5/1	辉绿岩	615	10.0	0.52	2.650	5.096	9/5	泥岩	100	NA	0.60	14.010	23.350
6/1	泥岩	670	3.00	4.20	6.880	1.638	9/6	泥岩	1000	NA	2.50	5.880	2.352
7/1	页岩	762	3.30	0.81	4.690	5.790	9/7	泥岩	1000	NA	2.30	6.620	2.878

续表

基础编号	岩石类型	d (mm)	h_r (m)	f_{ucs} (MPa)	q_b (MPa)	ξ_b	基础编号	岩石类型	d (mm)	h_r (m)	f_{ucs} (MPa)	q_b (MPa)	ξ_b
9/8	泥岩	1000	NA	2.30	7.000	3.043	22/1	页岩	750	1.00	4.60	2.500	0.543
9/9	泥岩	1000	NA	2.30	6.660	2.896	22/2	页岩	600	1.40	2.40	2.500	1.042
10/1	页岩	305	1.50	1.08	3.660	3.383	23/1	石灰石	NA	NA	120.00	15.262	0.101
11/1	砂岩	610	15.6	8.36	10.600	1.268	23/2	石灰石	NA	NA	120.00	35.421	0.295
11/2	砂岩	610	16.9	9.26	15.300	1.415	23/3	页岩	NA	NA	2.90	15.417	5.316
12/1	页岩	710	1.40	15.10	2.652	0.239	23/4	页岩	NA	NA	25.20	23.940	1.083
12/2	页岩	710	1.40	5.50	7.577	1.378	23/5	石灰石	NA	NA	85.40	69.426	0.826
13/1	砂砾岩	1281	NA	1.38	5.840	4.232	23/6	石膏岩	NA	NA	38.00	7.795	0.205
13/2	砂砾岩	1920	NA	0.57	2.290	4.018	23/7	页岩	NA	NA	0.80	9.720	15.250
13/3	砂砾岩	762	NA	5.11	4.790	4.315	23/8	页岩	NA	NA	2.30	6.895	2.998
14/1	泥页岩	2.31	0	0.80	1.085	1.356	24/1	石灰石	460	5.10	60.70	21.400	0.353
15/1	页岩	457	2.70	3.82	10.800	2.827	24/2	石灰石	460	5.10	60.70	9.100	0.150
16/1	砂砾岩	762	3.60	0.70	4.000	5.714	24/3	石灰石	460	1.20	60.70	22.900	0.377
16/2	砂砾岩	762	3.60	0.81	5.450	5.123	25/1	砂岩	1067	NA	1.96	11.300	5.765
16/2	砂砾岩	762	3.60	1.00	5.500	5.500	25/2	砂岩	1372	NA	10.50	15.200	1.448
17/1	粉砂岩	705	1.50	9.00	15.300	1.456	25/3	砂岩	1070	4.90	0.40	2.633	6.584
17/2	页岩	NA	NA	34	28	0.824	25/4	黏土岩	1220	4.30	0.50	2.542	5.085
17/3	砂岩	NA	NA	12.50	14.000	5.120	25/5	黏土岩	1070	6.30	2.60	11.300	4.346
17/4	砂岩	NA	NA	27.50	50.000	1.818	25/6	黏土岩	1370	9.20	11.40	15.226	1.336
18/1	石膏岩	1060	4.20	5.20	6.510	5.300	26/1	石灰石	1585	NA	1.50	6.280	5.487
18/2	石膏岩	1060	4.20	4.20	10.900	2.595	26/2	石灰石	1940	NA	3.80	6.220	1.637
18/3	石膏岩	1060	4.20	5.40	15.700	2.907	26/3	石灰石	1880	NA	0.92	3.570	3.880
18/4	石膏岩	1060	4.20	6.70	16.100	2.403	27/1	石灰石	1500	7.30	2.80	8.810	5.346
18/5	石膏岩	1060	4.20	8.50	23.000	2.706	27/2	石灰石	1800	8.50	2.80	6.703	2.394
18/6	石膏岩	1060	4.20	11.30	27.700	2.451	27/3	石灰石	2100	10.7	2.80	5.746	2.052
19/1	页岩	1803	NA	2.21	10.800	4.887	27/4	石灰石	2100	15.9	2.80	6.224	2.223
20/1	泥灰岩	1200	7.50	0.90	5.300	5.889	27/5	石灰石	1800	6.10	2.80	3.830	1.368
20/2	石灰石	1200	2.50	15.00	8.900	0.593	27/6	石灰石	1500	7.60	2.80	4.213	1.505
20/3	角砾岩	1200	2.50	2.50	8.900	3.560	28/1	泥岩	800	2.00	7.50	5.000	0.667
21/1	砂岩	1220	3.66	4.30	3.700	0.860	28/2	泥岩	800	3.00	7.50	5.000	0.667

基础编号	岩石类型	d (mm)	h_r (m)	f_{ucs} (MPa)	q_b (MPa)	ξ_b	基础编号	岩石类型	d (mm)	h_r (m)	f_{ucs} (MPa)	q_b (MPa)	ξ_b
29/3	泥岩	1189	NA	1.21	5.830	4.818	34/6	玄武岩	400	1.50	9.20	5.290	0.238
30/1	泥页岩	762	NA	1.50	3.600	2.400	34/7	玄武岩	400	3.80	9.20	2.290	0.249
30/2	石灰石	762	NA	10.90	10.500	0.963	34/8	玄武岩	400	2.00	57.10	4.390	0.077
31/1	黏土岩	787	NA	1.21	9.480	7.835	34/9	玄武岩	400	1.60	57.10	5.410	0.095
31/2	黏土岩	762	NA	0.48	2.250	4.688	34/10	玄武岩	400	2.00	9.20	2.620	0.285
31/3	黏土岩	762	NA	5.10	5.030	4.573	34/11	玄武岩	400	2.00	9.20	2.660	0.289
32/1	玄武岩	1000	NA	15.44	11.300	0.799	34/12	玄武岩	500	2.00	14.60	3.360	0.230
32/2	玄武岩	1000	NA	19.43	13.200	0.679	34/13	玄武岩	500	0.50	28.40	6.780	0.239
32/3	玄武岩	1000	NA	11.77	10.300	0.875	34/14	玄武岩	500	1.50	35.62	8.610	0.242
32/4	玄武岩	1000	NA	12.46	10.600	0.851	34/15	玄武岩	500	3.20	9.20	2.290	0.249
32/5	玄武岩	1000	NA	7.07	8.000	5.132	34/16	玄武岩	500	5.30	9.20	2.290	0.249
32/6	凝灰岩	1200	NA	11.49	10.200	0.888	34/17	玄武岩	500	5.30	9.20	5.290	0.238
32/7	凝灰岩	1200	NA	28.50	16.000	0.561	34/18	玄武岩	500	2.00	11.00	4.500	0.409
32/8	角砾岩	1200	NA	6.40	7.600	5.188	34/19	玄武岩	500	2.00	16.47	4.080	0.248
32/9	玄武岩	1200	NA	39.40	18.800	0.477	34/20	玄武岩	500	1.40	64.70	12.540	0.194
32/10	玄武岩	1200	NA	28.04	15.900	0.567	34/21	玄武岩	500	2.00	3.70	5.370	0.857
32/11	玄武岩	900	NA	35.70	17.900	0.501	34/22	玄武岩	500	3.90	3.70	5.370	0.857
32/12	玄武岩	900	NA	21.83	14.000	0.641	34/23	玄武岩	500	3.00	3.70	5.370	0.857
32/13	角砾岩	1200	NA	5.36	7.000	1.306	34/24	玄武岩	500	2.50	3.68	5.360	0.859
32/14	角砾岩	1100	NA	40.80	19.100	0.468	34/25	玄武岩	570	5.40	1.81	1.820	1.006
32/15	玄武岩	1050	NA	15.30	11.700	0.765	34/26	玄武岩	600	3.00	9.20	5.290	0.238
32/16	玄武岩	600	NA	11.80	10.300	0.873	34/27	玄武岩	600	3.00	9.20	5.290	0.238
32/17	玄武岩	600	NA	14.24	11.300	0.794	34/28	玄武岩	600	1.00	35.62	3.670	0.103
33/1	花岗闪长岩	1320	NA	35.00	16.000	0.457	34/29	玄武岩	600	3.00	43.70	3.090	0.071
34/1	玄武岩	150	1.00	44.20	14.320	0.324	34/30	玄武岩	600	3.20	9.20	2.620	0.285
34/2	玄武岩	400	1.20	9.20	1.950	0.212	34/31	玄武岩	600	3.00	43.70	3.840	0.088
34/3	玄武岩	1200	7.50	54.70	9.810	0.179	34/32	玄武岩	600	3.00	9.20	2.620	0.285
34/4	玄武岩	1000	2.50	12.70	8.790	0.692	34/33	玄武岩	600	3.00	8.70	2.370	0.272
34/5	玄武岩	400	2.00	9.20	2.290	0.249	34/34	玄武岩	600	3.00	9.20	2.620	0.285

基础编号	岩石类型	d (mm)	h_r (m)	f_{ucs} (MPa)	q_b (MPa)	ξ_b	基础编号	岩石类型	d (mm)	h_r (m)	f_{ucs} (MPa)	q_b (MPa)	ξ_b
34/35	玄武岩	600	3.00	9.20	2.620	0.285	34/49	玄武岩	900	2.30	42.70	7.220	0.169
34/36	玄武岩	600	3.00	9.20	2.230	0.242	34/50	玄武岩	1000	2.30	35.70	4.450	0.125
34/37	玄武岩	600	3.00	9.20	2.620	0.285	34/51	玄武岩	1000	8.90	9.20	2.440	0.265
34/38	玄武岩	600	2.50	64.70	7.500	0.116	34/52	玄武岩	1100	5.80	40.80	7.680	0.188
34/39	玄武岩	600	1.00	64.60	5.030	0.078	34/53	玄武岩	1200	4.00	64.70	8.480	0.131
34/40	玄武岩	600	1.00	12.30	3.320	0.270	34/54	玄武岩	1200	3.60	24.70	4.990	0.202
34/41	玄武岩	650	4.00	25.20	3.770	0.171	34/55	玄武岩	1200	3.00	39.40	5.330	0.135
34/42	玄武岩	750	2.00	57.10	10.240	0.179	34/56	玄武岩	1200	0.60	35.70	8.480	0.238
34/43	玄武岩	750	2.00	28.35	8.260	0.291	34/57	玄武岩	1200	1.50	40.80	7.440	0.182
34/44	玄武岩	800	6.00	12.70	8.660	0.682	34/58	玄武岩	1200	6.00	13.80	6.300	0.457
34/45	玄武岩	900	3.00	14.60	6.580	0.451	34/59	玄武岩	400	1.50	11.90	4.340	0.365
34/46	玄武岩	900	3.50	14.60	6.580	0.451	34/60	玄武岩	750	1.20	35.71	4.660	0.130
34/47	玄武岩	900	1.80	60.72	10.880	0.179	34/61	玄武岩	2000	7.70	65.60	20.660	0.315
34/48	玄武岩	900	3.50	14.90	4.370	0.293							

注　1. 基础编号中"/"的前一个数字代表文献序号,"/"的后一个数字代表该文献中试验基础个数的序号。

　　2. 表中"NA"表示原文中无相应数据。

定义嵌岩桩极限端阻力 q_b 和岩石单轴抗压强度 f_{ucs} 的比值为嵌岩桩极限端阻力系数,记为 ξ_b,即:

$$\xi_b = q_b / f_{ucs} \qquad (1-16)$$

根据表 1-24 的试验结果,将按式(1-16)计算得到的各试验基础的极限端阻力系数 ξ_b 的值一并列于表 1-24 中。

需要特别说明的是,附录 B 所示文献中的试验工作是不同时期、不同地区学者,分别在不同岩石类型与强度、不同桩端嵌岩条件下完成的,对嵌岩桩极限端阻力的测试方法、极限承载力的确定原则等方面也不尽相同。与嵌岩段桩侧极限阻力分析类似,著者在试验数据分析过程中也直接采用了原文献成果,这种处理方法以及基于表 1-24 中试验数据所得到的研究结论应更具有一般性。

2. 嵌岩特征和岩体性质对桩的极限端阻力与极限端阻力系数影响规律

表 1-24 中嵌岩桩的极限端阻力差异主要是由桩身嵌岩特征和桩端岩体性质不同而引起的。桩端嵌岩特征主要包括桩径、嵌岩深度、嵌岩深径比。表 1-24 中嵌岩段岩石主要包括黏土岩、页岩、泥页岩、砂砾岩、石膏岩、石灰石、凝灰岩和角砾岩等多种类型，与嵌岩段桩身极限侧阻力发挥性质类似，将岩石强度作为嵌岩段岩石极限端阻力和极限端阻力系数的影响因素。

（1）桩径。图 1-63 所示为嵌岩桩极限端阻力和极限端阻力系数随桩径变化规律。结果表明，桩径对嵌岩桩极限端阻力影响并不显著，两者间无显著相关性，而岩石阻力系数随桩径增加总体略呈下降趋势。

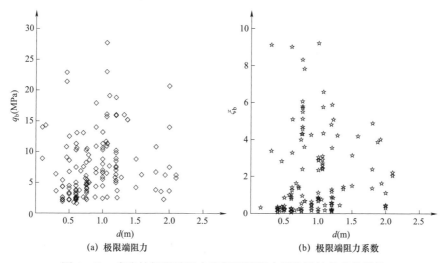

(a) 极限端阻力　　　　　(b) 极限端阻力系数

图 1-63　嵌岩桩极限端阻力和极限端阻力系数随桩径变化规律

（2）嵌岩深度和嵌岩深径比。图 1-64 所示为嵌岩桩极限端阻力和极限端阻力系数随嵌岩深度变化规律。结果表明，嵌岩桩极限端阻力和极限端阻力系数随嵌岩深度变化虽有一定离散性，但总体上随嵌岩深度增加而略有减小，这与 Rowe 和 Armitage 的研究结论一致。即在一定嵌岩深度范围内，增加嵌岩深度可提高嵌岩桩承载力，但超过一定深度后，增加嵌岩深度对其承载力几乎没有影响，即嵌岩桩存在最佳嵌岩深度，其可使嵌岩段桩侧阻力和桩端阻力发挥最为协调和充分。不同学者对最佳嵌岩深度取值的研究结论也是不一致的。如前所述，表 1-22 给出了《公路桥涵地基与基础设计规范》（JTG 3363—2019）规定的嵌岩深度推荐值。

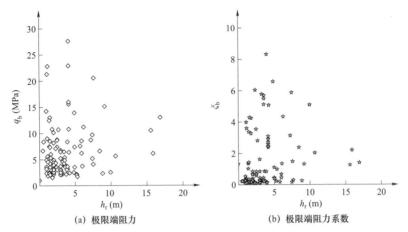

(a) 极限端阻力   (b) 极限端阻力系数

图 1-64 嵌岩桩极限端阻力和极限端阻力系数随嵌岩深度变化规律

  图 1-65 所示为嵌岩桩极限端阻力和极限端阻力系数随嵌岩深径比变化规律。结果表明，嵌岩桩极限端阻力总体随嵌岩深径比的增大而减小，这也与图 1-56 所示的史佩栋（1994）的统计结果一致。此外，《建筑桩基技术规范》（JGJ 94—2008）指出，嵌岩段桩的极限侧阻力和极限端阻力系数也是随嵌岩深度变化而变化的，在较小嵌岩深径比下，嵌岩段总阻力的发挥程度随嵌岩深度的增加而增大，而随着嵌岩深度的继续增加，嵌岩段总阻力发挥程度有所变缓，嵌岩桩极限端阻力系数存在深度效应。

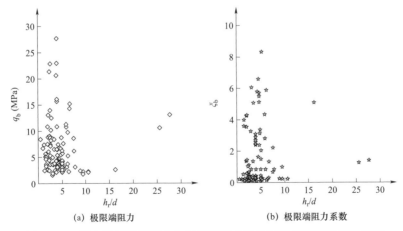

(a) 极限端阻力   (b) 极限端阻力系数

图 1-65 嵌岩桩极限端阻力和极限端阻力系数随嵌岩深径比变化规律

  （3）岩石强度。根据表 1-24 的数据，可得到嵌岩桩极限端阻力和极限端阻力系数随岩石天然单轴抗压强度变化规律，如图 1-66 所示。结果表明，嵌岩段桩的极限端阻力随岩石天然单轴抗压强度的增加而增大，而岩石极限端阻力系数则随岩石天然单轴抗压强度的增加而减小。

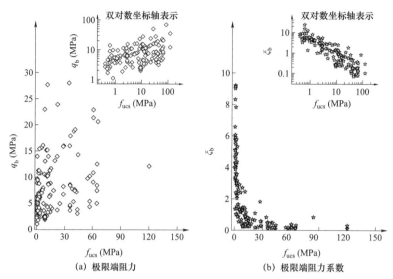

图 1-66　嵌岩桩极限端阻力和极限端阻力系数随岩石强度变化规律

（三）输电线路嵌岩桩嵌岩段岩体极限侧阻力和端阻力计算与参数取值

1. 嵌岩段岩石极限侧阻力系数和端阻力系数拟合

图 1-62 中嵌岩桩的极限侧阻力随岩石天然单轴抗压强度增加而增大的非线性关系可采用式（1-17）进行拟合，而相应的岩石极限侧阻力系数 ξ_s 则可采用式（1-18）进行拟合。

$$q_s = 0.436 (f_{ucs})^{0.32} \qquad (1-17)$$

$$\xi_s = 0.436 (f_{ucs})^{-0.68} \qquad (1-18)$$

图 1-67 所示为基于表 1-21 的试验结果以及按式（1-18）确定的嵌岩桩岩石极限侧阻力系数随岩石强度变化关系。

在此基础上，若保持图 1-67 中双对数坐标轴条件下嵌岩桩岩石极限侧阻力系数随岩石强度变化关系曲线的斜率不变，并采用 $\xi_s = a(f_{ucs})^{-0.68}$ 拟合嵌岩段桩的极限侧阻力系数和岩石天然单轴抗压强度之间的非线性关系，只改变其在双对数坐标轴下的纵轴截距，即改变系数 a 的大小，使得大于某 ξ_s 值的试验实测数据个数具有一定的百分比，可确定具有该百分比保证率下 ξ_s 随 f_{ucs} 变化的拟合曲线及其计算表达式。根据表 1-21 的试验结果，得到具有 50%（均值）、80%、85%、90% 和 95% 保证率下 ξ_s 随 f_{ucs} 变化的拟合曲线及其计算表达式，如图 1-68 所示。

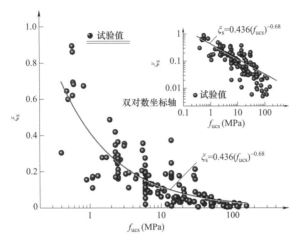

图1-67 岩石极限侧阻力系数随岩石强度变化关系

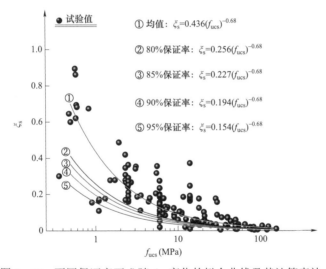

图1-68 不同保证率下ξ_s随f_{ucs}变化的拟合曲线及其计算表达式

同理,图1-66中嵌岩桩岩石极限端阻力随岩石天然单轴抗压强度增加而增大的非线性关系可采用式(1-19)进行拟合,而相应的岩石极限端阻力系数随岩石天然单轴抗压强度增加而减小的非线性关系可采用式(1-20)进行拟合。

$$q_b = 4.183 \, (f_{ucs})^{0.21} \qquad\qquad (1-19)$$

$$\xi_b = 4.183 \, (f_{ucs})^{-0.79} \qquad\qquad (1-20)$$

图1-69所示为基于表1-24的试验结果以及按式(1-20)确定的嵌岩桩岩石极限端阻力系数随岩石强度变化关系。

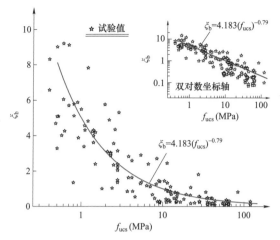

图1-69 岩石极限端阻力系数随岩石强度变化关系

以此为基础,保持图1-69中双对数坐标轴条件下嵌岩桩岩石极限端阻力系数随岩石强度变化关系曲线的斜率不变,并采用 $\xi_b = b(f_{ucs})^{-0.79}$ 拟合嵌岩段桩的极限端阻力系数和岩石天然单轴抗压强度之间的非线性关系,只改变其在双对数坐标轴条件下的纵轴截距,即改变系数 b 的大小,使得大于某 ξ_b 值的试验实测数据个数具有一定的百分比,可确定具有该百分比保证率下 ξ_b 随 f_{ucs} 变化的拟合曲线及其计算表达式。根据表1-24的试验结果,得到具有50%(均值)、80%、85%、90%和95%保证率下 ξ_b 随 f_{ucs} 变化的拟合曲线及其计算表达式,如图1-70所示。

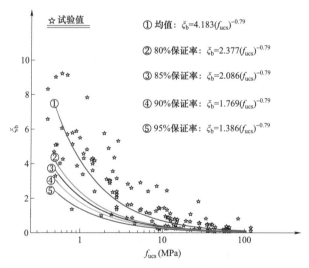

图1-70 不同保证率下 ξ_b 随 f_{ucs} 变化的拟合曲线及其计算表达式

2. 嵌岩段岩石极限侧阻力和端阻力系数试验结果与不同行业规范值的比较

表1-25～表1-28分别给出了《建筑桩基技术规范》（JGJ 94—2008）、《码头结构设计规范》（JTS 167—2018）、《铁路桥涵设计规范》（TB 10002—2017）以及《公路桥涵地基与基础设计规范》（JTG 3363—2019）中嵌岩桩设计的 ξ_s 和 ξ_b 取值情况。总体上看，这些规范中 ξ_s 和 ξ_b 主要根据岩石强度、岩石完整性、施工清底情况以及嵌岩深径比等确定，取值原则尚不统一。

表1-25　《建筑桩基技术规范》（JGJ 94—2008）中 ξ_s 和 ξ_b 取值

嵌岩深径比 h_r/d		0	0.5	1.0	2.0	3.0	4.0	5.0	6.0	7.0	8.0
极软岩 软岩	ξ_s	0	0.052	0.056	0.056	0.054	0.051	0.048	0.045	0.042	0.040
	ξ_b	060	0.70	0.73	0.73	0.70	0.66	0.61	0.55	0.48	0.42
较硬岩 硬岩	ξ_s	0	0.050	0.052	0.050	0.045	0.040	—	—	—	—
	ξ_b	0.45	0.55	0.60	0.50	0.46	0.40				

表1-26　《码头结构设计规范》（JTS 167—2018）中 ξ_s 和 ξ_b 取值

嵌岩深径比 h_r/d	1.0	2.0	3.0	4.0	5.0
ξ_s	0.070	0.096	0.093	0.083	0.070
ξ_b	0.72	0.54	0.36	0.18	0.12

注　当嵌入中等分化岩时，取表中数值乘以0.7～0.8进行计算。

表1-27　《铁路桥涵设计规范》（TB 10002—2017）中 ξ_s 和 ξ_b 取值

岩石层及清底情况	良好	一般	较差
ξ_s	0.04	0.03	0.02
ξ_b	0.50	0.40	0.30

注　当嵌岩深度小于0.5m时，取 $\xi_s=0$，且对 ξ_b 乘以0.75的折减系数。

表1-28　《公路桥涵地基与基础设计规范》（JTG 3363—2019）中 ξ_s 和 ξ_b 取值

岩石层情况	完整、较完整	较破碎	破碎、极破碎
ξ_s	0.05	0.04	0.03
ξ_b	0.60	0.50	0.40

注　1. 嵌岩深度小于或等于0.5m时，对 ξ_b 乘以0.75的折减系数，$\xi_s=0$。
　　2. 对钻孔桩，表中 ξ_s 和 ξ_b 值应降低20%采用。
　　3. 持力层为中风化层时，对 ξ_s 和 ξ_b 分别乘以0.75的折减系数。

图1-71和图1-72分别给出了均值（50%保证率）和95%保证率下 ξ_s 和 ξ_b 随 f_{ucs} 变化曲线及其计算表达式，同时也显示了基于表1-25～表1-28的我国其他行业嵌岩桩设计规范中 ξ_s 和 ξ_b 的上限值和下限值。

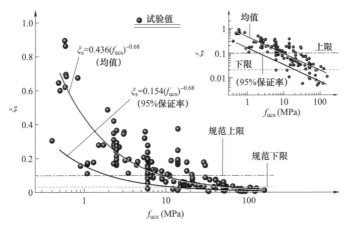

图 1-71 均值（50%保证率）和 95%保证率下 ξ_s 随 f_{ucs} 变化曲线及其计算表达式

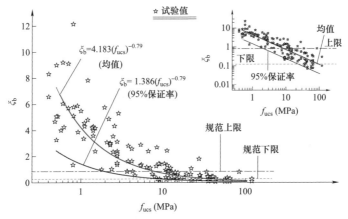

图 1-72 均值（50%保证率）和 95%保证率下 ξ_b 随 f_{ucs} 变化曲线及其计算表达式

3. 输电线路嵌岩桩岩石极限侧阻力与端阻力系数取值

大量研究成果表明，当桩周岩体与桩身混凝土结合面处的极限侧阻力不能抵抗下压荷载作用时，嵌岩桩承载系统的失效破坏就会发生在两者结合面处。若桩周岩体强度高于桩身混凝土强度，则结合面处滑移破坏将发生在桩身混凝土一侧，两者结合面处的极限侧阻力将由桩身混凝土物理力学特性决定。反之，若桩周岩体强度小于桩身混凝土强度，则结合面处滑移破坏将发生在桩周岩体一侧，两者结合面处的极限侧阻力将取决于桩周岩体的物理力学特性。因此，国内外嵌岩桩极限侧阻力和端阻力计算时均规定：当岩石单轴抗压强度 f_{ucs} 大于桩身混凝土轴心抗压强度标准值 f_{ck} 时，应取 f_{ck} 值计算相应的桩侧和桩端极限阻力。

著者在主持编制《输电线路岩石地基挖孔基础工程技术规范》（DL/T 5845—2021）时，规定在嵌岩桩下压和抗拔极限承载力计算时，基础嵌岩段计算桩长不计全风化岩层、极软岩层和极破碎岩层中的嵌岩桩长。同时，考虑到我国当前山区输电线路基础混凝土设计强度等级以 C25 为主，因此对山区架空输电线路工程嵌岩桩设计而言，f_{ucs} 在 5～30MPa 的 ξ_s 和 ξ_b 取值更具有工程意义。

　　综合分析图 1－68 和图 1－70 以及图 1－71 和图 1－72 的拟合结果，可进一步得到不同保证率下 ξ_s 和 ξ_b 随 f_{ucs} 在 5～30MPa 的变化关系拟合曲线，如图 1－73 和图 1－74 所示。为便于比较，图 1－73 和图 1－74 中也给出了我国其他行业规范嵌岩桩设计中 ξ_s 和 ξ_b 的上限值、下限值。

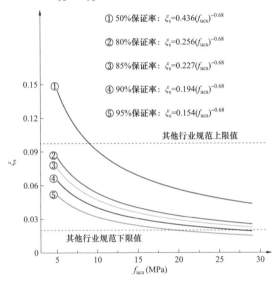

图 1－73　f_{ucs} 在 5～30MPa 时不同保证率下的 ξ_s 拟合曲线

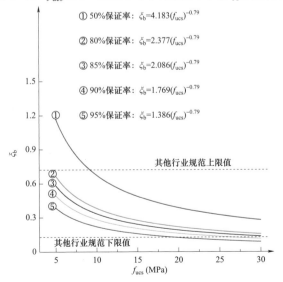

图 1－74　f_{ucs} 在 5～30MPa 时不同保证率下的 ξ_b 拟合曲线

综合分析图 1−73 和图 1−74 所示对比结果,《输电线路岩石地基挖孔基础工程技术规范》(DL/T 5845—2021)推荐了 90%保证率条件下的 ξ_s 和 ξ_b 随 f_{ucs} 变化关系拟合计算表达式,即在架空输电线路嵌岩桩基础设计时,嵌岩段岩石极限侧阻力系数 ξ_s 和极限端阻力系数 ξ_b 可分别按照式(1−21)和式(1−22)计算确定,即:

$$\xi_s = 0.194\,(f_{ucs})^{-0.68} \tag{1−21}$$

$$\xi_b = 1.769\,(f_{ucs})^{-0.79} \tag{1−22}$$

如前所述,国内外学者都是将嵌岩段桩的极限侧阻力和岩石天然单轴抗压强度联系在一起。这表明嵌岩段桩的极限侧阻力和岩石单轴抗压强度之间有较好的统计相关性。表 1−29 给出了国外学者提出的嵌岩段桩的极限侧阻力 q_s 和岩石单轴抗压强度 f_{ucs} 之间的拟合关系式。

表 1−29 嵌岩段桩的极限侧阻力和岩石单轴抗压强度间的拟合关系式

文献作者及发表年代	极限侧阻力 q_s(MPa)
Rosenberg 和 Joumeaux(1976)	$q_s = 0.375\,(f_{ucs})^{0.515}$
Horvath 等(1983)	$q_s = b\,(f_{ucs})^{0.50},\ b = 0.20 \sim 0.30$
Rowe 和 Armitage(1987)	$q_s = 0.45\,(f_{ucs})^{0.50}$,(侧壁光滑) $q_s = 0.60\,(f_{ucs})^{0.50}$,(侧壁粗糙)
Reese 和 O'Neill(1988)	$q_s = 0.15\,(f_{ucs})^{0.50}$($f_{ucs} \leqslant 1.90\text{MPa}$) $q_s = 0.20\,(f_{ucs})^{0.50}$($f_{ucs} > 1.90\text{MPa}$)
Zhang 和 Einstein(1998)	$q_s = 0.40\,(f_{ucs})^{0.50}$,(侧壁光滑) $q_s = 0.80\,(f_{ucs})^{0.50}$,(侧壁粗糙)
Carrubba(1997)	$q_s = b\,(f_{ucs})^{0.50},\ b = 0.13 \sim 0.25$

图 1−75 给出了表 1−21 中嵌岩段桩的极限侧阻力试验结果以及按照表 1−29 中嵌岩段桩的极限侧阻力随岩石单轴抗压强度变化规律对比。同时,图 1−75 分别给出了按 ξ_s 均值和具有 90%保证率进行拟合计算所得到的 q_s 随 f_{ucs} 变化关系曲线。

与嵌岩段桩的极限侧阻力研究相似,国外学者也都通过极限端阻力系数将嵌岩桩极限端阻力和岩石单轴抗压强度联系在一起,嵌岩桩极限端阻力和岩石单轴抗压强度间的代表性拟合计算公式见表 1−30。图 1−76 给出了基于表 1−24 中嵌岩段桩的极限端阻力试验结果以及按照表 1−30 中嵌岩段桩的极限端阻力随岩石单轴抗压强度变化规律对比。同时,图 1−76 分别给出了按 ξ_b 均值和具有 90%保证率进行拟合计算所得到的 q_b 随 f_{ucs} 变化关系曲线。

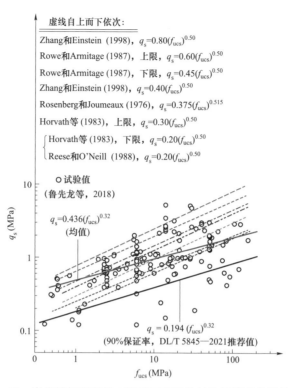

虚线自上而下依次：

Zhang 和 Einstein（1998），$q_s=0.80(f_{ucs})^{0.50}$

Rowe 和 Armitage（1987），上限，$q_s=0.60(f_{ucs})^{0.50}$

Rowe 和 Armitage（1987），下限，$q_s=0.45(f_{ucs})^{0.50}$

Zhang 和 Einstein（1998），$q_s=0.40(f_{ucs})^{0.50}$

Rosenberg 和 Joumeaux（1976），$q_s=0.375(f_{ucs})^{0.515}$

Horvath 等（1983），上限，$q_s=0.30(f_{ucs})^{0.50}$

$\begin{cases}\text{Horvath 等（1983），下限，}q_s=0.20(f_{ucs})^{0.50}\\ \text{Reese 和 O'Neill（1988），}q_s=0.20(f_{ucs})^{0.50}\end{cases}$

○ 试验值
（鲁先龙等，2018）

$q_s=0.436(f_{ucs})^{0.32}$
（均值）

$q_s=0.194(f_{ucs})^{0.32}$
（90%保证率，DL/T 5845—2021推荐值）

图 1-75　嵌岩桩极限侧阻力随岩石天然单轴抗压强变化规律对比

表 1-30　　嵌岩桩极限端阻力和岩石单轴抗压强度间的拟合关系式

文献作者及发表年代	极限端阻力 q_b（MPa）
Teng（1962）	$q_b=(5\sim8)f_{ucs}$
Coates（1967）	$q_b=3f_{ucs}$
Rowe 和 Armitage（1987）	$q_b=2.7f_{ucs}$
Zhang 和 Einstein（1998）	$q_b=4.83(f_{ucs})^{0.51}$
Vipulanandan 等（2007）	$q_b=4.66(f_{ucs})^{0.56}$

图 1-75 和图 1-76 的对比结果表明，按照《输电线路岩石地基挖孔基础工程技术规范》（DL/T 5845—2021）推荐的具有 90%保证率的 ξ_s 和 ξ_b 拟合计算公式，所确定的嵌岩桩基础极限承载力具有足够的工程安全裕度。

这里需要说明的是，考虑到基于嵌岩桩基础竖向极限承载力计算确定其竖向承载力特征值时，还需要根据杆塔类型按表 1-19 的规定进行安全系数取值，这就使嵌岩桩基础的安全裕度进一步得到提高。鉴于此，《输电线路岩石地基挖孔基础工程技术规范》（DL/T 5845—2021）也指出，当工程地质条件和勘察资料

可靠、基础边界条件明确时，经论证后也可采用均值条件下 ξ_s 和 ξ_b 的拟合公式进行嵌岩桩基础极限承载力计算，即取 $\xi_s = 0.436\,(f_{ucs})^{-0.68}$ 和 $\xi_b = 4.183\,(f_{ucs})^{-0.79}$ 进行计算。

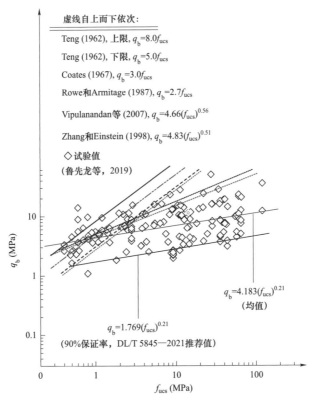

图 1-76　嵌岩桩极限端阻力随岩石单轴抗压强度变化规律对比

第五节　岩石挖孔基础承载性能设计与计算

一、基本规定

综合分析我国地基基础规范、桩基工程规范以及架空输电线路基础承载力设计方法、安全度水准设置方法及其发展沿革，《输电线路岩石地基挖孔基础工程技术规范》（DL/T 5845—2021）以竖向极限承载力 R_{uk} 和安全系数 K 为基本参数，采用式（1-23）和式（1-24）作为承载能力极限状态设计表达式及其安全度水准设置方法：

$$S_k \leqslant R_a(R_{uk}, K) \qquad (1-23)$$

$$S_k \leqslant R_a(q_{sk}, q_{bk}, \tau_s, a_k, K) \qquad (1-24)$$

式中 S_k——正常使用极限状态下荷载标准组合的效应值所对应的基础作用力；

$R_a(\cdot)$——基础竖向承载力特征值表达式；

R_{uk}——基础竖向极限承载力标准值；

K——安全系数，应根据杆塔类型确定，且不应小于表1–19规定的数值；

q_{sk}——嵌岩桩的桩周岩土体极限侧阻力标准值；

q_{bk}——嵌岩桩极限端阻力标准值；

τ_s——岩石等代极限剪切强度标准值；

a_k——基础几何尺寸。

简言之，岩石挖孔基础竖向承载力的计算，应符合式（0–2）和式（0–3）的规定。

同时，《输电线路岩石地基挖孔基础工程技术规范》（DL/T 5845—2021）规定，输电线路岩石挖孔基础应按承载能力极限状态和正常使用极限状态进行设计，基础作用力取值所对应的荷载组合原则如下：

（1）计算竖向承载力时，应采用传至基础顶面荷载标准组合的效应值，相应的抗力应采用基础承载力特征值。

（2）计算基础水平位移时，应采用传至基础顶面荷载准永久组合的效应值。

（3）计算基础结构承载力、确定基础配筋和验算材料强度时，应采用传至基础顶面荷载基本组合的效应值。

（4）验算基础裂缝控制时，应采用正常使用极限状态下荷载准永久组合的效应值。

二、岩石嵌固基础抗拔极限承载力计算

（一）计算原理及其模型

按照《输电线路岩石地基挖孔基础工程技术规范》（DL/T 5845—2021）规定，岩石嵌固基础应进行抗拔稳定设计，可不进行下压和倾覆稳定性计算。但当基础立柱露头高度较大时，应对露出地面部分的立柱进行结构承载能力和水平位移计算。这主要是因为岩石嵌固基础一般用于无覆盖土层或覆盖土层较薄的岩石地基，岩石地基抗压强度相对较高，且具有较高的水平抗力性能。

此外，尽管有时岩体质量可能较差，但实际工程中的岩石嵌固基础均采用

扩底结构，基础断面尺寸往往较大，基础水平承载性能较好。按现有基础水平力计算，得到的作用于岩石地基的侧向压力一般要远小于岩石抗压强度。因此，岩石嵌固基础设计中一般可不考虑基顶水平力作用。但当基础露出地面高度较大时，对露出地面部分的立柱，应进行结构承载力计算和水平位移验算。

在上拔极限荷载作用下，岩石嵌固基础周围岩石地基的破坏滑动面实际形态一般假设为图 1-77 所示的喇叭形。

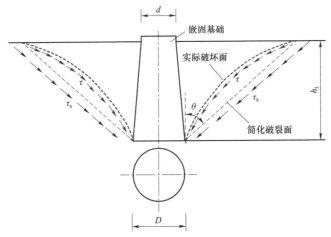

图 1-77　抗拔极限状态下岩石嵌固基础破坏滑动面形态及其计算模型

在工程设计中,通常假设图 1-77 所示的岩石地基喇叭形破坏滑动面是中心轴对称所形成的旋转曲面,且破坏滑动面上的岩体剪切应力处处相等。岩石嵌固基础抗拔极限承载力将由破坏滑动面上剪切阻力的垂直分量、旋转面内岩体重量和基础自重组成,可按式（1-25）计算:

$$T_{ukqg} = \sum \tau_v + \gamma_r V_h + G_f \tag{1-25}$$

式中　$\sum \tau_v$ ——破坏滑动面上剪切阻力的垂直分量;

γ_r ——岩体重度;

V_h ——旋转曲面所包围的体积;

G_f ——基础自重。

为简化计算,工程中将图 1-77 所示实际曲线破坏滑动面简化成直线滑动面,其母线与竖向夹角为 θ,由此形成相应的倒锥形圆台体剪切破坏面。同时,在抗拔极限承载力计算中忽略倒锥形圆台体内岩体重量,而采用提高岩体抗剪强度的方法予以补偿,并将对应的岩体抗剪强度称为岩石等代极限剪切强度,记为 τ_s。由此,岩石嵌固基础的抗拔极限承载力将由基础自重以及均布于倒锥形圆台体外侧表面上的岩石等代极限剪切强度 τ_s 所形成的剪切阻力的垂直分量两部分组成，并可按式（1-26）计算：

$$T_{ukqg} = \iint\limits_{A_q} \tau_s \cos\theta \mathrm{d}A_q + G_f \qquad (1-26)$$

式中 A_q——旋转曲面侧表面积，可由式（1-27）计算确定：

$$A_q = \pi l \left(R + \frac{D}{2} \right) = \pi \frac{h_t}{\cos\theta} (h_t \tan\theta + D) \qquad (1-27)$$

式中 l、R——倒锥形圆台体母线长和上底面半径；

$\qquad$ h_t——岩石嵌固基础埋深；

$\qquad$ D——岩石嵌固基础底部直径。

将式（1-27）代入式（1-26）后得：

$$T_{ukqg} = \pi h_t (h_t \tan\theta + D) \tau_s + G_f \qquad (1-28)$$

为方便计算，取 $\theta = 45°$，则 $\tan\theta = 1$，于是有：

$$T_{ukqg} = \pi h_t (h_t + D) \tau_s + G_f \qquad (1-29)$$

式（1-29）即为岩石嵌固基础抗拔极限承载力标准值计算表达式，一直在《送电线路基础设计技术规定》（SDGJ 62—1984）、《架空送电线路基础设计技术规定》（DL/T 5219—2005)和《架空输电线路基础设计技术规程》（DL/T 5219—2014）中得到沿用。

基于岩石嵌固基础抗拔计算原理以及我国输电线路工程对其设计习惯和传统，《输电线路岩石地基挖孔基础工程技术规范》（DL/T 5845—2021）对岩石嵌固基础抗拔极限承载力计算的基本假设与规定如下：

（1）岩石嵌固基础处于抗拔极限承载力状态时，岩石地基破坏滑动面应采用图 1-78 中虚线为母线的倒锥形圆台体侧面，倒锥形圆台体母线与竖向夹角为 45°。

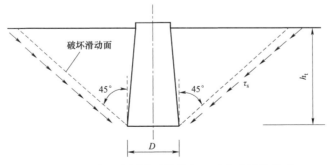

图 1-78 岩石嵌固基础抗拔极限承载力计算模型

（2）岩石嵌固基础抗拔极限承载力由均布于倒锥形圆台体侧面的岩石等代极限剪切强度所形成的剪切阻力的垂直分量和基础自重两部分组成，相应的岩石嵌固基础抗拔极限承载力标准值可按式（1–29）计算确定。

（二）岩石等代极限剪切强度 τ_s 取值

从岩石嵌固基础抗拔极限承载力计算模型及岩石等代极限剪切强度 τ_s 定义看，τ_s 不属于岩土工程勘察地质参数，而是架空输电线路行业岩石基础所特有的地基设计参数，主要用于岩石锚杆基础和岩石嵌固基础设计。τ_s 一般无法通过地质勘察手段获取，只能根据岩石锚杆基础和岩石嵌固基础试验中发生地基岩体破坏模式的基础抗拔极限承载力，按式（1–29）进行反演计算得到。

《送电线路基础设计技术规定》（SDGJ 62—1984）、《架空送电线路基础设计技术规定》（DL/T 5219—2005）和《架空输电线路基础设计技术规程》（DL/T 5219—2014）中，τ_s 一直都是根据岩石坚硬程度与风化程度，按表 1–31 取值。

表 1–31　　　根据岩石坚硬与风化程度确定 τ_s 的规范取值范围　　　　　kPa

岩石坚硬程度	岩石风化程度		
	强风化	中等风化	未风化或微风化
硬质岩石	17～30	30～80	80～150
软质岩石	10～20	20～40	40～80

表 1–31 中 τ_s 的取值依据的是岩石坚硬程度与风化程度，而岩石坚硬程度主要受岩石矿物成分、结构及其成因的影响，实际上也受风化程度以及岩石受水软化作用的影响，且岩石风化程度判别受人为因素影响较大。此外，表 1–31 中的 τ_s 值长期以来没有变化。

为优化 τ_s 取值，著者基于其负责完成的《架空输电线路锚杆基础设计规程》（DL/T 5544—2018）专题"输电线路锚杆基础的设计基本参数研究"研究成果，在主持编制《输电线路岩石地基挖孔基础工程技术规范》（DL/T 5845—2021）过程中，进一步系统详细分析了中国电力科学研究院有限公司岩土工程实验室在北京、安徽、湖北、陕西、甘肃、广东、浙江、宁夏等试验场地所开展的岩石挖孔基础以及在河北、辽宁、北京、浙江、福建、黑龙江、广东、新疆、山东、安徽、江西、宁夏、湖北、陕西、西藏等试验场地所开展的岩石锚杆基础现场抗拔试验成果，根据发生岩石地基破坏试验基础的抗拔极限承载力，按式（1–29）反演计算得到相应的岩体等代剪切强度 τ_s 值。各试验场地岩石地基的 τ_s 值统计结果表明，τ_s 的最小值、最大值、平均值分别为 19.8、614.7、106.4kPa。为便于进一步比较，参考表 1-31 中 τ_s 的取值方法，整理得到按照岩石类别与风化程度确定的 τ_s 试验值，见表 1-32。

表 1-32　　　　　　按照岩石坚硬与风化程度得到 τ_s 的试验值范围　　　　　　kPa

岩石坚硬程度	岩石风化程度			
	全风化	强风化	中等风化	未风化和微风化
硬质岩石	20~30	45~63	68~150	196~615
软质岩石	19~28	30~45	79~103	—

表 1-32 中 τ_s 的试验值总体上普遍高于表 1-31 中 τ_s 的规范取值，其可能原因正如《架空送电线路基础设计技术规程》（DL/T 5219—2005）和《架空输电线路基础设计技术规程》（DL/T 5219—2014）条文说明所述，岩石等代极限剪切强度 τ_s 取值均为岩石锚杆基础加荷试验所得值。

为充分总结岩石基础已有现场试验和工程应用成果，著者按照共性提升原则，将决定岩石等代极限剪切强度 τ_s 的共性特征抽取出来，即重点考虑岩石作为材料时的属性——岩石单轴抗压强度（f_{ucs}），并将岩石单轴抗压强度作为 τ_s 的取值依据，由此得到 τ_s 的标准值，见表 1-33。

表 1-33　　　　　　岩石等代极限剪切强度 τ_s 的标准值

岩石类别	$f_{ucs} \leqslant 5MPa$	$5MPa < f_{ucs} \leqslant 15MPa$	$15MPa < f_{ucs} \leqslant 30MPa$	$30MPa < f_{ucs} \leqslant 60MPa$	$f_{ucs} > 60MPa$
τ_s（kPa）	15~25	25~45	45~75	75~90	90~150

大量试验成果表明，岩石极限抗拉强度、极限抗弯强度和岩石抗压强度之间均存在一定的对应关系。国外学者统计结果分析表明，岩石极限抗拉强度可按其岩石极限抗压强度的 10%取值。由中国建筑工业出版社出版的《工程地质手册》（第四版）指出，岩石的极限抗拉强度、抗弯强度和抗剪强度与岩石极限抗压强度之间存在一定的经验关系。岩石极限抗拉强度一般为其极限抗压强度的 3%~5%，岩石极限抗弯强度一般为其极限抗压强度的 7%~12%，岩石极限抗剪强度一般等于或略小于极限抗弯强度。表 1-33 中 τ_s 的标准值普遍低于表 1-32 所示现场试验结果，且一般仅为岩石极限抗压强度的 0.3%~0.5%，因此采用表 1-33 所规定的 τ_s 标准值进行岩石嵌固基础设计，总体偏于安全。

三、嵌岩桩承载性能设计与计算

（一）抗压极限承载力计算

《输电线路岩石地基挖孔基础工程技术规范》（DL/T 5845—2021）规定，岩石地基嵌岩桩单桩竖向抗压极限承载力，宜根据静荷载试验确定。当不具备试验条件时，也可根据抗压极限承载力与岩土体物理力学性质指标之间的经验关系，按图 1-79 所示模型进行计算，抗压极限承载力标准值由基岩上覆土层桩侧阻力、嵌岩段桩侧阻力和桩端阻力三部分组成，并可按式（1-30）计算确定：

$$N_{uk} = N_{usk} + N_{urk} + N_{ubk} = u_1\sum\xi_{fi}q_{fik}l_i + u_2\xi_s f_{ucs}h_r + \xi_b f_{ucs}A_p \qquad (1-30)$$

式中　N_{uk}——嵌岩单桩竖向抗压极限承载力标准值，kN。

N_{usk}——覆盖土层中桩的抗压极限侧阻力标准值，kN。

N_{urk}——嵌岩段桩的抗压极限侧阻力标准值，kN。

N_{ubk}——嵌岩段桩的极限端阻力标准值，kN。

u_1——覆盖土层桩身周长，m。

u_2——嵌岩段桩身周长，m。

l_i——覆盖土层桩周第 i 层土厚度，m。

h_r——嵌岩段计算桩长（不计全风化岩层、极软岩层和极破碎岩层的桩长），m。当 $h_r>5d$ 时，取 $h_r=5d$；d 为桩身直径，m。

A_p——嵌岩段桩端截面面积，m²。

q_{fik}——覆盖土层桩周第 i 层土体极限侧阻力标准值，kPa，宜通过试验确定。无当地经验值时，可按《建筑桩基技术规范》（JGJ 94—2008）取值。

f_{ucs}——岩石单轴抗压强度，kPa。当 f_{ucs} 值大于桩身混凝土轴心抗压强度标准值 f_{ck} 时，取 $f_{ucs}=f_{ck}$ 进行计算。

ξ_{fi}——桩周第 i 层覆盖土侧阻力发挥系数，可根据桩端岩石单轴抗压强度确定。当 2MPa< f_{ucs}<15MPa 时，$\xi_{fi}=0.80$；当 15MPa≤ f_{ucs}≤30MPa 时，$\xi_{fi}=0.50$；当 f_{ucs}>30MPa 时，$\xi_{fi}=0.20$。

ξ_s——极限侧阻力系数，宜通过试验确定。无当地经验值时，可根据桩侧岩石单轴抗压强度 f_{ucs}（以 MPa 为单位取值），按 $\xi_s=0.194(f_{ucs})^{-0.68}$

计算确定，当 $f_{ucs} > f_{ck}$ 时，取 $f_{ucs} = f_{ck}$。

ξ_b——极限端阻力系数，宜通过试验确定。无当地经验值时，可根据桩端岩石单轴抗压强度 f_{ucs}（以 MPa 为单位取值），按 $\xi_b = 1.769(f_{ucs})^{-0.79}$ 计算确定，当 $f_{ucs} > f_{ck}$ 时，取 $f_{ucs} = f_{ck}$。

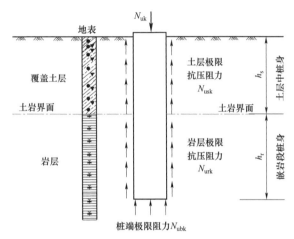

图 1-79 嵌岩单桩抗压极限承载力计算模型

（二）抗拔极限承载力计算

《输电线路岩石地基挖孔基础工程技术规范》（DL/T 5845—2021）规定，岩石地基嵌岩桩单桩竖向抗拔极限承载力，宜根据静荷载试验确定。当不具备试验条件时，也可根据抗拔极限承载力与岩土体物理力学性质指标之间的经验关系，按图 1-80 所示模型进行计算，抗拔极限承载力标准值由基岩上覆土层桩侧阻力、嵌岩段桩侧阻力和基础自重三部分组成，并可按式（1-31）计算确定：

$$T_{uk} = T_{usk} + T_{urk} + G_f = u_1 \sum \xi'_{fi} \xi_{fi} q_{fik} l_i + u_2 \xi'_s \xi_s f_{ucs} h_r + G_f \qquad (1-31)$$

式中 T_{uk}——嵌岩单桩竖向抗拔极限承载力标准值，kN；

T_{usk}——覆盖土层中桩的抗拔极限侧阻力标准值，kN；

T_{urk}——嵌岩段桩的抗拔极限侧阻力标准值，kN；

ξ'_{fi}——第 i 层覆盖土极限侧阻力抗拔折减系数，取 0.70～0.80，嵌岩深度大时取大值，反之取小值；

ξ'_s——嵌岩段岩石极限侧阻力抗拔折减系数，取 0.70。

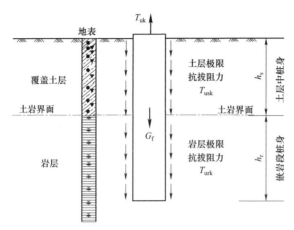

图 1－80　嵌岩单桩抗拔极限承载力计算模型

（三）嵌岩桩水平承载性能计算

1. 嵌岩段桩身嵌岩深度

　　输电线路岩石地基嵌岩单桩水平承载性能研究十分复杂，具备条件时宜通过试验确定。著者在编制《输电线路岩石地基挖孔基础工程技术规范》（DL/T 5845—2021）时，参考我国公路桥涵、码头结构、铁路桥涵等行业规范中嵌岩桩水平承载力研究成果与设计方法，规定输电线路岩石地基嵌岩单桩嵌岩段桩身嵌入基岩的有效深度（不计全风化岩层、极软岩层和极破碎岩层的桩长）不应小于最小嵌岩深度，且不应小于 1.5 倍嵌岩段桩径。其中，桩身最小嵌岩深度可按式（1－32）计算确定：

$$h_{rmin} = \frac{2.54H + \sqrt{19.36H^2 + 15.24\varphi_r\varphi_\beta f_{ucs}dM}}{\varphi_r\varphi_\beta f_{ucs}d} \tag{1－32}$$

式中　h_{rmin}——桩身最小嵌岩深度，m。

　　　H——嵌岩单桩基岩表面处桩身截面水平力设计值，kN。

　　　M——嵌岩单桩基岩表面处桩身截面弯矩设计值，kN·m。

　　　d——嵌岩段桩身直径，m。

　　　φ_r——嵌岩段桩周岩体竖向抗压强度换算为水平抗压强度的折减系数，

　　　　　取 0.5～1.0。岩体节理发育时取小值，反之取大值。

　　　φ_β——嵌岩段桩周岩体坡度修正系数。当坡度 $\beta \leqslant 10°$ 时，取 1.0；当

　　　　　$10° < \beta \leqslant 45°$ 时，取 0.67；当 $\beta > 45°$ 时，取 0.33。

f_{ucs}——岩石单轴抗压强度，kPa。当 $\varphi_r\varphi_\beta f_{ucs}$ 大于桩身混凝土轴心抗压强度标准值 f_{ck} 时，取 $\varphi_r\varphi_\beta f_{ucs}=f_{ck}$ 进行计算。

对输电线路嵌岩段桩身最小嵌岩深度计算式（1–32）的有关说明如下：

（1）最小嵌岩深度计算式（1–32）是参照《公路桥涵地基与基础设计规范》（JTG 3363—2019），假设水平力和弯矩由锚固段桩周岩体侧壁承担，根据嵌岩段在弯矩、水平剪力及岩石对桩侧挤压力作用下的平衡方程推导所得，该嵌岩桩嵌入深度计算式在 $f_{ucs}\geqslant 2MPa$ 时适用。同时，嵌岩深度不应小于 1.5 倍嵌岩段桩径是参考《码头结构设计规范》（JTS 167—2018）而给出的，目的是在构造上保证基础设计时，可将嵌岩段作为固接约束条件考虑。

（2）输电线路岩石地基挖孔基础塔位多处于斜坡地形，嵌岩桩的桩径一般较大，且埋深相对较小，塔位处岩体坡度以及桩侧岩层构造、岩体风化程度、节理裂隙发育情况都会对基础水平承载性能产生影响。因此，在最小嵌岩深度计算中，引入了将嵌岩段桩周岩体竖向抗压强度换算为水平抗压强度的折减系数 φ_r 以及嵌岩段岩体坡度修正系数 φ_β，反映其对基础水平承载性能的不利影响。

（3）岩石地基嵌岩单桩在水平力作用下的承载性能，与桩身混凝土强度密切相关，当桩身混凝土强度小于岩石强度时，其承载性能取决于桩身混凝土强度。受地形地貌和道路运输条件限制，输电线路岩石挖孔基础施工还主要以人力为主，基础混凝土设计强度等级以 C25 为主，基础混凝土现场施工质量差异较大。因此，规定在桩身最小嵌岩深度计算过程中，当 $\varphi_r\varphi_\beta f_{ucs}$ 大于桩身混凝土轴心抗压强度标准值 f_{ck} 时，以 f_{ck} 代替式（1–32）中的 $\varphi_r\varphi_\beta f_{ucs}$ 进行计算。

2. 嵌岩桩水平位移计算

输电线路基础过大的基顶位移将导致上部结构内力重分布，从而影响杆塔结构稳定，且目前杆塔设计中一般尚未考虑附加应力对杆塔结构稳定的影响。因此，在输电线路基础设计时，通常都是对地表位移或基顶位移进行限制，以保证地基和上部杆塔结构安全稳定。鉴于此，《输电线路岩石地基挖孔基础工程技术规范》（DL/T 5845—2021）规定，当输电线路嵌岩桩在满足嵌岩深度要求的同时，还应对嵌岩桩基础的水平位移进行计算和验算。

参考国外学者 Carter 和 Kulhawy（1992）的研究成果，《输电线路岩石地基挖孔基础工程技术规范》（DL/T 5845—2021）规定了无覆盖土层和有覆盖土层两种情况下嵌岩单桩水平位移的解析计算方法。

（1）无覆盖土层嵌岩单桩水平位移计算。

1）计算模型与基本假设。图 1–81 所示为无覆盖土层嵌岩单桩水平位移计算模型。根据嵌岩特征（嵌岩深径比 h_r/d）、基础混凝土强度等级及其配筋（桩身等效弹性模量 E_e）以及桩周岩体工程性质之间的相互关系，嵌岩单桩水平承载性能可分为下列三种情形：

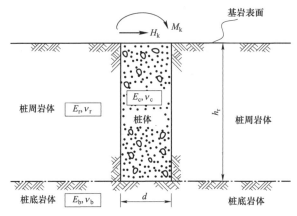

图 1-81　无覆盖土层嵌岩单桩水平承载性能计算模型

柔性：

$$\frac{h_r}{d} \geqslant \left(\frac{E_e}{G^*}\right)^{\frac{2}{7}} \qquad (1-33)$$

刚性：

$$\frac{h_r}{d} \leqslant 0.05\left(\frac{E_e}{G^*}\right)^{\frac{1}{2}} \qquad (1-34)$$

介于柔性和刚性之间：

$$0.05\left(\frac{E_e}{G^*}\right)^{\frac{1}{2}} < \frac{h_r}{d} < \left(\frac{E_e}{G^*}\right)^{\frac{2}{7}} \qquad (1-35)$$

式中　h_r——桩身嵌入基岩的有效深度，m；

　　　 d——桩身直径，m；

　　　 E_e——桩身等效弹性模量，kPa，可按式（1-36）～式（1-38）计算；

　　　 G^*——桩周岩体等效剪切模量，kPa，可按式（1-39）和式（1-40）计算。

$$E_e = \frac{(EI)_p}{\frac{\pi d^4}{64}} \qquad (1-36)$$

$$(EI)_p = 0.85 E_c I_0 \qquad (1-37)$$

$$I_0 = \frac{\pi d^2}{64}[d^2 + 2(\alpha_E - 1)\rho_s d_0^2] \qquad (1-38)$$

$$G^* = G_r\left(1 + \frac{3\nu_r}{4}\right) \qquad (1-39)$$

$$G_r = \frac{E_r}{2(1+\nu_r)} \qquad (1-40)$$

式中　$(EI)_p$——嵌岩段桩身计算抗弯刚度，$kN \cdot m^2$；

E_c——桩身混凝土弹性模量，kPa；

I_0——桩身换算截面惯性矩，m^4；

α_E——钢筋弹性模量与混凝土弹性模量之比；

d_0——桩身截面纵筋分布圆直径，m；

ρ_s——桩身配筋率，%；

G_r——嵌岩段桩周岩体剪切模量，kPa；

E_r——嵌岩段桩周岩体弹性模量，kPa；

ν_r——嵌岩段桩周岩体泊松比，无量纲。

2）基岩表面处桩身水平位移及其截面转角计算。

柔性：

$$u = 0.50\left(\frac{H_k}{G^*d}\right)\left(\frac{E_e}{G^*}\right)^{-\frac{1}{7}} + 1.08\left(\frac{M_k}{G^*d^2}\right)\left(\frac{E_e}{G^*}\right)^{-\frac{3}{7}} \qquad (1-41)$$

$$\theta = 1.08\left(\frac{H_k}{G^*d^2}\right)\left(\frac{E_e}{G^*}\right)^{-\frac{3}{7}} + 6.40\left(\frac{M_k}{G^*d^3}\right)\left(\frac{E_e}{G^*}\right)^{-\frac{5}{7}} \qquad (1-42)$$

刚性：

$$u = 0.40\left(\frac{H_k}{G^*d}\right)\left(\frac{2h_r}{d}\right)^{-\frac{1}{3}} + 0.3\left(\frac{M_k}{G^*d^2}\right)\left(\frac{2h_r}{d}\right)^{-\frac{8}{7}} \qquad (1-43)$$

$$\theta = 0.30\left(\frac{H_k}{G^*d^2}\right)\left(\frac{2h_r}{d}\right)^{-\frac{7}{8}} + 0.8\left(\frac{M_k}{G^*d^3}\right)\left(\frac{2h_r}{d}\right)^{-\frac{5}{3}} \qquad (1-44)$$

式中　H_k——基岩表面处桩身截面水平力标准值，kN；

M_k——基岩表面处桩身截面弯矩标准值，$kN \cdot m$；

u——基岩表面处桩身水平位移，m；

θ——基岩表面处桩身截面转角，rad。

对介于柔性和刚性之间的嵌岩单桩，基岩表面处桩身水平位移及其截面转角取下列两种情形之较大者的 1.25 倍：① 根据相同的 $\dfrac{E_e}{G^*}$ 值，按柔性嵌岩桩计算；② 根据相同的 h_r/d 值，按刚性嵌岩桩计算。

（2）有覆盖土层嵌岩单桩水平位移计算。

考虑覆盖层土体作用的嵌岩单桩水平位移计算时，要做出下列基本假定：

1）水平力和弯矩共同作用下的嵌岩单桩可等效为覆盖层悬臂段桩身和基岩嵌岩段桩身两部分，如图 1-82 所示。

2）嵌岩段桩身嵌入基岩的有效深度，应大于按式（1-32）计算确定的最小嵌岩深度，且不应小于 1.5 倍桩径。此时，可假定覆盖层悬臂段桩身在土岩界面处的约束条件为固定端。

3）覆盖层悬臂段桩侧土压力分布及其计算可等效为图 1-83 所示两种情形的叠加，即由黏结作用（$\varphi=0$）和摩擦作用（$c_u=0$）两部分组成。

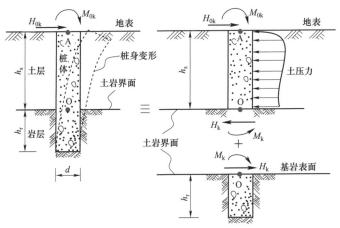

(a) 嵌岩桩受力及其变形　　　　(b) 受力分解计算简图

图 1-82　有覆盖土层嵌岩单桩水平位移计算模型

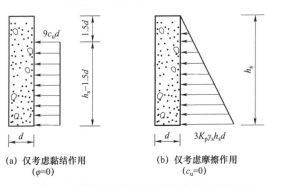

(a) 仅考虑黏结作用　　　　　(b) 仅考虑摩擦作用
　　($\varphi=0$)　　　　　　　　　($c_u=0$)

图 1-83　覆盖层桩侧土压力分布与计算模型

4）地表处嵌岩单桩的基顶水平位移，由下列三部分组成：① 地表处桩身截面水平力和弯矩作用下，覆盖层悬臂段桩顶水平位移；② 土岩界面处桩身截面水平位移；③ 土岩界面处桩身截面转角产生的覆盖层悬臂段桩顶水平位移（不考虑桩侧覆盖层土体约束作用）。

　　根据上述基本假定，土岩界面处桩身截面水平力 H_k 和弯矩 M_k，可分别按式（1-45）和式（1-46）计算确定：

$$H_k = H_{0k} - 9c_u(h_s - 1.5d)d - 1.5K_p\gamma_s h_s^2 d \tag{1-45}$$

$$M_k = M_{0k} + H_{0k}h_s - 4.5c_u(h_s - 1.5d)^2 d - 0.5K_p\gamma_s h_s^3 d \tag{1-46}$$

式中　H_{0k}——地表处桩身截面水平力标准值，kN；

　　　　H_k——基岩表面（土岩界面）处桩身截面的水平力标准值，kN；

　　　　M_{0k}——地表处桩身截面弯矩标准值，kN·m；

　　　　M_k——基岩表面（土岩界面）处桩身截面弯矩标准值，kN·m；

　　　　h_s——覆盖层厚度，m；

　　　　d——桩身直径，m；

　　　　c_u——覆盖层桩周土体不排水剪切试验的黏聚强度，kPa；

　　　　γ_s——覆盖层土体容重，kN/m³；

　　　　K_p——覆盖层桩周土体侧向土压力系数，按式（1-47）计算。

$$K_p = \frac{1 + \sin\varphi}{1 - \sin\varphi} \tag{1-47}$$

式中　φ——覆盖层桩周土体不排水剪切试验的内摩擦角，（°）。

　　同时，地表处桩身截面水平力和弯矩作用下，覆盖层悬臂段桩的基顶水平位移及顶面转角，可分别按式（1-48）和式（1-49）计算确定：

$$(EI)_p u_{AO} = \frac{1}{3}H_{0k}h_s^3 + \frac{1}{2}M_{0k}h_s^2 - \frac{9}{8}c_u(h_s - 1.5d)^3(h_s + 0.5d)d - \frac{1}{10}K_p\gamma_s h_s^5 d$$

$$\tag{1-48}$$

$$(EI)_p \theta_{AO} = \frac{1}{2}H_{0k}h_s^2 + M_{0k}h_s - \frac{3}{2}c_u(h_s - 1.5d)^3 d - \frac{1}{8}K_p\gamma_s h_s^4 d \tag{1-49}$$

式中　u_{AO}——水平力 H_{0k} 和弯矩 M_{0k} 作用下覆盖层悬臂段桩的基顶位移，m；

　　　　θ_{AO}——水平力 H_{0k} 和弯矩 M_{0k} 作用下覆盖层悬臂段桩的顶面转角，rad。

　　进一步地，土岩界面处桩身截面的水平位移及其转角，可按前述无覆盖土层条件下嵌岩桩水平位移计算方法确定。

四、斜坡地形岩石挖孔基础承载性能与工程设计探讨

随着土地资源的日益稀缺和人们对环境保护的日益重视，架空输电线路路径可选范围越来越小。因路径和场地条件的限制，输电线路常不可避免地要穿越斜坡地形地区，并不得不将基础埋置于斜坡地基之中。斜坡地形使得输电线路基础上坡侧和下坡侧岩土体具有不对称性，在外荷载作用下斜坡基础承载性能及其破坏机理不同于平地基础，其承载性能与平地基础相比总体呈下降趋势。

（一）斜坡地形输电线路挖孔基础工程现状

1. 斜坡挖孔基础边坡保护范围及其设计经验模型

为保证斜坡地形挖孔基础承载力安全，当前我国斜坡挖孔基础设计中通常采用图 1-84 所示经验模型。首先按基础中心线到斜坡边缘距离大于或等于 2.5d（d 为基础立柱直径）或 1.5D（D 为基础扩底直径）要求，确定基础边坡保护范围，并进一步根据该边坡保护距离和斜坡地形坡度确定基础计算露头高度以及相应的计算露头起始平面位置。

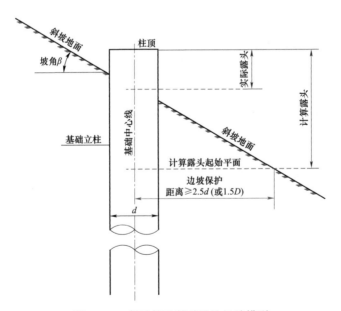

图 1-84 斜坡挖孔基础设计经验模型

如图 1-84 所示，斜坡基础承载性能设计时，将忽略计算露头起始平面以上基础立柱周围岩土体所能提供的抗力及其对基础立柱变形的约束作用，假设计

算露头高度段立柱为悬臂梁，并对其开展结构承载力设计和水平位移验算，同时对计算露头起始平面以下的基础按照平地条件进行工程设计。

显而易见，输电线路斜坡地形基础水平承载性能降低最为显著，特别是基础承受水平力指向下坡侧时。斜坡挖孔基础采用图1-84所示边坡保护范围及其经验设计模型时，基顶与计算露头起始平面处的立柱侧向岩土体水平位移往往成为基础设计的控制条件，这主要是由于我国输电线路基础水平承载性能设计一般采用建筑桩基规范规定的 m 法。m 法本质上是一种线弹性地基反力法，其认为在水平力作用下，基础立柱侧任意点地基土抗力与对应点的侧向位移之间为线性关系，大小等于地基水平抗力系数与该点水平位移的乘积。同时，假设地基土水平抗力系数又随深度线性增加，并由此定义地基水平抗力系数随深度线性增加的比例系数为 m。表1-34为《建筑桩基技术规范》（JGJ 94—2008）规定的地基土水平抗力系数的比例系数 m 值，该值也一直被我国架空输电线路基础设计规范所采用。大量试验表明，地基性质越好，m 值越大，且 m 值随土体水平位移增大而非线性减小。因此，表1-34中 m 取大值时，对应地面处水平位移取小值；反之，取大值。

表1-34 地基土水平抗力系数的比例系数 m 值

序号	地基土类别	m 值（MN/m⁴）	对应地面处水平位移（mm）
1	淤泥；淤泥质土；饱和湿陷性黄土	2.5~6.0	6~12
2	流塑（液性指数 $I_L > 1$）、软塑（$0.75 < I_L \leqslant 1$）状态黏性土；孔隙比 $e > 0.9$ 粉土；松散粉细砂；松散、稍密填土	6~14	4~8
3	可塑（$0.25 < I_L \leqslant 0.75$）状态黏性土、湿陷性黄土；孔隙比 $e = 0.75 \sim 0.90$ 粉土；中密填土；稍密细砂	14~35	3~6
4	硬塑（$0 < I_L \leqslant 0.25$）、坚硬（$I_L \leqslant 0$）状态黏性土、湿陷性黄土；孔隙比 $e < 0.75$ 粉土；中密的中粗砂；密实老填土	35~100	2~5
5	中密、密实的砾砂、碎石类土	100~300	1.5~3.0

斜坡挖孔基础工程设计实践中，由于按照图1-84所示设计模型所确定的基础计算露头高度一般较大，这使得水平位移往往成为基础设计的控制条件，也使得表1-34中 m 值与其水平位移限值间的矛盾日益突出。这里还需要特别说明的是，表1-34规定的地基土水平抗力系数的比例系数 m 值，只适用于土质地基。对岩石地基而言，其 m 值应远远大于表1-34中规定的值。但我国当前输电线路岩石斜坡挖孔基础仍采用 m 法进行水平承载性能设计，m 值也继续按

表 1-34 确定取值，这种做法的本质是将岩石地基视为土质地基，使得岩石挖孔基础水平承载性能计算模型及其参数取值与基础周围地质条件严重不符，从而造成不必要的基础立柱直径的增大和基础埋深的增加。

2. 斜坡挖孔基础灾后稳定性校核与评价

我国是世界上自然灾害最严重的国家之一。在当前全球气候变化、局部地区极端天气和人类工程活动的共同作用下，山区架空输电线路地质灾害发生的频率与规模呈增大趋势，已成为电网安全稳定运行的重大威胁。输电线路地质灾害主要是指，在自然因素或人类活动作用下，塔位附近形成危及电网安全稳定运行的岩土体位移现象。就斜坡地形输电线路地质灾害而言，其主要灾害类型可分为滑坡和崩塌两类。

（1）滑坡。滑坡是指位于斜坡塔位基础附近的岩土体，在重力作用下向坡下滑动而形成的地质灾害现象，是我国最常见的输电线路地质灾害形式。引起塔位滑坡的原因很复杂，除作为地震灾害的一种常见次生灾害外，输电线路滑坡的主要诱发因素为长时或短时的强降雨，其使得塔位地基强度降低而形成水动力型滑坡。这种水动力型滑坡又因成因机制差异，可分为深层岩土体滑坡和浅层土体牵引式滑坡两种情形。

图 1-85 所示为较为典型的深层岩土体水动力型滑坡，一般多发生在土质斜坡，且斜坡地层条件相对单一，滑动面大都位于斜坡地基土体中。该类滑坡通常是因长时或短时强降雨造成的。强降雨使得塔位周围地基岩土体接近或达到饱和状态，其强度与承载能力都显著降低，进而形成滑坡，造成水土流失和经济损失。

（a）案例1　　　　　　　　　（b）案例2

图 1-85　深层岩土体水动力型滑坡

图 1-86 所示为输电线路斜坡塔位施工余土（渣）与地表覆盖层共同引起的水动力型浅层土体牵引式滑坡，这也是我国山区输电线路工程中常见的一种滑坡形式。如图 1-86（a）所示，这类滑坡塔位地层通常呈上覆土层、下卧基岩

的上土下岩二元分布特征，相应塔位主要采用挖孔类基础形式。一方面，塔位基础施工完成后，其周围地表水在岩土体内渗流路径发生了改变，在长时或短时强降雨作用下，地表水快速下渗，使斜坡覆盖层土体处于饱水或局部暂态饱水状态，导致覆盖土层和基岩界面处的土体强度显著降低。另一方面，施工单位常将基础施工余土（渣）堆砌在塔位下坡侧，有时还在施工余土（渣）的表面采取图 1-86（b）所示的硬化措施。在雨水作用下，施工余土（渣）堆砌体内产生积水，形成一定水土压力而反作用于硬化体内表面。在土岩界面处土体强度降低、施工余土（渣）自重以及硬化表面水土压力等因素的共同作用下，塔位地基极易形成图 1-86（c）所示的滑坡，进而严重破坏塔位原始地形地貌和原有地表植被。

(a) 斜坡塔位基础概况　　(b) 滑坡前余土（渣）处理

(c) 滑坡全貌

图 1-86　水动力型浅层土体牵引式滑坡

（2）崩塌。崩塌是指位于较陡峭斜坡的上岩土体，在重力作用下突然脱离母体崩落而形成的地质灾害现象。图 1-87 所示为某输电线路工程中发生的塔位地基崩塌实景。崩塌破坏范围一般受岩土体形态、地层分布特征、岩体节理裂隙面发育情况等因素控制。基础工程土石方开挖施工对岩土体的扰动以及长时或短时强降雨，都是诱发甚至加速塔位崩塌灾害的重要原因。

(a) 崩塌滑坡全貌　　　　　　　(b) 塔腿局部

图 1-87　塔位地基崩塌实景

不论塔位地质灾害是滑坡还是崩塌，灾害发生后，首先都需要分析其产生的原因，必要时还需要配合开展专门的工程测量与工程地质勘察，并据此对滑坡后塔位地基稳定性进行校核与评价。斜坡挖孔基础灾害后安全稳定性校核与评价，一般也都采用图 1-84 所示边坡保护范围确定方法及其设计经验模型。

对图 1-85 和图 1-86 所示滑坡灾害，当塔位周围滑坡岩土层滑动面位于计算露头起始平面以上时，基础安全稳定性校核自然能满足设计要求。但在实际工程中，从基础长期安全稳定运行和环境保护要求出发，往往还要对塔位滑坡进行相应的灾后治理，主要采用环境保护和水土保持方面的措施。然而，当图 1-85 和图 1-86 所示滑坡岩土层滑动面位于计算露头起始平面以下时，或者对图 1-87 所示崩塌灾害，灾后基础安全稳定性校核与评价就要复杂得多，一般需根据塔位周围灾后遗留地基范围内的地形地貌和地层分布特征、岩土体性质以及塔基与滑坡边缘距离等，并结合塔位基础荷载条件，按图 1-84 所示斜坡挖孔基础边坡保护设计经验模型，重新对塔位基础稳定性进行设计校核，并根据校核结果采取相应处理方案。

（二）输电线路斜坡地形岩石基础边坡保护范围确定

前述输电线路斜坡挖孔基础工程现状表明，在斜坡挖孔基础工程设计及其灾后安全稳定性校核与评价中，边坡保护范围的确定都是至关重要的。然而，图 1-84 所示边坡保护范围确定方法及其设计模型都是经验性的，且主要针对土质地基。目前国内尚未开展斜坡地形岩石基础承载性能的相关试验工作。鉴于此，这里仅介绍中国电力科学研究院有限公司岩土工程实验室在黄土地基某 20°斜坡条件下所开展的挖孔基础承载性能试验成果，其中基础形式分等直径直柱与直柱扩底两种，荷载工况分上拔、水平、上拔与水平力组合三种。这些试验成果可供岩石斜坡挖孔基础边坡保护设计参考使用，并据此提出输电线路斜坡地形岩石挖孔基础边坡保护范围确定原则，探讨斜坡地形岩石嵌固基础和嵌岩桩基础承载性能工程的设计方法。

1. 土质斜坡地基挖孔基础承载性能试验

（1）上拔荷载试验。共 2 个直柱扩底基础 BPU1（$b=1.0m$，$D=2.0m$，$H=5.0m$）和 BPU2（$b=1.0m$，$D=2.0m$，$H=7.5m$）。现场试验加载系统如图 1-88 所示。如图 1-89 所示，试验前在基础顶部以及斜坡地基下坡侧和上坡侧地表均布置了位移传感器，以监测上拔荷载作用下相应测点的竖向位移变化规律。

图 1-88 黄土斜坡基础抗拔现场试验加载系统

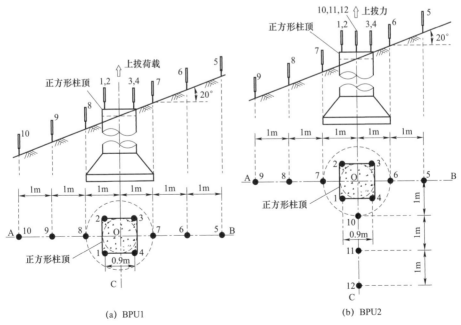

(a) BPU1 　　　　　　　　 (b) BPU2

图 1-89 抗拔试验时基顶和黄土斜坡地表位移传感器布置

取图 1-89 中基顶位移传感器 1～4 实测位移的平均值,作为每级上拔荷载对应的基础上拔位移,可得到黄土斜坡基础抗拔试验荷载-位移曲线,如图 1-90 所示。

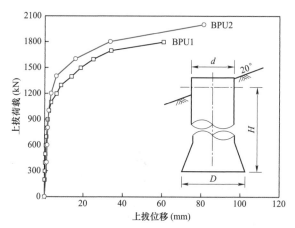

图 1-90　黄土斜坡基础抗拔试验荷载-位移曲线

图 1-90 表明,黄土斜坡直柱扩底基础抗拔试验荷载-位移曲线呈缓变型三阶段变化规律。采用 L_1-L_2 两点法可确定基础 BPU1、BPU2 弹性极限荷载 T_{L1} 分别为 830kN 和 1040kN,对应塑性极限荷载 T_{L2} 分别为 1700kN 和 1800kN。

图 1-91 给出了上拔荷载作用下,基顶和斜坡地表各测点位移随上拔荷载变化规律。图 1-92 则给出了试验加载过程中,每级上拔荷载作用下,基顶低坡侧传感器 1 和 2 实测位移平均值、高坡侧传感器 3 和 4 实测位置平均值以及地表各测点位移分布规律。

图 1-90 和图 1-91 表明,基顶下坡侧位移传感器 1 和 2 的实测值要大于基顶上坡侧位移传感器 3 和 4 的实测值,从而使得每级上拔荷载作用下,基顶

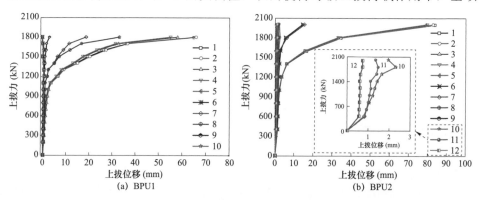

(a) BPU1　　　　　　　　　　(b) BPU2

图 1-91　基顶和斜坡地表各测点位移随上拔荷载变化规律

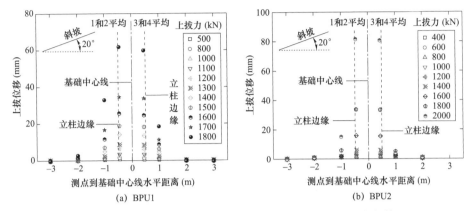

图 1-92　上拔试验过程中基顶和斜坡地表测点位移分布规律

将向上坡侧产生微小偏转，基顶转角可根据下坡侧基顶位移传感器 1 和 2 的位移均值（$d_{下坡侧}$）与上坡侧基顶位移传感器 3 和 4 的位移均值（$d_{上坡侧}$）的差值以及两组位移传感器水平间距（l）计算确定，其随上拔荷载变化曲线如图 1-93 所示。基础 BPU2 基顶转角总体小于基础 BPU1 基顶转角，这主要是由于基础 BPU2 埋深大于基础 BPU1 埋深。

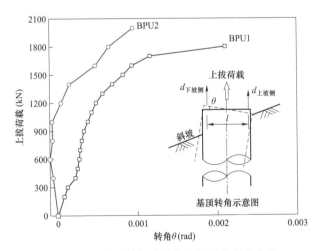

图 1-93　基顶转角及其随上拔荷载变化曲线

黄土斜坡抗拔基础破坏时地表裂缝分布如图 1-94 所示。与平地抗拔基础的相同点是，这些试验基础抗拔土体滑动面一直延伸至地表并呈环向和径向分布，表现为浅基础破坏模式。但与平地抗拔基础最显著的不同点是，其抗拔土体地表裂缝分布具有不对称性，抗拔土体滑动面主要延伸至下坡侧较大范围；而上坡侧相对较小，离基础立柱稍远一点，抗拔土体甚至都未发生变化。

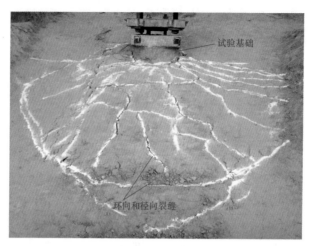

图 1-94　黄土斜坡抗拔基础破坏时地表裂缝分布

（2）水平荷载试验。共 4 个水平荷载试验基础，其中 2 个等直径直柱基础 SPL1（$b=1.0$m，$H=5.0$m）和 SPL2（$b=1.0$m，$H=7.5$m），2 个直柱扩底基础 BPL1（$b=1.0$m，$D=2.0$m，$H=5.0$m）和 BPL2（$b=1.0$m，$D=2.0$m，$H=7.5$m）。现场试验水平力加载系统以及基顶和斜坡地表测点位移传感器布置情况，分别如图 1-95 和图 1-96 所示。

图 1-97 分别给出了水平荷载作用下，基顶水平方向位移测点 1 和 2 以及竖直方向位移测点 3～6 的实测位移随水平荷载变化曲线。

图 1-95　黄土斜坡基础现场试验水平力加载系统

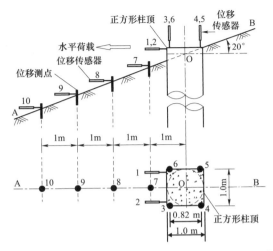

图1-96 水平承载力试验时基顶和黄土斜坡地表位移传感器布置

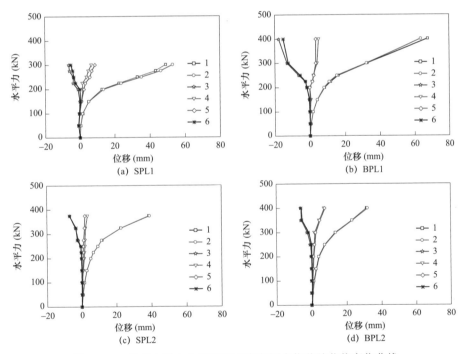

图1-97 基顶水平方向和竖直方向各测点位移随荷载变化曲线

图1-97表明,水平荷载作用下基顶下坡侧位移传感器3和6实测位移整体为负,表现为竖向发生向下位移;而上坡侧基顶位移传感器4和5实测位移整体为正,表现为竖向发生上拔位移。因此,每级水平荷载作用下,基顶将向下坡侧产生微小偏转,该转角随水平力变化曲线如图1-98所示。

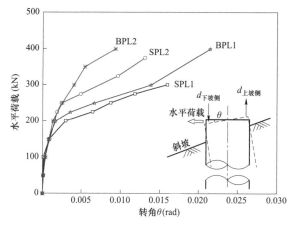

图 1-98 水平荷载作用下基顶转角及其随荷载变化曲线

此外，在水平力荷载作用下，斜坡地表各测点水平位移以及基顶水平力方向两测点 1 和 2 水平位移均值，随荷载变化的分布规律如图 1-99 所示。图 1-100 给出了水平力作用下，等直径直柱基础 SPL2 和直柱扩底基础 BPL2 破坏时，斜坡地表裂缝分布情况对比。结果表明，斜坡土体地表裂缝主要沿与水平力作用线投影方向两侧约呈 45° 夹角向下坡侧展开，且直柱扩底基础 BPL2 影响范围要明显大于等直径直柱基础 SPL2 影响范围。

（3）上拔与水平力组合荷载试验。共 4 个试验基础，其中 2 个等直径直柱基础 SPUL1（$b=1.0\text{m}$，$H=5.0\text{m}$）和 SPUL2（$b=1.0\text{m}$，$H=7.5\text{m}$），2 个直柱扩底基础 BPUL1（$b=1.0\text{m}$，$D=2.0\text{m}$，$H=5.0\text{m}$）和 BPUL2（$b=1.0\text{m}$，$D=2.0\text{m}$，$H=7.5\text{m}$）。现场试验系统以及地表测点位移传感器布置，分别如图 1-101 和图 1-102 所示。

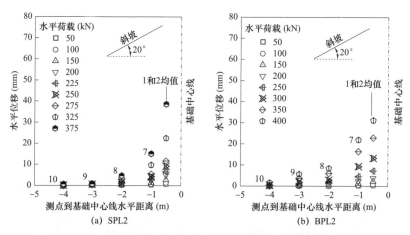

图 1-99 水平荷载试验过程中基顶和斜坡地表测点位移分布规律

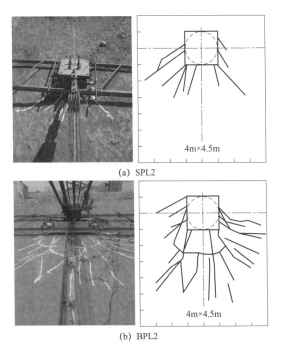

(a) SPL2

(b) BPL2

图1-100 黄土斜坡基础水平荷载作用下破坏时地表裂缝扩展与分布情况对比

图1-101 斜坡基础上拔与水平力组合荷载现场试验系统

图1-103分别给出了上拔与水平力组合作用下,基顶水平方向测点5和6以及竖直方向测点1和4、2和3的位移均值随荷载变化的曲线。等直径直柱基础(SPUL1、SPUL2)和直柱扩底基础(BPUL1、BPUL2)基顶及斜坡地表各测点上拔、水平位移分布规律分别如图1-104和图1-105所示。

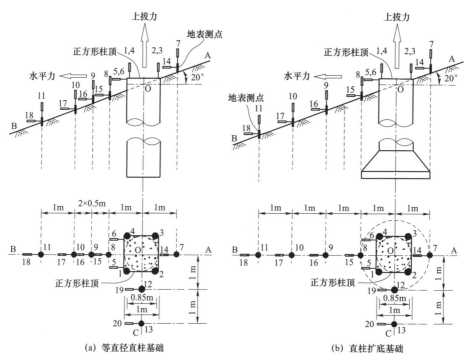

图1-102 上拔与水平力组合荷载试验时基顶和地表测点位移传感器布置

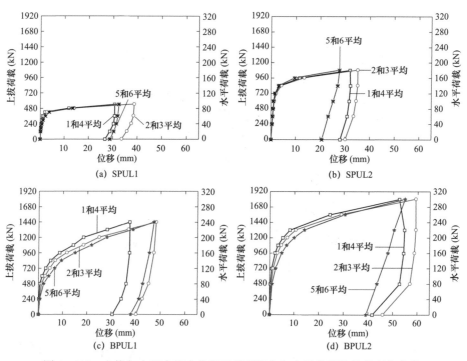

图1-103 上拔与水平力组合作用下基顶竖向和水平位移随荷载变化曲线

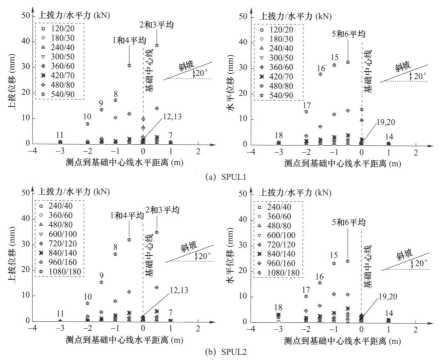

图1-104 上拔与水平力组合作用下等直径直柱基础基顶和地表各测点位移分布规律

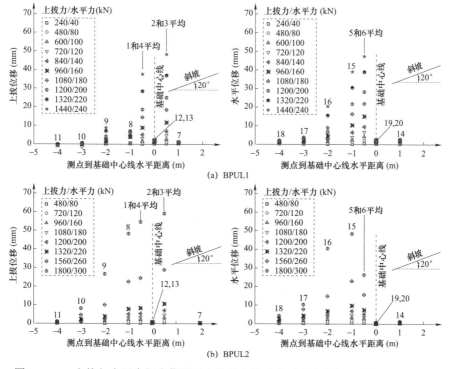

图1-105 上拔与水平力组合作用下直柱扩底基础基顶和地表各测点位移分布规律

从图1-103～图1-105可以看出，基顶下坡侧位移传感器1和4的位移均值要小于上坡侧基顶位移传感器2和3的位移均值，因此每级上拔与水平力组合作用下，基顶将向下坡侧产生微小偏转，转角随荷载变化曲线如图1-106所示。

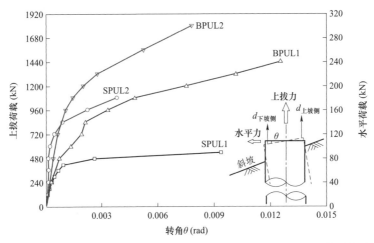

图1-106 上拔与水平力组合荷载作用下基顶转角及其随荷载变化曲线

图1-107所示为上拔与水平力组合作用下黄土斜坡基础破坏时地表裂缝分布情况。结果表明，斜坡地基上坡侧和下坡侧基础周围的地表破裂面具有不对称性，且总体呈上拔力、水平力单独作用时地表裂缝分布的组合特点。

图1-107 上拔与水平力组合荷载作用下黄土斜坡基础破坏时地表裂缝分布情况

图1-103～图1-107所示结果表明，当基础类型和结构尺寸相同时，在上拔与水平力组合作用下，斜坡基础抗拔承载性能显著降低。基顶向下坡侧产生

偏转，转角比在上拔荷载作用下大，而比在水平荷载作用下小，这主要是由于在上拔力、水平力单独作用下，其基顶偏转方向是相反的，但水平力引起的基顶向下坡侧偏转起主要作用。总体上看，扩底和增加基础埋深，均可提高黄土斜坡基础承载性能。

2. 岩石地基斜坡地形挖孔基础边坡保护距离确定原则

前述黄土斜坡等直径直柱基础和直柱扩底基础在上拔、水平、上拔与水平力组合荷载作用下承载性能对比试验结果表明，黄土斜坡挖孔基础按图 1-84 所示 $2.5d$（立柱直径）或 $1.5D$（扩底直径）边坡保护距离范围确定原则及其计算模型是安全可靠的，可供岩石地基斜坡基础边坡保护设计时参考使用。

《输电线路岩石地基挖孔基础工程技术规范》（DL/T 5845—2021）已将输电线路岩石挖孔基础分为岩石嵌固基础和嵌岩桩基础两种形式。其中，岩石嵌固基础属于浅埋扩底岩石挖孔基础，主要适用于无覆盖土层或覆盖土层较薄（一般小于 0.5m）且基础荷载较小的岩石地基塔位，其埋深一般不宜超过 6m。而嵌岩桩基础是桩端嵌入基岩一定深度的直柱等直径深埋挖孔基础，其埋深一般超过 6m，无覆盖土层或者有覆盖土层岩石地基塔位均可采用。

为了遵循输电线路工程行业的基础设计传统与习惯，岩石地基斜坡地形挖孔基础工程设计时，仍推荐采用图 1-84 所示边坡保护设计经验模型及其方法。对岩石嵌固基础，以其扩底直径确定最小边坡保护范围。对嵌岩桩基础，以其桩径确定最小边坡保护范围。由于岩石地基工程性质及其承载性能总体上优于土质地基，从输电线路基础与岩石地基相互作用、共同承载机理上看，岩石基础边坡保护范围在理论上可小于土质地基斜坡基础边坡保护范围。

考虑到岩石地基工程特性的复杂性以及输电线路塔位地层分布形式的多样性，同时兼顾安全性和经济性，推荐斜坡地形岩石嵌固基础和嵌岩桩基础的边坡保护范围确定原则如下：

（1）岩石嵌固基础中心线到斜坡边界的距离，应大于或等于 $(1.0\sim1.5)D$（D 为扩底直径）。当岩石地基斜坡地形坡度小时，取小值；反之，则取大值。当塔位地形条件无法满足边坡保护距离要求时，宜将岩石嵌固基础选型调整为嵌岩桩基础，并按照嵌岩桩模型进行基础设计。

（2）嵌岩桩基础中心线到斜坡边界的距离，应大于或等于 $(2.0\sim2.5)d$（d 为桩径）。当覆盖土层薄、岩石地基斜坡地形坡度小或者基岩工程性质较好时，取小值；反之，则取大值。

架空输电线路岩石基础

（三）基于边坡保护的岩石斜坡挖孔基础设计

1. 岩石嵌固基础

首先基于图 1−84 所示基础边坡保护距离确定的经验方法及其计算模型，按基础中心线到斜坡边缘距离大于或等于 $(1.0\sim1.5)$ D 确定边坡保护范围。同时，根据该边坡保护距离和斜坡地形坡度，确定基础设计的计算露头高度，忽略基础计算露头高度段基础立柱周围岩体所能提供的抗力及其对基础立柱变形的约束作用。假设计算露头高度段基础立柱是在计算露头起始平面处为固定端约束的悬臂梁，对其进行结构承载力设计与水平位移验算，并进一步对计算露头起始平面以下的岩石嵌固基础按平地条件进行承载性能设计。

2. 嵌岩桩基础

对斜坡地形嵌岩桩基础，同样首先基于图 1−84 所示基础边坡保护距离确定的经验方法及其计算模型，按基础中心线到斜坡边缘距离大于或等于 $(2.0\sim2.5)$ d 确定边坡保护范围以及相应的计算露头起始平面位置。同时，根据边坡保护距离和斜坡地形坡度，确定嵌岩桩设计的计算露头高度。根据岩石地基斜坡地形坡度及其覆盖土层厚度的不同，斜坡地形嵌岩桩计算露头起始平面所在位置处的地基条件可分两种情形：基岩和覆盖土层。

（1）计算露头起始平面位于基岩中。如图 1−108（a）所示，当输电线路斜坡地形岩石地基直接出露或者基岩上覆土层厚度较小时，斜坡地形嵌岩桩计算露头起始平面将位于基岩中。此时，计算露头起始平面以上桩身将全部或部分埋置在岩石地基中。当忽略计算露头起始平面以上桩周岩土体抗力及其对桩身变形的约束作用，且假设计算露头高度段桩身是在计算露头起始平面基岩处为固定端所约束的悬臂梁，则图 1−108（a）所示岩石地基斜坡地形嵌岩桩基础承载性能设计计算简图如图 1−108（b）所示（以水平荷载为例）。

当计算露头起始平面位于基岩中时，可首先按平地条件下无覆盖土层嵌岩桩基础承载性能设计与计算方法，对图 1−108（b）所示计算露头起始平面以下的嵌岩桩进行抗拔、抗压和水平承载性能设计。同时，进一步对计算露头起始平面以上悬臂段桩身进行结构承载力设计与桩顶水平位移验算。

（2）计算露头起始平面位于覆盖土层中。如图 1−109（a）所示，当输电线路岩石地基上覆土层厚度较大时，斜坡基础设计的计算露头起始平面位于覆盖土层中，则相应的设计计算简图如图 1−109（b）所示。此时，计算露头起始平面以下桩身可分为土层中桩身（h_s 段）和基岩中桩身（h_r 段）两部分。类似地，忽略计算露头起始平面以上桩周覆盖土层所能提供的抗力及其对桩身变形的约束作用，假设计算露头高度段桩身为自由悬臂梁。

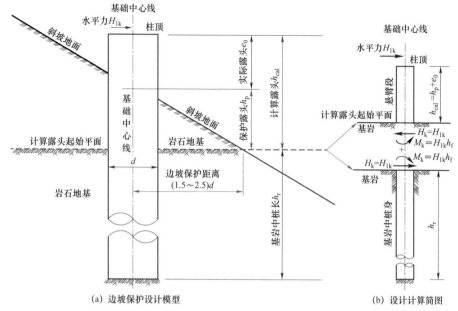

图 1-108　岩石地基斜坡地形嵌岩桩基础计算露头起始平面位于基岩中

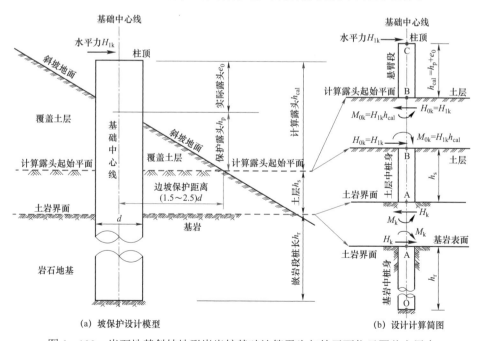

图 1-109　岩石地基斜坡地形嵌岩桩基础计算露头起始平面位于覆盖土层中

图 1－109（b）所示岩石地基斜坡地形嵌岩桩基础承载性能设计，总体上可根据平地有覆盖土层嵌岩桩基础承载性能设计方法，对计算露头起始平面以下嵌岩桩进行抗拔、抗压和水平承载性能设计。同时，进一步对计算露头起始平面以上悬臂段桩身进行结构承载力设计与桩顶水平位移验算。

这里需要说明的是，为简化计算，当图 1－109（b）所示计算露头起始平面以下覆盖土层（h_s 段）较薄或土体强度较低时，可不考虑该段覆盖层土对嵌岩桩水平承载性能的贡献，直接假设土岩界面以上桩身是在土岩界面为固定端所约束的悬臂梁，并按平地有覆盖土层嵌岩桩进行设计与计算。

五、嵌岩桩基础承载性能影响因素分析

（一）工程实例设计计算

以某特高压输电线路工程直线塔荷载为例，进行岩石地基斜坡地形嵌岩桩基础承载性能计算与分析。

本工程实例设计计算模型及相关参数含义如图 1－109 所示。

1. 荷载条件

上拔、下压工况下荷载标准值见表 1－35。

表 1－35　　　　　　　　基础荷载标准值

上拔工况荷载（kN）	$T_k = 3267.0$	$T_{xk} = 421.4$	$T_{yk} = 446.3$
下压工况荷载（kN）	$N_k = 4173.0$	$N_{xk} = 549.9$	$N_{yk} = 560.4$

2. 地形地质条件

塔位处为岩石地基斜坡边界条件，地层呈上土下岩的二元分布特征，斜坡地形地质设计参数见表 1－36。

表 1－36　　　　　　　　斜坡地形地质设计参数

参数名称	取值	参数名称	取值
斜坡地形坡度 β（°）	30	覆盖层厚度 h_{si}（m）	5.5
覆盖层不排水抗剪强度 c_u（kPa）	12.7	覆盖层土体内摩擦角 φ（°）	27.5
覆盖层土体容重 γ_s（kN/m³）	16.5	覆盖层极限侧阻力标准值 q_{sik}（kPa）	30.0
覆盖层极限侧阻力发挥系数 ξ_{fi}	0.20	覆盖层极限侧阻力抗拔折减系数 ξ'_{fi}	0.70
岩石弹性模量 E_r（GPa）	11.12	岩石泊松比 ν_r	0.25
岩石单轴抗压强度 f_{ucs}（MPa）	36.0	岩石极限侧阻力抗拔折减系数 ζ'_s	0.70

3. 基础外形尺寸及其设计要求

基础外形尺寸以及混凝土、基础钢筋与配筋等设计要求见表 1－37。

表 1－37　　　　　　　　　　基础外形尺寸及其设计要求

参数名称	取值	参数名称	取值
桩身立柱直径 d（m）	1.60	总埋深 H（m）	10.5
地面以上基础露头高度 e_0（m）	1.20	桩身混凝土强度等级	C25
桩身混凝土轴心抗压强度 f_{ck}（MPa）	16.7	桩身混凝土弹性模量 E_c（GPa）	28.0
钢筋弹性模量 E_y（GPa）	210	桩身配筋率 ρ_s（%）	1.14
混凝土保护层厚度（mm）	50	钢筋与混凝土弹性模量比值 α_E	7.5

4. 设计与验算

（1）水平承载性能计算与验算。

1）边坡保护范围与计算露头。

按基础中心线到斜坡边缘距离 $2.0d$ 的原则，确定边坡保护范围以及相应的计算露头起始平面位置。

保护露头高度（h_p）：

$$h_p = 2.0d\tan\beta = 2.0 \times 1.60 \times \tan30° = 1.85\text{m} < h_{si} = 5.50 \text{（m）}$$

因此，计算露头起始平面位于覆盖土层中，且计算露头起始平面与土岩界面之间的土层厚度 $h_s = h_{si} - h_p = 5.50 - 1.85 = 3.65 \text{（m）}$。

计算露头高度（h_{cal}）：

$$h_{cal} = h_p + e_0 = 1.85 + 1.20 = 3.05 \text{（m）}$$

2）最小嵌岩深度计算与验算。

土岩界面处桩身水平力设计值（取上拔和下压工况所对应水平力合力设计值的最大值）：

$$H_{0d} = H_{1d} = \max\left(\sqrt{T_x^2 + T_y^2}, \sqrt{N_x^2 + N_y^2}\right)$$

$$= 1.35\left[\max\left(\sqrt{T_{xk}^2 + T_{yk}^2}, \sqrt{N_{xk}^2 + N_{yk}^2}\right)\right]$$

$$= 1059.9 \text{（kN）}$$

土岩界面处桩身截面弯矩力设计值（忽略覆盖层土体所提供的抗力及其对基础立柱变形的约束作用，计算结果偏于安全）：

$$M_{0d} = H_{0d}(h_s + h_{cal}) = 1059.9 \times (3.65 + 3.05) = 7101.3 \text{（kN·m）}$$

取 $\varphi_\beta = 0.67$，$\varphi_r = 0.50$，已知 $f_{ucs} = 36.0\text{MPa}$，由此得到：

$$\varphi_\beta \varphi_r f_{ucs} = 0.67 \times 0.50 \times 36.0 = 12.1 \text{（MPa）} < f_{ck} = 16.7 \text{（MPa）}$$

因此，取桩侧岩石单轴抗压强度进行最小嵌岩深度计算。

最小嵌岩深度计算与校核：

$$h_{rmin} = \frac{2.54 H_{0d} + \sqrt{19.36 H_{0d}^2 + 15.24 \varphi_r \varphi_\beta f_{ucs} d M_{0d}}}{\varphi_r \varphi_\beta f_{ucs} d}$$

$$= \frac{2.54 \times 1059.9 + \sqrt{19.36 \times 1059.9^2 + 15.25 \times 0.67 \times 0.50 \times 36.0 \times 1000 \times 1.60 \times 7101.3}}{0.67 \times 0.50 \times 36.0 \times 1000 \times 1.60}$$

$$= 2.52 \text{（m）} < h_r = 5.0 \text{（m）}$$

同时，嵌岩深径比 $h_r/d = 5.0/1.60 = 3.13 > 1.50$。

因此，嵌岩深度和桩身嵌岩深径比均满足要求。

3）嵌岩段桩的水平承载性能状态判定。

桩身换算截面惯性矩（I_0）：

$$I_0 = \frac{\pi d^2}{64}[d^2 + 2(\alpha_E - 1)\rho_s d_0^2]$$

$$= \frac{\pi \times 1.60^2}{64}\left[1.60^2 + 2 \times \left(\frac{210}{28.0} - 1\right) \times 1.14\% \times (1.60 - 0.10)^2\right]$$

$$= 0.3636 \text{（m}^4\text{）}$$

嵌岩桩等效弹性模量（E_e）：

$$E_e = \frac{(EI)_p}{\dfrac{\pi d^4}{64}} = \frac{0.85 E_c I_0}{\dfrac{\pi d^4}{64}} = \frac{0.85 \times 28.0 \times 0.3636}{\dfrac{\pi \times 1.60^4}{64}} = 26.9 \text{（GPa）}$$

桩侧岩石等效剪切模量（G_r^*）：

$$G^* = G_r\left(1 + \frac{3 v_r}{4}\right) = \frac{E_r}{2(1 + v_r)}\left(1 + \frac{3 v_r}{4}\right) = \frac{11.12}{2 \times (1 + 0.28)} \times \left(1 + \frac{3 \times 0.28}{4}\right) = 5.26 \text{（GPa）}$$

$$\frac{h_r}{d} = 3.13 \geqslant \left(\frac{E_e}{G^*}\right)^{\frac{2}{7}} = \left(\frac{26.9}{5.26}\right)^{\frac{2}{7}} = 1.594$$

因此，可以按柔性嵌岩桩进行土岩界面处桩身截面水平位移和转角计算。

4）考虑计算露头起始平面与土岩界面间土体作用的基顶水平位移计算。

覆盖层土体侧向压力系数（K_p）：

$$K_p = \frac{1+\sin\varphi}{1-\sin\varphi} = \frac{1+\sin27.5°}{1-\sin27.5°} = 2.72$$

基顶水平力标准值（上拔和下压工况所对应水平力合力标准值的最大值）：

$$H_{1k} = \max\left(\sqrt{T_{xk}^2 + T_{yk}^2}, \sqrt{N_{xk}^2 + N_{yk}^2}\right) = 785.1 \text{（kN）}$$

对应于基顶水平力标准值的计算露头起始平面处桩身截面水平力与弯矩：

$$H_{0k} = H_{1k} = 785.1 \text{（kN）}$$

$$M_{0k} = H_{1k}h_{cal} = 785.1 \times 3.05 = 2394.5 \text{（kN·m）}$$

对应于基顶水平力标准值的土岩界面处水平力与弯矩标准：

$$H_k = H_{0k} - 9c_u(h_s - 1.5d)d - 1.5K_p\gamma_s h_s^2 d$$

$$= 785.1 - 9 \times 12.7 \times (3.65 - 1.5 \times 1.60) \times 1.60 - 1.5 \times 2.72 \times 16.5 \times 3.65^2 \times 1.60$$

$$= -878.5 \text{（kN）} < 0$$

$H_k < 0$ 表明，覆盖土层可抵抗水平力 H_{0k} 的作用，取 $H_k = 0$，则：

$$M_k = M_{0k} + H_{0k}h_s - 4.5c_u(h_s - 1.5d)^2 d - 0.5K_p\gamma_s h_s^3 d$$

$$= 5260.4 + 785.1 \times 3.65 - 4.5 \times 12.7 \times (3.65 - 1.5 \times 1.60)^2 \times$$

$$1.60 - 0.5 \times 2.72 \times 16.5 \times 3.65^3 \times 1.60$$

$$= 3370.2 \text{（kN·m）}$$

土岩界面处水平力 H_k 和弯矩 M_k 引起的桩身截面水平位移 u_{AO} 与转角 θ_{AO}：

$$u_{AO} = 0.50\left(\frac{H_k}{G^* d}\right)\left(\frac{E_e}{G^*}\right)^{-\frac{1}{7}} + 1.08\left(\frac{M_k}{G^* d^2}\right)\left(\frac{E_e}{G^*}\right)^{-\frac{3}{7}}$$

$$= 1.08 \times \left(\frac{3370.2}{5.26 \times 10^6 \times 1.60^2}\right) \times \left(\frac{26.9}{5.26}\right)^{-\frac{3}{7}} \times 1000$$

$$= 0.134 \text{（mm）}$$

$$\theta_{AO} = 1.08\left(\frac{H_k}{G^* d^2}\right)\left(\frac{E_e}{G^*}\right)^{-\frac{3}{7}} + 6.40\left(\frac{M_k}{G^* d^3}\right)\left(\frac{E_e}{G^*}\right)^{-\frac{5}{7}}$$

$$= 6.40 \times \left(\frac{3370.5}{5.26 \times 10^6 \times 1.60^3}\right) \times \left(\frac{26.9}{5.26}\right)^{-\frac{5}{7}}$$

$$= 0.000312 \text{（rad）}$$

计算露头起始平面处水平力 H_{0k} 和弯矩 M_{0k} 引起的桩身截面水平位移 u_{BA} 和转角 θ_{BA}：

$$u_{BA} = \left[\frac{1}{3}H_{0k}h_s^3 + \frac{1}{2}M_{0k}h_s^2 - \frac{9}{8}c_u(h_s-1.5d)^3(h_s+0.5d)d - \frac{1}{10}K_p\gamma_s h_s^5 d\right]\Big/(EI)_p$$

$$= \left[\frac{1}{3}\times785.1\times1.60^3 + \frac{1}{2}\times2394.5\times1.60^2\right.$$

$$-\frac{9}{8}\times12.7\times(3.65-1.5\times1.60)^3\times(3.65+0.5\times1.60)\times1.60$$

$$\left.-\frac{1}{10}\times2.72\times16.5\times3.65^5\times1.60\right]\Big/(8.654\times10^6)$$

$$= 2.76\,(\text{mm})$$

$$\theta_{BA} = \left[\frac{1}{2}H_{0k}h_s^2 + M_{0k}h_s - \frac{3}{2}c_u(h_s-1.5d)^3 d - \frac{1}{8}K_p\gamma_s h_s^4 d\right]\Big/(EI)_p$$

$$= \left[\frac{1}{2}\times785.1\times3.65^2 + 2394.5\times3.65\right.$$

$$-\frac{3}{2}\times12.7\times(3.65-1.5\times1.60)^3\times1.60$$

$$\left.-\frac{1}{8}\times2.72\times16.5\times3.65^4\times1.60\right]\Big/(8.654\times10^6)$$

$$= 0.00142\,(\text{rad})$$

基顶总的水平位移 u 由土岩界面处水平位移 u_{AO}、计算露头起始平面处水平位移 u_{BA} 以及土岩界面处桩身截面转角 θ_{AO}、计算露头起始平面处桩身截面转角 θ_{BA} 引起的基顶水平位移（忽略覆盖层土体的约束作用，计算结果偏于安全）：

$$u = u_{AO} + u_{BA} + \theta_{AO}(h_s+h_{cal}) + \theta_{BA}h_{cal}$$

$$= 0.134 + 2.76 + 0.000312\times(3.65+3.05)\times1000 + 0.00142\times3.05\times1000$$

$$= 9.32\,(\text{mm})$$

最终计算得到桩顶水平位移为 9.32mm。

5）不考虑计算露头起始平面与土岩界面间土体作用的基顶水平位移计算。

基顶水平力标准值（上拔和下压工况所对应水平力合力标准值的最大值）：

$$H_{1k} = \max\left(\sqrt{T_{xk}^2+T_{yk}^2},\ \sqrt{N_{xk}^2+N_{yk}^2}\right) = 785.1\,(\text{kN})$$

对应于基顶水平力标准值的土岩界面处水平力与弯矩标准：

$$H_k = H_{1k} = 785.1 (kN)$$

$$M_k = H_{1k}(h_s + h_{cal}) = 785.1 \times (3.65 + 3.05) = 5260.2 \ (kN \cdot m)$$

假设土岩界面以上的基础立柱是在土岩界面为固定端所约束的悬臂梁，则基顶水平力 H_{1k} 对土岩界面处固定端水平位移为：

$$u_{CA} = \frac{1}{3} H_k (h_{si} + e_0)^3 / (EI)_p = \left[\frac{1}{3} \times 785.1 \times (5.50 + 1.20)^3 / (8.654 \times 10^6) \right] \times 1000$$

$$= 9.10 \ (mm)$$

土岩界面处水平力 H_k 和弯矩 M_k 引起的桩身截面水平位移 u_{AO} 与转角 θ_{AO}：

$$u_{AO} = 0.50 \left(\frac{H_k}{G^* d} \right) \left(\frac{E_e}{G^*} \right)^{-\frac{1}{7}} + 1.08 \left(\frac{M_k}{G^* d^2} \right) \left(\frac{E_e}{G^*} \right)^{-\frac{3}{7}}$$

$$= 0.50 \times \left(\frac{785.1}{5.26 \times 10^6 \times 1.60} \right) \times \left(\frac{26.9}{5.26} \right)^{-\frac{1}{7}} + 1.08 \left(\frac{5260.2}{5.26 \times 10^6 \times 1.60^2} \right) \times \left(\frac{26.9}{5.26} \right)^{-\frac{3}{7}} \times 1000$$

$$= 0.25mm$$

$$\theta_{AO} = 1.08 \left(\frac{H_k}{G^* d^2} \right) \left(\frac{E_e}{G^*} \right)^{-\frac{3}{7}} + 6.40 \left(\frac{M_k}{G^* d^3} \right) \left(\frac{E_e}{G^*} \right)^{-\frac{5}{7}}$$

$$= 1.08 \times \left(\frac{785.1}{5.26 \times 10^6 \times 1.60^2} \right) \times \left(\frac{26.9}{5.26} \right)^{-\frac{3}{7}} + 6.40 \left(\frac{5260.2}{5.26 \times 10^6 \times 1.60^3} \right) \times \left(\frac{26.9}{5.26} \right)^{-\frac{5}{7}}$$

$$= 0.000518 \ (rad)$$

基顶总的水平位移 u 是由基顶水平力 H_{1k} 对土岩界面处固定端水平位移 u_{CA}、土岩界面处水平位移 u_{AO} 以及土岩界面处桩身截面转角 θ_{AO} 引起的基顶水平位移，即：

$$u = u_{CA} + u_{AO} + \theta_{AO}(h_s + h_{cal})$$

$$= 9.10 + 0.25 + 0.000518 \times (5.50 + 1.20) \times 1000$$

$$= 12.82 \ (mm)$$

最终计算得到桩顶水平位移为 12.82mm。

（2）上拔稳定性计算。

由于岩体单轴抗压强度 f_{ucs} 值大于桩身混凝土轴心抗压强度标准值 f_{ck}，桩侧计算极限侧阻力系数与极限侧阻力时，取 $f_{ucs} = f_{ck} = 16.7MPa$。

极限侧阻力系数：

$$\xi_s = 0.194(f_{ucs})^{-0.68} = 0.194 \times (16.7)^{-0.68} = 0.0286$$

抗拔极限承载力标准值：

$$T_{uk} = T_{usk} + T_{urk} + G_f = u_1 \sum \xi'_{fi} \xi_{fi} q_{fik} l_i + u_2 \xi'_s \xi_s f_{ucs} h_r + G_f$$

$$= 3.14 \times 1.60 \times 0.8 \times 0.2 \times 30.0 \times 3.65 + 3.14 \times 1.60 \times 0.7 \times 0.0286$$

$$\times 16.7 \times 1000 \times 5.0 + 588.1$$

$$= 88.1 + 8402.7 + 588.1 = 9078.9 \ (kN)$$

取安全系数 $K = 2.5$，则：

$$R_{Ta} = \frac{T_{uk}}{K} = \frac{9078.9}{2.5} = 3631.6 \ (kN) > T_k = 3267.0 \ (kN)$$

因此，上拔稳定性满足要求。

（3）下压稳定性计算。

同上，由于岩体单轴抗压强度 f_{ucs} 值大于桩身混凝土轴心抗压强度标准值 f_{ck}，计算桩端极限端阻力系数与极限端阻力时，取 $f_{ucs} = f_{ck} = 16.7MPa$。

极限端阻力系数：

$$\xi_b = 1.769 \ (f_{ucs})^{-0.79} = 1.769 \times (16.7)^{-0.79} = 0.1913$$

抗压极限承载力标准值：

$$N_{uk} = N_{usk} + N_{urk} + N_{ubk} = u_1 \sum \xi_{fi} q_{fik} l_i + u_2 \xi_s f_{ucs} h_r + \xi_b f_{ucs} A_p$$

$$= 3.14 \times 1.60 \times 0.2 \times 30.0 \times 3.65 + 3.14 \times 1.60 \times 0.0286 \times 16.7 \times 1000 \times 5.0$$

$$+ 0.1913 \times 16.7 \times 1000 \times \frac{1}{4} \times 3.14 \times 1.60^2$$

$$= 110.2 + 11997.8 + 6420.1 = 18528.1 \ (kN)$$

$$R_{Na} = \frac{N_{uk}}{K} = \frac{18528.1}{2.5} = 7411.2 \ (kN) > N_k = 4173.0 \ (kN)$$

因此，下压稳定性满足要求。

（二）承载性能影响因素分析

从上述工程实例设计计算过程看，控制岩石地基斜坡地形嵌岩桩设计的主要指标是基顶水平位移。进一步地，若保持上述工程实例荷载条件、地基覆盖土层和基岩性质基本不变，仅改变塔位地形坡度、覆盖层厚度、基础露头高度、边坡保护范围、桩径以及桩身配筋率，则可分别得到相应因素对基础水平位移的影响规律，如图 1-110 所示。

图 1-110 所示不同因素对岩石地基斜坡地形嵌岩桩基顶水平位移影响规律表明，影响基顶水平位移的最关键因素是塔位覆盖层厚度和基础露头高度。在塔位地形坡度、覆盖层厚度、基础露头高度一定的条件下，桩径对基顶水平位移的影响最为敏感，增加嵌岩桩的桩径，可较好地减小基顶水平位移。同时，适当提高桩身配筋率，将有利于在一定程度上减小基顶水平位移。总体上看，当斜坡地形坡度一定时，基础边坡保护范围对基顶位移的影响并不显著。此外，计算结果也表明，当嵌岩桩基础在基岩中的埋深大于桩身最小嵌岩深度后，继续增加嵌岩段基础埋深，对基顶水平位移几乎没有影响。

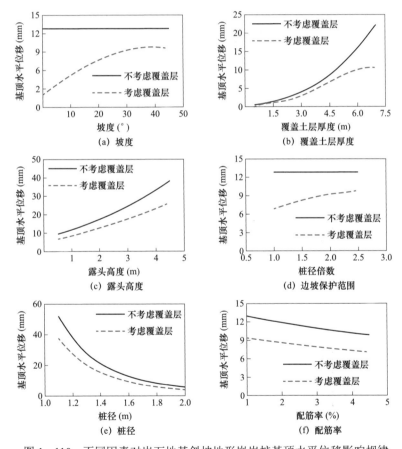

图 1-110　不同因素对岩石地基斜坡地形嵌岩桩基顶水平位移影响规律

第二章

岩 石 锚 杆 基 础

第一节　岩石锚杆基础形式与适用条件

一、岩石单锚基础

岩石锚杆基础是将锚筋置于机械成型的岩石锚孔内，在锚孔内灌注细石混凝土或水泥砂浆或水泥基灌浆液等锚固材料后，与承台/底板等混凝土构件连接而形成的一种以岩体作为抗拔锚固持力层的基础形式。

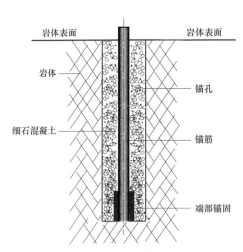

图 2-1　岩石单锚基础结构示意图

如图 2-1 所示，以锚孔内灌注细石混凝土为例，岩石单锚基础是由三种材料（锚筋、细石混凝土、岩体）通过两个界面（锚筋–细石混凝土界面、细石混凝土–锚孔侧壁岩体界面）组成的承载与传载系统。实际架空输电线路基础工程中，岩石锚杆基础均采用多根单锚组成的群锚形式。

岩石锚杆基础施工机械化程度高，劳动强度小，施工安全风险低，可有效减少岩石爆破开挖施工对岩体和植被的破坏，土石方开挖量、基础混凝土量以及施工余土（渣）量少，因而是一种资源节约、环境友好的环保型架空输电线路基础形式。

二、岩石群锚基础

从我国架空输电线路岩石锚杆基础工程应用及其发展沿革看，岩石群锚基础形式可分为直锚式、承台式和柱板式三种，具体需根据基础荷载大小、塔位地基岩体工程性质、地层分布特征等因素综合确定。

（一）直锚式岩石群锚基础

直锚式岩石群锚基础，是我国架空输电线路工程中最为传统的一种岩石锚杆基础形式。图2-2以4根锚筋2×2正方形布置方式为例，给出了直锚式岩石群锚基础结构示意图。直锚式岩石群锚基础的锚筋，一般都兼作地脚螺栓，即锚筋经塔脚板与上部杆塔结构连接。

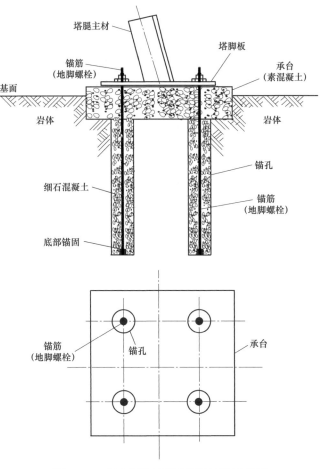

图2-2 直锚式岩石群锚基础结构示意图

直锚式岩石群锚基础主要适用于基础作用力较小，且塔位覆盖层薄（一般小于 0.3m）或者基岩直接裸露的硬质岩地基。直锚式岩石群锚基础承台，一般仅起预防地表岩体风化作用，并不作为基础承载结构，通常采用素混凝土施工。在承台开挖过程中，需确保塔位地基岩体工程性状不被破坏。

（二）承台式岩石群锚基础

承台式岩石群锚基础也是我国架空输电线路工程中一种较为传统的岩石锚杆基础形式。图 2-3 以 4 根锚筋 2×2 正方形布置方式为例，给出了承台式岩石群锚基础结构示意图。该基础承台中的预埋地脚螺栓经塔脚板与上部杆塔结构连接，而承台则嵌入基岩一定深度后与锚筋连接。

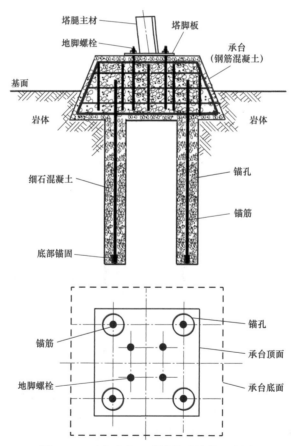

图 2-3　承台式岩石群锚基础结构示意图

承台式岩石群锚基础，一般用于岩石地基覆盖稍厚（0.8～1.0m）且基础作用力稍大的塔位。如图 2-3 所示，基础承台结构同时连接着地脚螺栓和锚筋，其控制受力条件将以拉弯为主。因此，承台结构一般需按照双向受弯构件进行配筋计算，并且满足最小配筋率不小于 0.15%的构造要求。

此外，承台式岩石群锚基础的承台嵌岩深度一般不应小于 250mm，且承台厚度应同时满足地脚螺栓和锚筋的锚固长度要求。

（三）柱板式岩石群锚基础

随着我国特高压输电线路以及其他电压等级同塔多回路输电线路建设的发展，杆塔基础作用力越来越大。图 2-2 和图 2-3 所示的传统岩石锚杆基础形式，一般难以满足工程建设的需要。为此，针对输电线路所经低山丘陵或山区上土下岩二元地层分布地区，因地制宜地在特高压输电线路工程建设中提出了柱板式岩石群锚这一基础形式，并完成了专题理论研究和试验验证，已成功应用于我国多个特高压工程建设。目前，柱板式岩石群锚基础已在特高压等其他各电压等级的输电线路工程中逐步得到推广应用。

图 2-4 以 9 根锚筋 3×3 正方形布置方式为例，给出了柱板式岩石群锚基础结构示意图。该基础在覆盖层中采用钢筋混凝土柱板结构形式，通过立柱中预埋地脚螺栓经塔脚板与上部杆塔结构连接，而底板则嵌入覆盖层下基岩一定深度后与岩体中锚筋连接。

为兼顾安全性和工程经济性，可从覆盖土层厚度、塔腿地形坡度、覆盖层下卧基岩条件、地下水情况四个方面规定柱板式岩石群锚基础的适用条件。

（1）覆盖土层厚度。覆盖土层厚度，一般不宜超过 3m。

（2）塔腿地形坡度。塔腿处地形坡度，一般不宜大于 30°。

（3）覆盖层下卧基岩条件。① 当覆盖层下卧基岩按岩石坚硬程度分类为坚硬岩、较硬岩、较软岩和软岩时可用，极软岩时不宜采用；② 当覆盖层下卧基岩按岩石风化程度分类为未风化、微风化、中等风化和强风化岩时可用，全风化岩时慎用；③ 当覆盖层下卧基岩按岩体完整程度分类为完整、较完整、较破碎和破碎岩时可用，极破碎岩时不用。

（4）地下水情况。钻孔范围内，一般应无地下水。

图 2-4 所示柱板式岩石群锚基础的底板，应有效嵌岩且嵌岩段底板侧面与周围岩体应较好结合。基岩中岩石单锚基础的锚筋，应锚入底板一定深度，且锚筋锚入底板的长度应符合《混凝土结构设计规范》（GB 50010—2010）中关于钢筋的锚固规定。实际工程中，应采用机械锚固或弯钩等措施，确保锚入底板的锚筋与基础底板连接可靠。

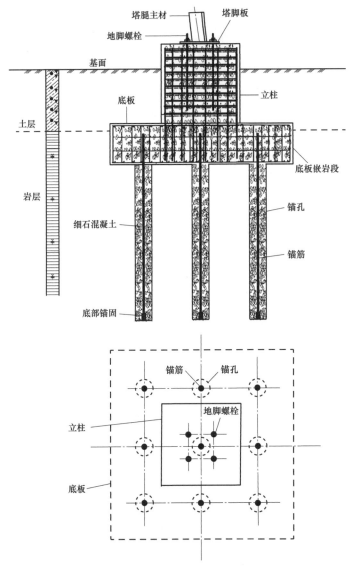

塔腿主材　塔脚板

地脚螺栓

基面

底板　立柱

土层

底板嵌岩段

岩层

细石混凝土　锚孔

锚筋

底部锚固

锚筋　锚孔

地脚螺栓

立柱

底板

图 2-4　柱板式岩石群锚基础结构示意图

第二节　岩石锚杆基础抗拔现场试验

一、试验概况

自 2005 年开始，中国电力科学研究院有限公司岩土工程实验室先后在河北、辽宁、北京、浙江、福建、黑龙江、广东、新疆、山东、安徽、江西、宁夏、湖北、陕西、西藏等15个省（自治区、直辖市）的20个地点32处试验场地，开展了304个岩石单锚基础抗拔试验和87个岩石群锚基础抗拔（含上拔与水平力组合荷载工况）试验，研究了岩石类别及性质、锚筋规格、锚筋直径、锚筋长度、锚筋底部锚固形式、锚筋间距、锚孔内灌注的细石混凝土强度等级、底板（承台）嵌岩深度等对岩石锚杆基础抗拔承载性能的影响规律。

（一）试验基础结构形式

1. 岩石单锚基础

岩石单锚试验基础结构及其尺寸如图2-5所示。所有岩石单锚试验基础锚筋顶端均设置螺纹段，用于抗拔试验加载用穿心千斤顶的连接锚固。为研究锚筋底部锚固方式对岩石单锚基础抗拔承载力的影响规律，将岩石单锚试验基础锚筋底部的锚固结构及形式分为焊接圆钢锚固、涨壳锚头锚固、锚板锚固和尖头无锚固四种，如图2-6所示。

（1）焊接圆钢锚固。图2-6（a）所示的焊接圆钢锚固方式，在我国架空输电线路岩石基础工程中应用最多，也最为常见。如图2-7所示，焊接圆钢锚固一般由3根长度相同（100～200mm，一般宜按大于3倍锚筋直径的长度设计）、直径相同（一般小于或等于锚筋直径）的圆钢沿锚筋周围呈120°均匀布置并双面焊接而成。

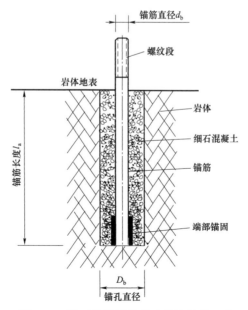

图2-5 岩石单锚试验基础结构及其尺寸

(a) 焊接圆钢锚固

(b) 涨壳锚头锚固

(c) 锚板锚固

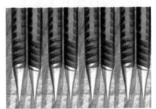

(d) 尖头无锚固

图 2-6　岩石单锚试验基础锚筋底部的锚固结构及形式

图 2-7　岩石单锚基础锚筋底部焊接圆钢锚固形式

（2）涨壳锚头锚固。当岩石单锚基础锚筋底部采用图 2-6（b）所示的涨壳锚头锚固形式时，一般是在锚筋底部开一段螺纹，并通过该段螺纹在锚筋底部预先安装涨壳锚头，将带有涨壳锚头的锚筋插入锚孔。在达到预定埋深后，利用扭矩扳手夹紧并旋转锚筋，通过锚筋旋进使涨壳锚头结构自动张开并锁紧至锚孔周围孔壁，然后向锚孔内灌注细石混凝土，形成岩石单锚基础。底部采用涨壳锚头锚固的岩石单锚基础锚筋及其施工过程如图 2-8 所示。

锚筋采用涨壳锚头锚固时，其锚固作用显著提高，即使锚孔内未灌注细石混凝土，锚筋也能承受较大抗拔力，可有效避免全长黏结式锚筋岩石单锚基础在施工质量得不到保障情况下抗拔承载力不足的安全隐患。

（3）锚板锚固。当使用高强度锚筋材料时，采用焊接圆钢锚固方式的焊接难度大。同时，当锚筋直接作为地脚螺栓使用时，其对锚筋底部锚固性能要求较高。因此，借鉴地脚螺栓底部锚固方式，形成了锚筋底部采用图2-6（c）所示的锚板锚固形式的岩石单锚基础。

图2-8 底部采用涨壳锚头锚固的岩石单锚基础锚筋及其施工过程

（4）尖头无锚固。当锚筋底部采用焊接圆钢、涨壳锚头和锚板锚固形式时，在施工过程中都是将底部带有锚固结构的锚筋插入锚孔至孔底后，向锚孔内灌注细石混凝土。在实际工程中，设计人员有时会担心存在锚孔内细石混凝土灌注不密实的安全隐患，从而提出了图2-6（d）所示的尖头无锚固方式。锚筋底部采用该锚固方式时，其具体施工过程是先在岩石地基中成孔，然后向孔内灌注细石混凝土，自孔底向上灌注细石混凝土至1/3左右锚孔深度后，向锚孔内插入尖头无锚固的锚筋直至孔底，并继续向锚孔内灌注细石混凝土直至单锚基础施工完成。

需要说明的是，采用尖头无锚固形式的岩石单锚基础抗拔试验仅在1个试验场地开展，用于对比不同锚固方式下岩石单锚基础的抗拔承载性能，实际工程中并未有过应用实例。

2. 岩石群锚基础

如前所述，由于岩石单锚基础承载力有限，在实际输电线路基础工程中，岩石锚杆基础均采用群锚形式，且岩石群锚基础可分为直锚式、承台式和柱板式三种形式。

（1）直锚式岩石群锚基础。

为了便于研究岩石群锚抗拔承载性能，试验过程中又将直锚式岩石群锚基础分为直锚式（无承台）和直锚式（带承台）两种形式。

1）直锚式（无承台）。如图2-9所示，直锚式（无承台）群锚试验基础一般由4根锚筋采用2×2正方形布置方式。其中，锚筋长度为l_a，锚孔直径为D_b，锚筋间距为b。

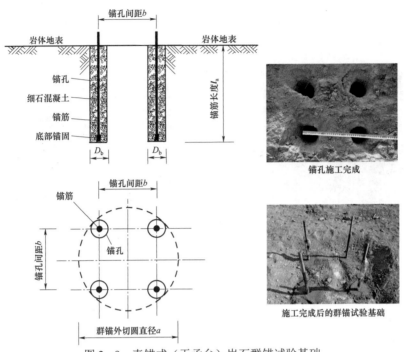

图 2-9 直锚式（无承台）岩石群锚试验基础

2）直锚式（带承台）。如图 2-10 所示，直锚式（带承台）群锚试验基础

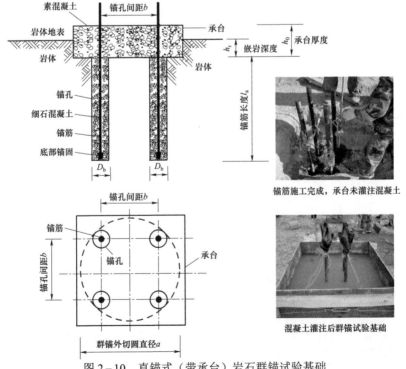

图 2-10 直锚式（带承台）岩石群锚试验基础

锚筋布置方式，与直锚式（无承台）群锚试验基础相同，其不同之处在于直锚式（带承台）岩石群锚需浇筑厚度为 h_0 和嵌岩深度为 h_r 的素混凝土承台。实际输电线路工程中，直锚式岩石群锚基础锚筋，通常兼作基础地脚螺栓。

在抗拔试验过程中，对直锚式（无承台）和直锚式（带承台）两种岩石群锚基础，上拔试验荷载均通过基础锚筋直接施加。

（2）承台式岩石群锚基础。承台式岩石群锚试验基础如图 2-11 所示，一般由 4 根锚筋采用 2×2 正方形布置方式，承台采用钢筋混凝土，其厚度和嵌岩深度分别为 h_0 和 h_r。地脚螺栓锚入承台深度应满足锚固长度要求。抗拔试验荷载一般通过基础承台地脚螺栓施加。

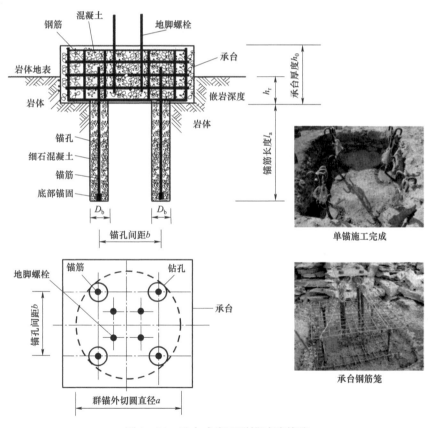

图 2-11　承台式岩石群锚试验基础

（3）柱板式岩石群锚基础。如图 2-12 所示，柱板式岩石群锚试验基础由立柱、底板以及基岩中群锚锚筋三部分组成。柱板结构一般布置在覆盖层中，且底板需嵌入基岩一定深度 h_r。现场试验基岩中岩石锚杆锚筋主要采用 4 根锚筋 2×2 和 9 根锚筋 3×3 正方形布置方式。锚筋锚入底板深度需满足锚固长度要求，且地脚螺栓锚入基础立柱长度应满足锚固要求。抗拔试验荷载通过预埋于基础立柱中的地脚螺栓施加。

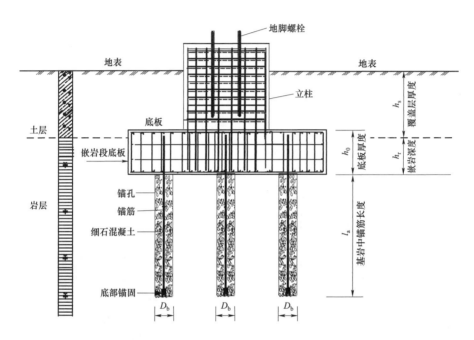

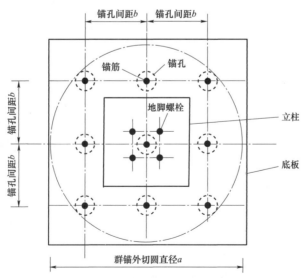

图 2-12 柱板式岩石群锚试验基础

（二）试验加载系统

岩石单锚和群锚基础抗拔试验加载装置主要由反力墩、反力钢梁、连接螺栓和加载千斤顶组成，其原理图如图 2−13 所示。

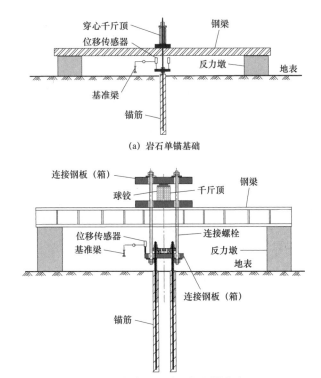

（a）岩石单锚基础

（b）直锚式（无承台）岩石群锚基础

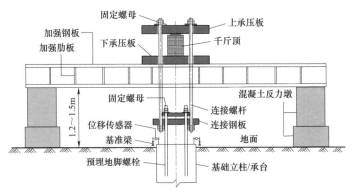

（c）直锚式（带承台）及承台式和柱板式岩石群锚基础

图 2−13　岩石单锚和群锚基础抗拔试验加载装置原理图

为保证试验过程中，抗拔试验基础受力和变形不受反力墩下压影响，反力墩间距一般为10m左右。岩石单锚和群锚基础抗拔现场试验实景，分别如图2-14和图2-15所示。

图2-14 岩石单锚基础抗拔试验现场实景

图2-15 岩石群锚基础抗拔试验现场实景

（三）试验加载方法

所有现场抗拔试验的加载方法，均采用慢速维持荷载法，逐级等量加载。分级荷载一般取最大加载量或预估极限承载力的 1/10，其中第一级荷载值取分级荷载量的 2 倍，以后按照分级荷载逐级等量加载。

（四）现场试验概况汇总

中国电力科学研究院有限公司岩土工程实验室所完成的岩石锚杆基础现场试验概况汇总结果见表 2-1，共在 20 个地点的 32 处试验场地共开展岩石单锚基础抗拔试验 304 个、岩石群锚基础抗拔（含上拔与水平力组合荷载工况）试验 87 个。

表 2-1　　　　　　　　　岩石锚杆基础现场试验概况一览表

序号	试验地点、年代及场地		岩石类别及风化程度	试验基础类型	锚筋规格	锚筋直径（mm）	锚孔直径（mm）	细石混凝土强度等级
1	河北承德（2005）	大罗村	强风化～全风化花岗岩	单锚、群锚	HPB235	52	110	C30
		N224 塔位	强风化花岗岩	单锚、群锚	HPB235	52	110	C30
		N256 塔位	强风化～中风化灰岩	单锚、群锚	HPB235	60	120	C30
		N576 塔位	强风化片麻岩	单锚、群锚	HPB235	60	120	C30
		N619 塔位	中风化花岗岩	单锚、群锚	HPB235	72	150	C30
2	辽宁庄河（2008）	场地 A	全风化～强风化花岗岩	单锚、群锚	HPB235	48	110	C30
					HPB235	60	150	C30
		场地 B	中风化花岗岩	单锚、群锚	HPB235	60	150	C30
3	北京房山（2008）		灰质板岩（Ⅳ级）	单锚、群锚	HPB235	42	110	C30
					HPB235	60	150	C30
4	浙江舟山（2008）		中风化凝灰岩	单锚、群锚	HRB335	36	100	C30
5	福建莆田（2008）		全风化～强风化花岗岩（Ⅴ级）	单锚、群锚	HRB335	36	100	C30
6	黑龙江七台河（2009）	场地 A	强风化砂岩	群锚	HPB235	48	110	C20
		场地 B	强风化～中分化板岩	群锚	HPB235	48	110	C20
7	广东清远（2009）		微风化灰岩	单锚、群锚	45 号优质碳素钢	36	110	C30
				单锚、群锚	HPB235	42	110	C30
8	辽宁抚顺（2011）		中风化砂岩	群锚	35 号优质碳素钢	72	150	C20
9	新疆哈密（2011）	81 号塔位	上部 0～2m 为全风化泥质砂岩，2m 以下为强风化～中风化花岗岩	单锚	HRB335	20	100	C30
		86 号塔位		单锚	HRB335	20	100	C30
		87 号塔位		单锚	HRB335	20	100	C30

续表

序号	试验地点、年代及场地		岩石类别及风化程度	试验基础类型	锚筋规格	锚筋直径（mm）	锚孔直径（mm）	细石混凝土强度等级
10	山东泰安（2013）	场地A	斜长片麻岩（Ⅲ级）	单锚、群锚	35号优质碳素钢、40Cr合金结构钢	36	100	C30
		场地B	斜长片麻岩（Ⅳ级）	单锚、群锚		36	100	C30
11	安徽泾县（2013）		中风化泥晶灰岩	单锚	HRB335	32	120	C25
12	江西九江（2013）	柘林	全风化～强风化页岩	单锚	35号优质碳素钢	45	120	C25
		叶家山	强风化～中风化泥质粉砂岩	单锚	35号优质碳素钢	45	120	C30
13	浙江玉环（2013）		全风化～强风化凝灰岩	单锚、群锚	45号优质碳素钢	40	95	C20
14	宁夏灵武（2014）		长石砂岩（Ⅳ级）	单锚、群锚	HRB400	36	100	C30
15	湖北宜昌（2014）		石灰岩（Ⅲ级）	单锚	HRB400	36	100	C30
16	浙江舟山（2014）		流纹质凝灰岩（Ⅳ级）	单锚、群锚	HRB335、HRB400、HRB500	32	100	C30
17	广东深圳（2014）		全风化～强风化片麻岩（Ⅳ级）	单锚	HRB400	36	130	C30
18	陕西汉中（2015、2016）	勉县（2015）	全风化～强风化花岗岩	单锚	HRB400	36	100	C30
		略阳县（2015）	全风化～强风化千枚岩	单锚	HRB400	36	100	C30
		略阳县（2016）	强风化～中风化千枚岩	单锚、群锚	HRB400、HRB500	36	100	C30
19	北京房山（2016）		强风化～中风化砾质砂岩	单锚、群锚	HRB500	40	110	C30
20	西藏林芝（2016）		强风化～中风化花岗闪长岩	单锚	HRB400	36	100	C30
					HRB500	40	100	C30

二、各场地条件与试验结果

（一）河北承德（2005）

结合浑霸Ⅱ回 500kV 紧凑型线路和潞城—辛安 500kV 线路工程建设，选取

5个试验场地分别开展岩石锚杆基础上拔试验。各试验场地岩石地基概况如下。

1. 大罗村试验点

该场地为花岗岩，呈全风化～强风化状态，如图2-16所示。从开挖试坑侧壁及芯样看，岩体呈花斑杂色、灰黄～褐黄色夹灰白色，岩芯呈土状，裂隙极发育，原岩结构基本破坏，可用风镐开挖。

图2-16　大罗村试验点坑壁和芯样

2. N224塔位试验点

该场地为花岗岩，呈强风化状态，如图2-17所示。从开挖探坑侧壁及芯样看，岩石呈黄白～褐黄色，岩芯为砂砾状和碎块状，岩体被切割成碎块，裂隙发育，原岩结构大部分破坏，可用风镐开挖。

图2-17　N224塔位试验点探坑和芯样

3. N256 塔位试验点

该场地为灰岩，呈强风化～中风化状态，如图 2-18 所示。岩石呈灰白色，裂隙发育，岩体被切割成碎块，原岩结构大部分破坏，岩芯呈碎块状，用风镐难以开挖。

图 2-18　N256 塔位试验点坑壁和芯样

4. N576 塔位试验点

该场地为片麻岩，呈强风化状态，如图 2-19 所示。岩石呈灰褐色，裂隙发育，岩体被切割成碎块状，原岩结构大部分破坏，可用风镐开挖。

图 2-19　N576 塔位试验点坑壁岩体

5. N619 塔位试验点

该场地为花岗岩，呈中风化状态，如图 2-20 所示。岩石呈灰白色，岩体被分割成块状，锤声清脆，不易击碎，原岩结构部分破坏，用风镐很难开挖。

坑壁岩体

图 2-20　N619 塔位试验点坑壁岩体

在上述每个试验地点，分别完成 1 个岩石单锚基础和 1 个如图 2-10 所示的直锚式（带承台）岩石群锚基础抗拔试验。岩石锚杆基础设计参数见表 2-2。

表 2-2　　　　河北承德各试验点岩石锚杆基础设计参数

试验地点	岩石单锚基础			直锚式（带承台）岩石群锚基础				
	锚筋直径 d_b（mm）	锚筋长度 l_a（m）	锚孔直径 D_b（mm）	锚筋		承台		
				布置方式	间距 b（m）	长×宽（mm×mm）	厚度 h_0（mm）	嵌岩深度 h_r（m）
大罗村	52	2.73	110	2×2	0.28	800×800	600	0.5
N224 塔位	52	2.73	110	2×2	0.28	800×800	600	0.5
N256 塔位	60	3.70	120	2×2	0.32	800×800	600	0.5
N576 塔位	60	3.70	120	2×2	0.32	800×800	600	0.5
N619 塔位	72	3.66	150	2×2	0.40	1000×1000	600	0.5

所有试验基础锚筋采用 HPB235 钢筋，锚筋底部采用焊接圆钢锚固，由 3 根长 80mm、直径 22mm 的 HPB235 钢筋沿锚筋周围呈 120° 均匀布置并双面焊接而成。所有锚孔灌注强度等级为 C30 的细石混凝土。河北承德岩石锚杆基础抗拔荷载-位移曲线如图 2-21 所示。

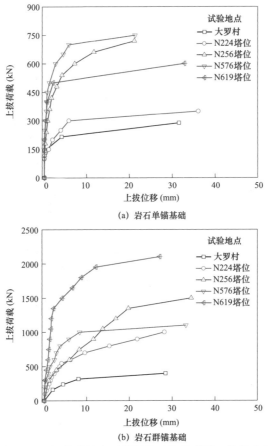

(a) 岩石单锚基础

(b) 岩石群锚基础

图 2-21 河北承德岩石锚杆基础抗拔荷载-位移曲线

（二）辽宁庄河（2008）

依托 500kV 丹东—庄河输电线路工程建设选取 2 个试验点，均位于辽宁省庄河市境内，场地编号分别为 A 和 B，场地概况如图 2-22 所示。试验场地 A

(a) 场地A

(b) 场地B

图 2-22 辽宁庄河试验场地概况

和 B 均为花岗岩，其中场地 A 花岗岩呈全风化~强风化状态，场地 B 花岗岩呈中风化状态。

1. 单锚

岩石单锚基础抗拔试验共 12 个，其中在试验场地 A 进行 8 个试验，在试验场地 B 进行 4 个试验。所有试验基础锚筋均采用 HPB235 钢筋，锚筋直径分 $d_b = 48mm$ 和 $d_b = 60mm$ 两种。岩石单锚基础设计参数见表 2-3。

表 2-3　　　　　　　　辽宁庄河各试验点岩石单锚基础设计参数

试验地点	锚筋直径 d_b（mm）	锚筋长度 l_a（m）	锚孔直径 D_b（mm）	基础数量
A	48	3.5	110	2
	48	4.5	110	2
	60	3.5	150	2
	60	4.5	150	2
B	60	3.5	150	2
	60	4.5	150	2

所有试验基础锚筋底部均采用焊接圆钢锚固，由 3 根长 120mm、直径 22mm 的 HPB235 钢筋沿锚筋周围呈 120° 均匀布置并双面焊接而成。所有锚孔灌注强度等级为 C30 的细石混凝土。辽宁庄河岩石单锚基础抗拔荷载-位移曲线如图 2-23 所示。

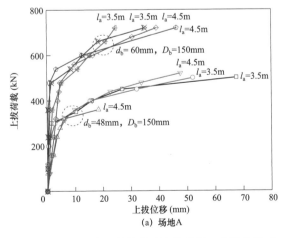

图 2-23　辽宁庄河岩石单锚基础抗拔荷载-位移曲线（一）

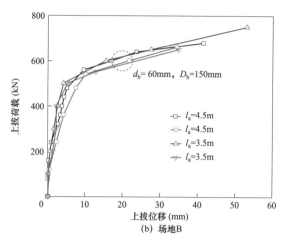

图 2−23 辽宁庄河岩石单锚基础抗拔荷载−位移曲线（二）

2. 群锚

在试验场地 A 和 B 分别设计了 3 个如图 2−10 所示的直锚式（带承台）岩石群锚基础，其中 2 个开展抗拔试验，1 个开展上拔与水平力组合工况试验，相应的基础设计参数见表 2−4。

表 2−4　　辽宁庄河试验点直锚式（带承台）岩石群锚基础设计参数

试验地点	单锚					承台			基础数量
	布置方式	间距 b（m）	直径 d_b（mm）	长度 l_a（m）	锚孔直径 D_b（mm）	长×宽（m×m）	厚度 h_0（m）	嵌岩深度 h_r（m）	
A	2×2	0.48	60	3.0	150	1.0×1.0	0.50	0.50	3
B	2×2	0.48	60	4.0	150	1.0×1.0	0.50	0.50	3

此外，还在试验场地 A 和 B 分别设计了 2 个如图 2−11 所示的承台式岩石群锚基础，其中 1 个开展抗拔试验，1 个开展上拔与水平力组合试验，相应的基础设计参数见表 2−5。

表 2−5　　辽宁庄河试验点承台式岩石群锚基础设计参数

试验地点	单锚					承台			地脚螺栓			基础数量
	布置方式	间距 b（mm）	直径 d_b（mm）	长度 l_a（m）	锚孔直径 D_b（mm）	长×宽（m×m）	厚度 h_0（m）	嵌岩深度 h_r（m）	布置方式	直径（mm）	间距（mm）	锚固深度（m）	
A	2×2	0.90	60	4.0	150	1.2×1.2	1.2	0.7	2×2	72	0.48	1.10	2
B	2×2	0.90	60	3.0	150	1.2×1.2	1.2	0.7	2×2	72	0.48	1.10	2

所有岩石群锚试验基础锚筋均为 HPB235 钢筋，锚筋直径 $d_b = 60mm$。锚筋底部锚固采用 3 根长 120mm、直径 22mm 的 HPB235 钢筋沿锚筋周围呈 120° 均匀布置并双面焊接而成。所有锚孔直径 $D_b = 110mm$，锚孔内灌注强度等级为 C30 细石混凝土。辽宁庄河岩石群锚基础抗拔荷载 – 位移曲线如图 2–24 所示。

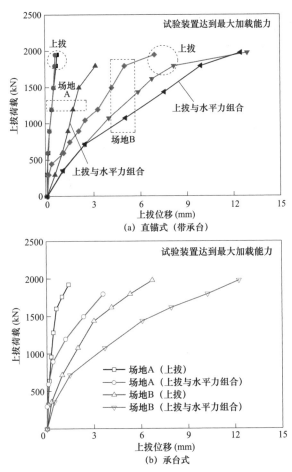

图 2–24　辽宁庄河岩石群锚基础抗拔荷载 – 位移曲线

（三）北京房山（2008）

试验场地位于北京市房山区青龙湖镇某灰质板岩采石场，岩体开挖剖面及芯样如图 2–25 所示。现场实测岩石容重为 $27.2kN/m^3$。根据现场岩石点荷载试验，岩石饱和单轴抗压强度为 109MPa，岩石坚硬程度为坚硬。经现场岩体波速

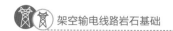

试验与室内岩石波速试验，得到原位岩体弹性波速为 3562m/s，室内岩体弹性波速为 6021m/s，计算得到岩体完整性指数 $K_v = 0.349$，岩体完整程度为破碎。试验场地岩体基本质量等级为Ⅳ级。

图 2-25　北京房山青龙湖试验场地岩体开挖剖面及芯样

1. 单锚

岩石单锚基础抗拔试验共 12 个，基础锚筋均采用 HPB235 钢筋，锚筋直径分 $d_b = 42mm$ 和 $d_b = 60mm$ 两种。

锚筋直径 42mm 的岩石单锚抗拔试验 7 个，对应锚筋长度 l_a 分别为 1.00、1.25、1.50、1.75、2.00、2.25、3.00m，锚孔直径 $D_b = 110mm$。锚筋直径 60mm 的岩石单锚抗拔试验 5 个，对应锚筋长度 l_a 分别为 1.00、1.25、1.50、2.00、2.50m，锚孔直径 $D_b = 150mm$。所有锚筋底部采用焊接圆钢锚固，由 3 根长 150mm、直径 22mm 的 HPB235 钢筋沿锚筋周围呈 120° 均匀布置并双面焊接而成。所有锚孔灌注强度等级为 C30 的细石混凝土。北京房山青龙湖岩石单锚基础抗拔荷载-位移曲线如图 2-26 所示。

2. 群锚

岩石群锚基础抗拔试验共 8 个，均采用如图 2-10 所示的直锚式（带承台）岩石群锚基础，相应设计参数见表 2-6。锚筋均采用 HPB235 钢筋，底部采用与单锚基础锚筋相同的焊接圆钢锚固方式。锚孔内灌注强度等级为 C30 的细石混凝土。北京房山青龙湖岩石群锚基础抗拔荷载-位移曲线如图 2-27 所示。

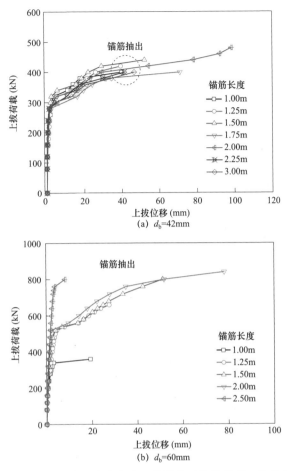

图 2-26 北京房山青龙湖岩石单锚基础抗拔荷载-位移曲线

表 2-6 北京房山青龙湖试验点直锚式（带承台）岩石群锚基础设计参数

序号	单锚					承台			基础数量
	布置方式	间距 b（m）	直径 d_b（mm）	长度 l_a（m）	锚孔直径 D_b（mm）	长×宽（m×m）	厚度 h_0（m）	嵌岩深度 h_r（m）	
1	2×2	0.30	42	1.0	110	0.80×0.80	0.30	0.30	1
2	2×2	0.50	42	1.0	110	1.00×1.00	0.30	0.30	1
3	2×2	0.30	42	1.5	110	0.85×0.85	0.30	0.30	1
4	2×2	0.50	42	1.5	110	1.00×1.00	0.30	0.30	1
5	2×2	0.45	60	1.5	150	1.10×1.10	0.30	0.30	1
6	2×2	0.60	60	1.5	150	1.15×1.15	0.30	0.30	1
7	2×2	0.30	60	2.0	150	1.10×1.10	0.30	0.30	1
8	2×2	0.45	60	2.0	150	1.25×1.25	0.35	0.35	1

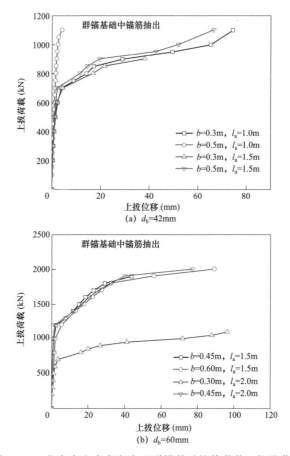

图 2-27　北京房山青龙湖岩石群锚基础抗拔荷载-位移曲线

（四）浙江舟山（2008）

试验场地位于 220kV 浙江舟山联网工程大猫山岛 Z29 塔位附近。试验场地岩体为凝灰岩，中风化状态，呈青灰～灰褐色，裂隙发育，岩芯以 50～70mm 柱状为主，部分柱长 100mm。岩石饱和单轴抗压强度为 125MPa，岩体完整程度为完整，但局部岩石较破碎并含有软弱夹层。图 2-28 所示为试验场地附近岩体断面及钻孔成型情况。

1. 单锚

岩石单锚基础抗拔试验共 6 个。基础锚筋均采用 HRB335 钢筋，锚筋直径 $d_b = 36mm$。所有锚筋底部采用焊接圆钢锚固，由 3 根长 100mm、直径 16mm 的 HPB235 钢筋沿锚筋周围呈 120° 均匀布置并双面焊接而成。锚筋长度 l_a 分为 2、3、4m 三种，每种锚筋长度的单锚试验基础 2 个。所有锚孔直径 $D_b = 100mm$，锚孔内灌注强度等级为 C30 的细石混凝土。浙江舟山联网工程岩石单锚基础抗拔荷载-位移曲线如图 2-29 所示。

图 2-28　浙江舟山联网工程试验点岩体断面及钻孔成型情况

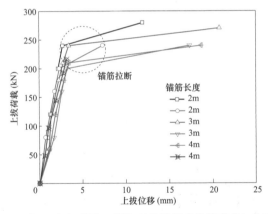

图 2-29　浙江舟山联网工程岩石单锚基础抗拔荷载-位移曲线

2. 群锚

群锚试验基础共 4 个，其中 1 个用于开展上拔试验，3 个用于开展上拔与水平力组合工况试验。试验基础相同，均采用如图 2-10 所示的直锚式（带承台）岩石群锚基础。承台尺寸为 2.0m×1.2m×0.5m（长×宽×厚），嵌岩深度 h_r = 0.3m，承台布置上下两层构造钢筋。群锚基础锚筋为 2 根，沿承台长度方向布置，锚筋间距 b = 1.2m。锚筋均为 HRB335 钢筋，锚筋直径 d_b = 36mm，锚筋长度 l_a = 4m。底部采用与单锚基础锚筋相同的焊接圆钢锚固方式。所有锚孔直径 D_b = 100mm，锚孔内灌注强度等级为 C30 的细石混凝土。浙江舟山联网工程岩石群锚基础抗拔荷载-位移曲线如图 2-30 所示。

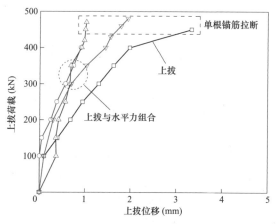

图 2-30　浙江舟山联网工程岩石群锚基础抗拔荷载−位移曲线

（五）福建莆田（2008）

试验场地位于福建莆田 LNG 电厂—莆田变电站 500kV 线路工程大跨越段 18 号塔位 A 腿基坑边缘附近，试验场地概况如图 2-31 所示。塔位 A 腿基坑边缘附近为 2m 覆土层，全部基础试验在覆土层开挖后所暴露出的全风化～强风化花岗岩中完成。场地岩石芯样呈砂土状、褐黄色，主要矿物成分为长石、石英，散体状构造，中粗粒结构，原岩结构清晰，岩石坚硬程度为软，岩体完整程度为破碎。试验场地岩体基本质量等级为 V 级。

图 2-31　福建莆田试验点场地概况

1. 单锚

岩石单锚基础抗拔试验共 6 个。基础锚筋均为 HRB335 钢筋，直径 $d_b =$ 36mm。所有锚筋底部均采用焊接圆钢锚固，由 3 根长 180mm、直径 16mm 的 HPB235 钢筋沿锚筋周围呈 120° 均匀布置并双面焊接而成。锚筋长度 l_a 分为 3、

4、5m 三种，每种锚筋长度的单锚试验基础 2 个。所有锚孔直径 D_b＝100mm，锚孔内灌注强度等级为 C30 的细石混凝土。福建莆田岩石单锚基础抗拔荷载－位移曲线如图 2－32 所示。

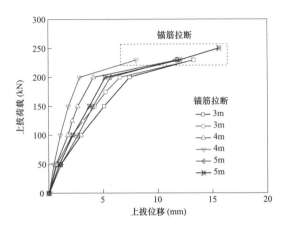

图 2－32　福建莆田岩石单锚基础抗拔荷载－位移曲线

2. 群锚

群锚试验基础共 4 个，其中 1 个用于开展上拔试验，3 个用于开展上拔与水平力组合工况试验。试验基础相同，均采用如图 2－10 所示的直锚式（带承台）岩石群锚基础。群锚基础承台尺寸为 1.75m×0.95m×0.5m（长×宽×厚），嵌岩深度 h_r＝0.3m，承台布置上下两层构造钢筋。群锚基础锚筋为 2 根，沿承台长度方向布置，锚筋间距 b＝0.95m。锚筋均为 HRB335 钢筋，锚筋直径 d_b＝36mm，锚筋长度 l_a＝5m。底部采用与单锚基础锚筋相同的焊接圆钢锚固方式。所有锚孔直径 D_b＝100mm，锚孔内灌注强度等级为 C30 的细石混凝土。福建莆田岩石群锚基础抗拔荷载－位移曲线如图 2－33 所示。

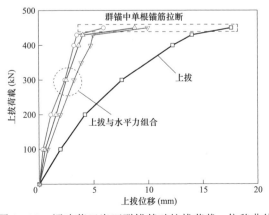

图 2－33　福建莆田岩石群锚基础抗拔荷载－位移曲线

（六）黑龙江七台河（2009）

试验地点位于黑龙江省七台河市，在七（台河）庆（云）方（正）输变电工程建设沿线选择地质条件具有代表性的 2 个试验地点，编号分别为 A 和 B，场地概貌如图 2-34 所示。场地 A 覆盖层为粉土与残积土，厚度 2.3m，覆盖土层下为强风化砂岩。场地 B 覆盖层为砾质黏土，厚度 2.8m，覆盖土层下为强风化～中分化板岩。

(a) 场地A   (b) 场地B

图 2-34　黑龙江七台河岩石锚杆基础试验场地概貌

试验场地 A 和 B 分别完成了 2 个群锚基础抗拔试验，试验基础均为图 2-9 所示直锚式（无承台）岩石群锚基础。群锚基础锚筋均采用 4 根锚筋 2×2 正方形布置方式，锚筋直径 $d_b = 48mm$。锚孔直径 $D_b = 110mm$，锚筋间距 $b = 0.60m$。锚孔施工从地面穿过覆盖土层进入下卧基岩层，岩石群锚基础锚筋在基岩层中的长度分别为 $l_a = 3.3m$ 和 $l_a = 3.0m$，锚筋均采用 HPB235 钢筋。所有锚筋底部采用焊接圆钢锚固方式，由 3 根长 200mm、直径 25mm 的 HPB235 钢筋沿锚筋周围呈 120° 均匀布置并双面焊接而成。覆盖土层内锚孔不灌注混凝土，基岩段锚孔灌注强度等级为 C20 的细石混凝土。黑龙江七台河岩石群锚基础抗拔荷载-位移曲线如图 2-35 所示。

（七）广东清远（2009）

试验地点依托 220kV 朗新—月亮湾输电线路工程选定，位于广东省清远地区，场地概况如图 2-36 所示。试验场地以微风化灰岩为主，呈薄层、块层状结构，层理、节理裂隙发育，局部夹有泥岩、页岩及砂岩等。岩石饱和单轴抗压强度为 48.8MPa，岩石坚硬程度为较硬。软化系数为 0.9，属于不软化岩。

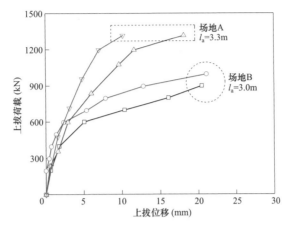

图 2-35 黑龙江七台河岩石群锚基础抗拔荷载-位移曲线

图 2-36 广东清远岩石锚杆基础试验场地概况

1. 单锚

岩石单锚基础抗拔试验共 15 个，其中试验基础锚筋分 HPB235 钢筋和 45 号优质碳素钢两种。

当锚筋采用 HPB235 钢筋时，锚筋直径 $d_b = 42mm$，锚筋长度 l_a 分为 2.5、3.0、3.5m 三种，每种锚筋长度的单锚试验基础 3 个。当锚筋采用 45 号优质碳素钢时，锚筋直径 $d_b = 36mm$，锚筋长度 l_a 分为 1.5、2.0m 两种，每种锚筋长度的单锚试验基础 3 个。所有锚筋底部采用焊接圆钢锚固，由 3 根长 200mm、直径 22mm 的 HPB235 钢筋沿锚筋周围呈 120° 均匀布置并双面焊接而成。所有锚孔直径 $D_b = 110mm$，锚孔内灌注强度等级为 C30 的细石混凝土。广东清远岩石单锚抗拔荷载-位移曲线如图 2-37 所示。

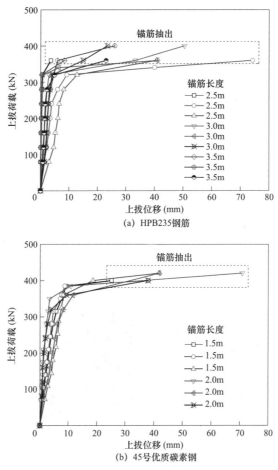

图 2-37　广东清远岩石单锚基础抗拔荷载—位移曲线

2. 群锚

岩石群锚试验基础共 8 个，其中如图 2-10 所示的直锚式（带承台）岩石群锚基础 4 个，如图 2-11 所示的承台式岩石群锚基础 4 个。基础锚筋均采用 45 号优质碳素钢，相应基础设计参数分别见表 2-7 和表 2-8。

表 2-7　　广东清远试验点直锚式（带承台）岩石群锚基础设计参数

序号	单锚					承台			基础数量
	布置方式	间距 b（mm）	直径 d_b（mm）	长度 l_a（m）	锚孔直径 D_b（mm）	长×宽（m×m）	厚度 h_0（m）	嵌岩深度 h_r（m）	
1	2×2	0.24	36	2.0	110	0.8×0.8	0.40	0.30	2
2	2×2	0.24	36	3.0	110	0.8×0.8	0.40	0.30	2

表2-8　　　　　　　广东清远试验点承台式岩石群锚基础设计参数

序号	单锚					承台			地脚螺栓				基础数量
	布置方式	间距 b (mm)	直径 d_b (mm)	长度 l_a (m)	锚孔直径 D_b (mm)	长×宽 (m×m)	厚度 h_0 (m)	嵌岩深度 h_r (m)	布置方式	直径 (mm)	间距 (mm)	锚固深度 (m)	
1	2×2	0.84	42	2.0	110	1.2×1.2	1.0	0.5	2×2	60	0.24	0.87	2
2	2×2	0.84	42	3.0	110	1.2×1.2	1.0	0.5	2×2	60	0.24	0.87	2

　　群锚基础锚筋底部的锚固方式与岩石单锚基础锚筋相同，均采用焊接圆钢锚固形式。所有锚孔直径 $D_b = 110$ mm，锚孔内灌注强度等级为 C30 的细石混凝土。广东清远岩石群锚基础抗拔荷载-位移曲线如图2-38所示。

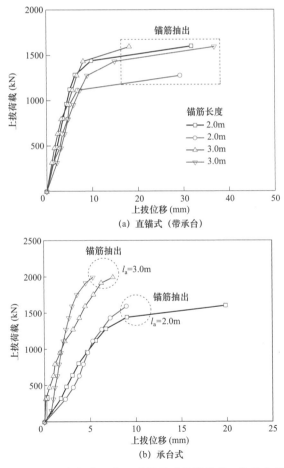

图2-38　广东清远岩石群锚基础抗拔荷载-位移曲线

（八）辽宁抚顺（2011）

试验场地位于辽宁500kV抚顺变电站—程家变电站新建输电线路工程附近。地表覆盖土层厚度为1.5m，主要为杂填土及碎石土，1.5m以下为中风化砂岩。

在该场地完成了1个如图2−10所示直锚式（带承台）岩石群锚基础抗拔试验，承台布置在覆盖土层中，不嵌岩，基础设计参数见表2−9。岩石群锚基础的锚筋采用35号优质碳素钢，锚筋直径$d_b=72$mm，锚筋长度$l_a=4.08$m。锚筋底部采用焊接圆钢锚固，由3根长200mm、直径25mm的HPB235钢筋沿锚筋周围呈120°均匀布置并双面焊接而成。所有锚孔直径$D_b=150$mm，锚孔内灌注强度等级为C20的细石混凝土。施加荷载达到试验设备最大加载能力后，试验停止，岩石群锚试验基础及其周围岩石地基均未发生破坏。辽宁抚顺岩石群锚基础抗拔荷载−位移曲线如图2−39所示。

表2−9　　辽宁抚顺试验点直锚式（带承台）岩石群锚基础设计参数

序号	单锚					承台			基础数量
	布置方式	间距 b（mm）	直径 d_b（mm）	长度 l_a（m）	锚孔直径 D_b（mm）	长×宽（m×m）	厚度 h_0（m）	嵌岩深度 h_r（m）	
1	2×2	0.60	72	4.08	150	1.2×1.2	1.5	0	1

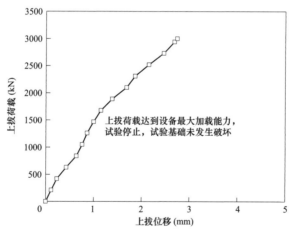

图2−39　辽宁抚顺岩石群锚基础抗拔荷载−位移曲线

（九）新疆哈密（2011）

沿220kV东南开关站—黑山梁牵引站Ⅰ回输电线路，分别在81号、86号和

87 号塔位附近开展岩石单锚基础抗拔试验。各试验点场地岩石地基性质基本相同，上部 0～2m 为全风化泥质砂岩，2m 以下为强风化～中风化花岗岩，厚度大于 4m。地表岩体呈黑灰色、灰白色，可用风镐开挖，手掰易断。

在每个塔位试验点完成 2 个岩石单锚基础抗拔试验。试验场地概貌及施工后岩石单锚基础如图 2－40 所示。所有试验基础锚筋均为 HRB335 钢筋，锚筋直径 d_b＝20mm。锚筋底部采用焊接圆钢锚固，由 3 根长 150mm、直径 16mm 的 HPB235 钢筋沿锚筋周围呈 120° 均匀布置并双面焊接而成。81 号塔位岩石单锚试验基础锚筋长度 l_a＝2.2m，86 号和 87 号塔位岩石单锚试验基础锚筋均为 l_a＝1.8m。所有锚孔直径 D_b＝100mm，锚孔内灌注强度等级为 C30 的细石混凝土。新疆哈密岩石单锚基础抗拔荷载－位移曲线如图 2－41 所示。

图 2－40　新疆哈密试验场地概貌及施工后的岩石单锚基础

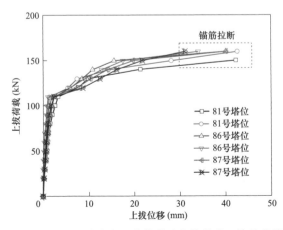

图 2－41　新疆哈密岩石单锚基础抗拔荷载－位移曲线

（十）山东泰安（2013）

山东泰山 35kV 中天门线路工程全线位于山东省泰安市境内泰山南麓，是泰山景区供电线路，为中低山和剥蚀丘陵地貌。现场试验沿线路选择了两个场地，编号分别为 A 和 B，场地概貌如图 2-42 所示。

(a) 场地A　　　　　　　　　　　　(b) 场地B

图 2-42　山东泰安岩石锚杆基础试验场地概貌

场地 A 为斜长片麻岩，呈微风化状态，基岩直接出露，岩石饱和单轴抗压强度为 151MPa，岩石坚硬程度为坚硬，岩石完整性指数 $K_v = 0.52$，岩体完整程度为较破碎，岩体基本质量等级为Ⅲ级。场地 B 浅部（0～1m）为强风化黑云石英闪长岩，岩石饱和单轴抗压强度为 26.1MPa，岩石坚硬程度为较软，岩石完整性指数 $K_v = 0.25$，岩体完整程度为破碎，岩体基本质量等级为Ⅴ级；浅部以下为细粒黑云角闪斜长片麻岩，岩石饱和单轴抗压强度为 109MPa，岩石坚硬程度为坚硬，岩石完整性指数 $K_v = 0.34$，岩体完整程度为破碎，岩体基本质量等级为Ⅳ级。

1. 单锚

在试验场地 A 和 B 各开展 12 个岩石单锚基础抗拔试验，锚筋分为 35 号优质碳素钢和 40Cr 合金结构钢两种。锚筋直径均为 $d_b = 36mm$。锚筋长度 l_a 分为 2、3、4m 三种，每种锚筋长度的单锚试验基础 2 个。所有锚筋底部均采用焊接圆钢锚固，由 3 根长 100mm、直径 20mm 的 HPB235 钢筋沿锚筋周围呈 120°均匀布置并双面焊接而成。所有锚孔直径 $D_b = 100mm$，锚孔内灌注强度等级为 C30 的细石混凝土。山东泰安岩石单锚基础抗拔荷载-位移曲线如图 2-43 所示。

需要说明的是，岩石锚杆试验基础施工时正值泰安雨季，当地持续降雨量很大，试验场地正好处于山脚下的排水通道区，地面积水严重，地下水位偏高，混凝土灌注时部分岩石锚孔内的积水始终抽不干净，导致所灌注的混凝土中部分水泥浆被水冲走，影响锚孔内混凝土的灌注质量，从而导致个别岩石单锚基础极限抗拔承载力严重偏低。

2. 群锚

在试验场地 A 和 B 各开展 4 个如图 2-9 所示的直锚式（无承台）岩石群锚基础抗拔试验，采用 4 根锚筋 2×2 正方形布置方式。锚筋材质分 35 号优质碳素钢和 40Cr 合金结构钢两种，锚筋直径均为 $d_b = 36mm$，锚筋长度均为 $l_a = 3m$。群锚基础锚筋底部的锚固方式与岩石单锚基础锚筋相同，均采用焊接圆钢锚固形式。锚孔间距分 $b = 0.20m$ 和 $b = 0.28m$ 两种。锚孔直径均为 $D_b = 100mm$，所有锚孔内灌注强度等级为 C30 的细石混凝土。山东泰安岩石群锚基础抗拔荷载-位移曲线如图 2-44 所示。

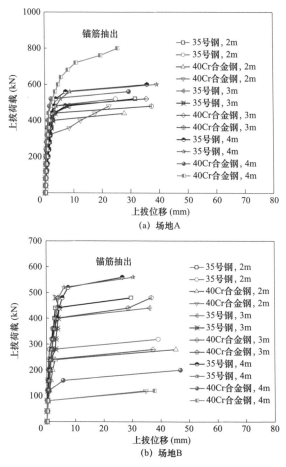

图 2-43　山东泰安岩石单锚基础抗拔荷载-位移曲线

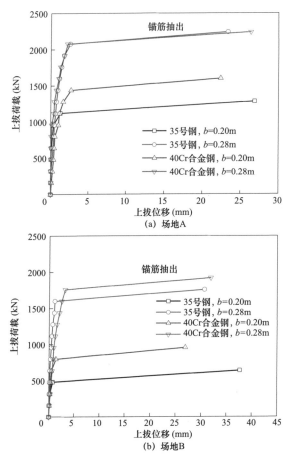

图 2-44　山东泰安岩石群锚基础抗拔荷载-位移曲线

（十一）安徽泾县（2013）

试验工作依托 220kV 琴溪—梓山线路工程建设开展，试验场地位于安徽省宣城市泾县石山埠 205 国道附近，为皖南山区的低山地貌单元，地势平缓，植被茂盛，如图 2-45 所示。试验场地覆盖土层为粉质黏土，厚度 3.5～4.7m。覆盖土层以下为泥晶灰岩，呈中风化状态，岩石饱和单轴抗压强度为 45.8MPa。

该场地共完成 12 个岩石单锚基础抗拔试验。基础锚筋均采用 HRB335 钢筋，锚筋直径 d_b = 32mm，每种锚筋长度的单锚试验基础 4 个，其中 2 个锚筋底部未采取任何锚固措施，2 个锚筋底部采用焊接圆钢锚固，由 3 根长 100mm、直径 32mm 的 HPB235 钢筋沿锚筋周围呈 120° 均匀布置并双面焊接而成。所有锚孔直径 D_b = 120mm，锚孔从地面开钻，锚孔深度分别为 5.5、6.5、7.5m，对应钢

图 2-45 安徽泾县岩石锚杆试验场地概貌

筋总长度分别为 5.5、6.5、7.5m，其中自地表向下 0～5.0m 覆盖土层内锚孔不灌注混凝土，由此对应岩体锚孔内锚筋长度 l_a 分别为 0.5、1.5、2.5m 三种。基岩段锚孔内灌注强度等级为 C25 的细石混凝土。安徽泾县岩石单锚基础抗拔荷载－位移曲线如图 2-46 所示，其中虚线对应锚筋未采取锚固措施的岩石单锚试验基础。

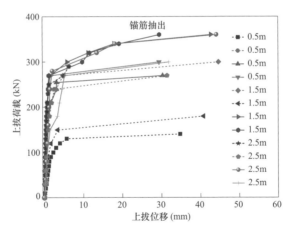

图 2-46 安徽泾县岩石单锚基础抗拔荷载－位移曲线

（十二）江西九江（2013）

江西九江岩石锚杆基础试验场地共 2 个，分别位于江西省 220kV 柘林水电站—叶家山输电线路的柘林水电站和叶家山附近。

1. 柘林水电站试验点

试验场地概貌如图 2-47 所示。上部 0～2.0m 为粉质黏土覆盖层，呈褐红色，可塑，混有 10% 左右碎石。2.0～3.0m 内为全风化页岩，呈棕黄色，质软，极破碎。3.0m 以下为强风化页岩，呈棕黄色，破碎，岩石饱和单轴抗压强度为 4.0MPa。

图 2-47　江西九江柘林水电站岩石锚杆基础试验场地概貌

柘林水电站试验点共开展 3 个岩石单锚基础抗拔试验。基础锚筋均为 45 号优质碳素钢，锚筋直径 $d_b = 45mm$，锚孔直径 $D_b = 120mm$。岩石单锚试验基础锚孔均从地面开钻，锚孔深度为 7.0m，锚筋总长度为 7.0m，其中自地表向下 0～4.0m 覆盖土层内锚孔不灌注混凝土，仅在 4.0～7.0m 段的强风化页岩锚孔内灌注强度等级为 C25 的细石混凝土，由此对应锚筋长度为 $l_a = 3.0m$。所有锚筋底部均采用焊接圆钢锚固，由 3 根长 200mm、直径 25mm 的 HPB235 钢筋沿锚筋周围呈 120° 均匀布置并双面焊接而成。江西九江柘林水电站试验点岩石单锚基础抗拔荷载-位移曲线如图 2-48 所示。

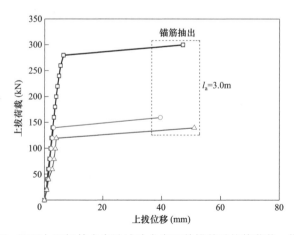

图 2-48　江西九江柘林水电站试验点岩石单锚基础抗拔荷载-位移曲线

2. 叶家山试验点

该试验场地概貌如图 2-49 所示，共开展了 3 个岩石单锚基础抗拔试验。由于场地粉质黏土覆盖层厚度较大且不均匀，3 个岩石锚杆基础所对应覆盖层厚度分别为 4、5、6m。覆盖层以下基岩为泥质粉砂岩，强风化～中风化状态，呈褐红色，粉砂质结构，泥质胶结，块状构造，裂隙发育，岩芯呈破碎状，少量短柱状。强风化泥质粉砂岩和中风化泥质粉砂岩的饱和单轴抗压强度分别为 3.50MPa 和 5.30MPa。

图 2-49　江西九江叶家山岩石锚杆基础试验场地概貌

叶家山试验点的 3 个岩石单锚基础锚筋均为 45 号优质碳素钢，锚筋直径 d_b = 45mm，锚孔直径 D_b = 120mm。岩石单锚试验基础的锚孔均从地面开钻，对应覆盖土层厚度分别为 4、5、6m，相应的岩石单锚基础锚孔深度分别为 7、8、9m，由此对应基岩锚孔内锚筋长度均为 l_a = 3.0m。覆盖土层锚孔内不灌注混凝土，仅在强风化～中风化基岩段锚孔内灌注强度等级为 C25 的细石混凝土。所有锚筋底部均采用焊接圆钢锚固，由 3 根长 200mm、直径 25mm 的 HPB235 钢筋沿锚筋周围呈 120° 均匀布置并双面焊接而成。江西九江叶家山试验点岩石单锚基础抗拔荷载－位移曲线如图 2-50 所示。

（十三）浙江玉环（2013）

试验场地位于浙江省台州市玉环县玉环变电站—乐清变电站 500kV 双回输电线路工程的乐清湾大跨越 10 号塔位附近，场地概貌如图 2-51 所示。自地表向下 0～3.0m 内为全风化凝灰岩，呈灰黄色和灰紫色，手捏即碎，岩石结构可辨。地表 3.0m 以下为强风化凝灰岩，呈灰黄色和灰紫色，节理裂隙很发育，岩体破碎成小块状，风化严重，局部破碎带夹泥层，厚度大于 10m。强风化凝灰岩的饱和单轴抗压强度为 127～179MPa，岩石坚硬程度为坚硬。

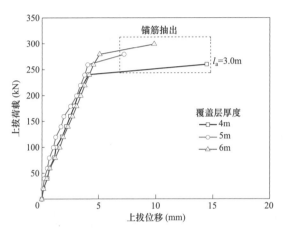

图 2-50 江西九江叶家山试验点岩石单锚基础抗拔荷载-位移曲线

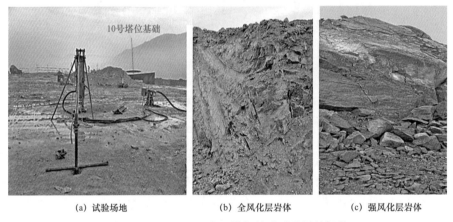

(a) 试验场地　　　　　　(b) 全风化层岩体　　　　　(c) 强风化层岩体

图 2-51 浙江玉环岩石锚杆基础试验场地概貌

1. 单锚

该试验场地共开展了 13 个岩石单锚基础抗拔试验。锚筋材质均为 45 号优质碳素钢，锚筋直径 $d_b=40mm$。基础锚筋底部采用焊接圆钢锚固和涨壳锚头锚固两种方式。

当锚筋底部采用焊接圆钢锚固时，锚筋长度 l_a 分为 1、2、3m 三种，每根锚筋底部均由 3 根长 100mm、直径 10mm 的 HPB235 钢筋沿锚筋周围呈 120° 均匀布置并双面焊接而成，每种锚筋长度的岩石单锚试验基础 3 个。当锚筋底部采用涨壳锚头锚固时，锚筋长度 l_a 分为 1m 和 2m 两种，每种锚筋长度的单锚试验基础 2 个。所有基础锚孔直径 $D_b = 95\text{mm}$，锚孔内灌注强度等级为 C20 的细石混凝土。浙江玉环乐清湾大跨越塔位岩石单锚基础抗拔荷载－位移曲线如图 2－52 所示。

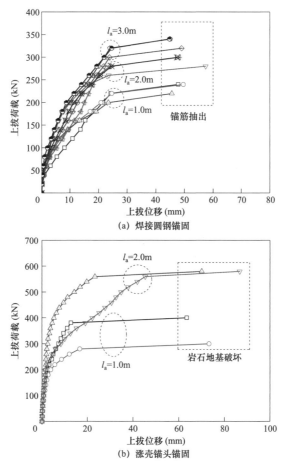

图 2－52　浙江玉环乐清湾大跨越塔位岩石单锚基础抗拔荷载－位移曲线

2. 群锚

该试验场地共开展 6 个如图 2－10 所示的直锚式（带承台）岩石群锚基础抗拔试验，相应设计参数见表 2－10。岩石群锚基础锚筋均为 45 号优质碳素钢，锚筋直径 $d_b = 40\text{mm}$，底部锚筋采用与岩石单锚基础锚筋相同的焊接圆钢锚固方式。所有锚孔直径 $D_b = 95\text{mm}$，锚孔内灌注强度等级为 C20 的细石混凝土，承台混凝土强度等级为 C25。浙江玉环乐清湾大跨越塔位岩石群锚基础抗拔荷载－位移曲线如图 2－53 所示。

表 2–10　　　　　浙江玉环乐清湾大跨越塔位岩石群锚基础设计参数

序号	锚筋					承台			基础数量
	布置方式	间距 b（m）	直径 d_b（mm）	长度 l_a（m）	锚孔直径 D_b（mm）	长×宽 （m×m）	厚度 h_0（m）	嵌岩深度 h_r（m）	
1	2×2	0.3	40	2.0	95	0.6×0.6	0.2	0.2	1
2	2×2	0.6	40	2.0	95	0.9×0.9	0.2	0.2	1
3	2×2	0.9	40	2.0	95	2.2×2.2	0.2	0.2	1
4	2×2	0.3	40	3.0	95	0.6×0.6	0.2	0.2	1
5	2×2	0.6	40	3.0	95	0.9×0.9	0.2	0.2	1
6	2×2	0.9	40	3.0	95	2.2×2.2	0.2	0.2	1

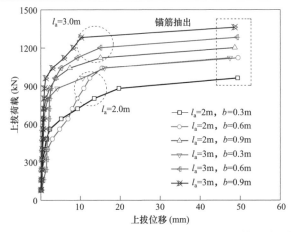

图 2–53　浙江玉环乐清湾大跨越塔位岩石群锚基础抗拔荷载–位移曲线

（十四）宁夏灵武（2014）

试验场地位于灵州—绍兴±800kV 特高压直流输电工程宁东换流站附近，场地概貌如图 2–54 所示，场地平缓，呈连绵矮丘、土丘、沙丘状。地表沙化严

图 2–54　宁夏灵武岩石锚杆基础试验场地概貌

重，覆盖层为 0.5～2.5m 粉细砂，呈浅黄色，稍湿，松散，主要矿物成分为石英、长石，局部偶含粉土。地表覆盖层以下为粗中粒岩屑长石砂岩，厚度大于 10m。根据岩石点荷载强度试验，岩石饱和单轴抗压强度为 46.8MPa，岩石坚硬程度为较硬。岩体压缩波速与岩块压缩波速分别为 1495km/s 和 3672km/s，计算得到岩体完整性指数 $K_v = 0.17$，岩体完整程度为破碎。场地岩体基本质量等级为Ⅳ级。

1. 单锚

该试验场地共开展岩石单锚基础抗拔试验 17 个。基础锚筋均为 HRB400 钢筋，锚筋直径 $d_b = 36mm$。锚筋底部采用焊接圆钢锚固和涨壳锚头锚固两种方式。

当锚筋底部采用焊接圆钢锚固时，锚筋底部由 3 根长 150mm、直径 22mm 的 HPB235 钢筋沿锚筋周围呈 120° 均匀布置并双面焊接而成。锚筋长度为 0.5、2.0、2.5m 的岩石单锚试验基础各 2 个，锚筋长度为 3.0、4.5、6.0m 的岩石单锚试验基础各 3 个，共计 15 岩石单锚试验基础。当锚筋底部采用涨壳锚头锚固时，锚筋长度分为 $l_a = 0.5m$ 和 $l_a = 1.0m$ 两种，每种锚筋长度的岩石单锚试验基础 1 个。所有单锚试验基础锚筋均布置在覆盖层开挖后的基坑内，锚孔直径 $D_b = 100mm$，锚孔内灌注强度等级为 C30 的细石混凝土。宁夏灵武岩石单锚基础抗拔荷载－位移曲线如图 2－55 所示。

2. 群锚

该试验场地岩石群锚试验基础结构形式如图 2－12 所示，为柱板式岩石群锚基础。如图 2－56 所示的 2×2 柱板式岩石群锚试验基础 3 个，均为抗拔承载力试验。如图 2－57 所示的 3×3（8 根锚筋布置）柱板式岩石群锚试验基础 3 个，均为上拔与水平力组合工况试验。

如图 2－56 所示，2×2 柱板式岩石群锚基础锚筋间距 $b = 0.6m$，通过 3 个不同锚筋长度和嵌岩深度组合下的岩石群锚基础抗拔试验，得到锚筋长度、嵌岩深度对其抗拔承载力的影响规律。如图 2－57 所示，3×3（8 根锚筋布置）柱板式岩石群锚基础锚筋间距 $b = 0.5m$，通过 3 个不同锚筋长度和嵌岩深度组合下的岩石群锚基础上拔与水平力组合工况试验，得到组合荷载作用下锚筋长度及嵌岩深度对抗拔和水平承载性能的影响规律。

所有岩石群锚基础锚筋均为 HRB400 钢筋，锚筋直径 $d_b = 36mm$，锚筋底部均采用焊接圆钢锚固，由 3 根长 150mm、直径 22mm 的 HPB235 钢筋沿锚筋周围呈 120° 均匀布置并双面焊接而成。所有锚孔直径 $D_b = 100mm$，锚孔内灌注强度等级为 C30 的细石混凝土。宁夏灵武试验点 2×2 柱板式岩石群锚基础抗拔荷载－位移曲线以及 3×3（8 根锚筋布置）柱板式岩石群锚基础上拔与水平力组合工况荷载－位移曲线分别如图 2－58 和图 2－59 所示。

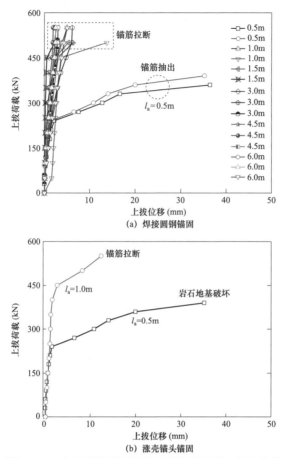

(a) 焊接圆钢锚固

(b) 涨壳锚头锚固

图 2-55 宁夏灵武岩石单锚基础抗拔荷载-位移曲线

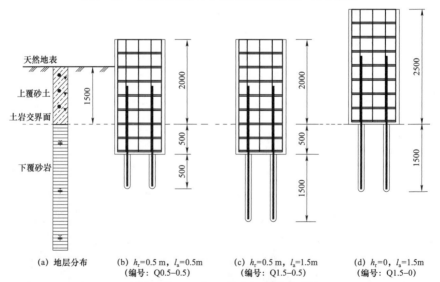

(a) 地层分布　　(b) h_r=0.5 m，l_a=0.5m　　(c) h_r=0.5 m，l_a=1.5m　　(d) h_r=0，l_a=1.5m
　　　　　　　　（编号：Q0.5-0.5）　　　（编号：Q1.5-0.5）　　　（编号：Q1.5-0）

图 2-56 宁夏灵武 2×2 柱板式岩石群锚试验基础（一）

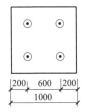

（e）基础承台和立柱尺寸

图 2-56 宁夏灵武 2×2 柱板式岩石群锚试验基础（二）

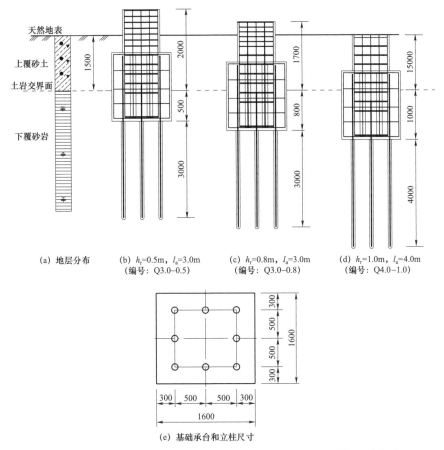

（a）地层分布   （b）h_t=0.5m，l_a=3.0m   （c）h_t=0.8m，l_a=3.0m   （d）h_t=1.0m，l_a=4.0m
              （编号：Q3.0-0.5）   （编号：Q3.0-0.8）   （编号：Q4.0-1.0）

（e）基础承台和立柱尺寸

图 2-57 宁夏灵武 3×3（8 根锚筋布置）柱板式岩石群锚试验基础

（十五）湖北宜昌（2014）

试验场地依托原拟规划建设的雅安—武汉 1000kV 特高压输电线路而选定，位于湖北省宜昌市夷陵区南津关村，场地概况如图 2-60 所示。试验场地岩体为石灰岩，岩石饱和单轴抗压强度为 62.0MPa，岩石坚硬程度为较硬。岩体压缩波

速与岩块压缩波速分别为 3253km/s 和 4451km/s，计算得到岩体完整性指数 $K_v = 0.53$，岩体完整程度属于较破碎。场地岩体基本质量等级为 Ⅲ 级。

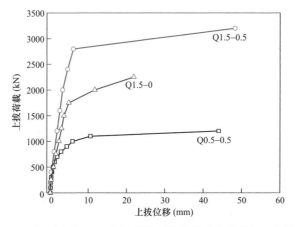

图 2-58 宁夏灵武 2×2 柱板式岩石群锚基础抗拔荷载-位移曲线

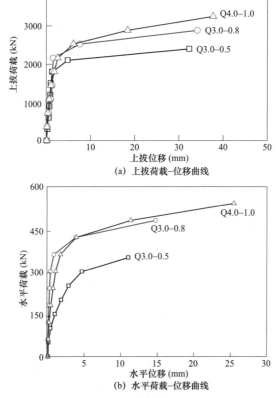

图 2-59 宁夏灵武 3×3（8 根锚筋布置）柱板式岩石群锚基础上拔与
水平力组合工况荷载-位移曲线

(a) 试验场地概貌

(b) 现场波速测试

(c) 抗拔试验现场

图 2-60　湖北宜昌岩石锚杆基础试验场地概况

岩石单锚基础抗拔试验共 18 个，锚筋长度 l_a 分为 1.0、2.0、3.0、4.0、5.0、6.0m 六种，每种锚筋长度的单锚试验基础 3 个。锚筋均为 HRB400 钢筋，锚筋直径 d_b=36mm。锚筋底部采用焊接圆钢锚固，由 3 根长 150mm、直径 25mm 的 HPB235 钢筋沿锚筋周围呈 120°均匀布置并双面焊接而成。所有锚孔直径 D_b=100mm，锚孔内灌注强度等级为 C30 的细石混凝土。湖北宜昌岩石单锚基础抗拔荷载–位移曲线如图 2-61 所示。

（十六）浙江舟山（2014）

试验场地位于浙江省六横电厂—春晓 500kV 线路工程舟山大跨越塔位基础附近，地基岩体为流纹质凝灰岩，场地概貌如图 2-62 所示。通过室内岩石试验，实测得到岩石饱和单轴抗压强度为 66.8MPa。根据现场点荷载试验，岩石单轴饱和抗压强度为 65.5MPa。场地岩石坚硬程度为坚硬。根据岩体压缩波速与岩块压缩波速实测结果，得到岩体完整性指数 K_v=0.17，岩体完整程度为破碎。场地岩体基本质量等级为Ⅳ级。

1. 单锚

开展了 6 个岩石单锚基础抗拔试验，用于验证大跨越杆塔基础工程设计。锚筋长度 l_a=4m，锚筋直径 d_b=32mm，锚筋分为 HRB335 钢筋和 HRB400 钢筋两种，每种锚筋规格的岩石单锚基础 3 个。锚筋底部均采用焊接圆钢锚固，由 3 根长 100mm、直径 10mm 的 HPB235 钢筋沿锚筋周围呈 120°均匀布置并双面焊接而

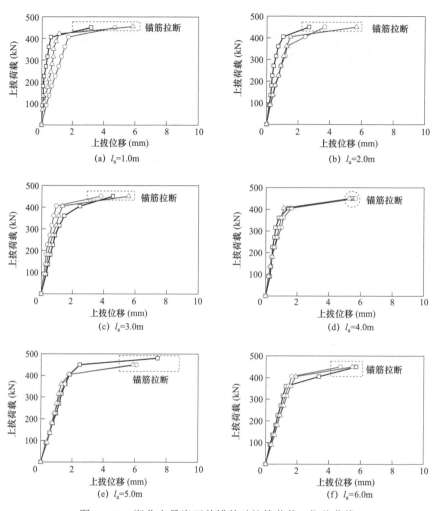

图 2-61　湖北宜昌岩石单锚基础抗拔荷载－位移曲线

图 2-62　浙江舟山大跨越工程岩石锚杆基础试验场地概貌

成。锚孔直径 $D_b = 100mm$，锚孔内灌注强度等级为 C30 的细石混凝土。浙江舟山大跨越工程岩石单锚基础抗拔验证性试验荷载 – 位移曲线如图 2–63 所示。

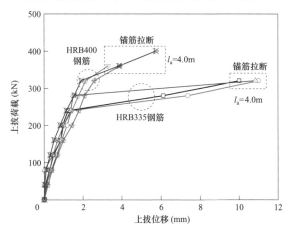

图 2–63　浙江舟山大跨越工程岩石单锚基础抗拔验证性试验荷载 – 位移曲线

另外，开展了锚筋底部采用不同锚固形式的岩石单锚基础抗拔研究性试验。锚筋底部锚固形式分焊接圆钢锚固、涨壳锚头锚固和尖头无锚固三种。

（1）焊接圆钢锚固。锚筋底部采用焊接圆钢锚固的岩石单锚基础抗拔试验 14 个。试验基础锚筋均为 HRB500 钢筋，锚筋直径 $d_b = 32mm$，锚筋长度 l_a 分为 1.5、2.5、3.0、3.5、4.0、4.5、5.0m 七种，每种锚筋长度的岩石单锚基础 2 个。所有锚筋底部采用焊接圆钢锚固，由 3 根长 100mm、直径 10mm 的 HPB235 钢筋沿锚筋周围呈 120° 均匀布置并双面焊接而成。所有锚孔直径 $D_b = 100mm$，锚孔内灌注强度等级为 C30 的细石混凝土。浙江舟山大跨越工程岩石单锚基础（焊接圆钢锚固）抗拔荷载 – 位移曲线如图 2–64 所示。

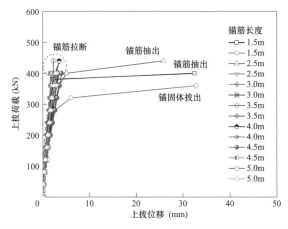

图 2–64　浙江舟山大跨越工程岩石单锚基础（焊接圆钢锚固）抗拔荷载 – 位移曲线

（2）涨壳锚头锚固。锚筋底部采用涨壳锚头锚固的岩石单锚基础抗拔试验 14 个。试验基础锚筋均为 HRB500 钢筋，锚筋直径 d_b=32mm，锚筋长度 l_a 分为 0.5、1.0、1.5、2.5、3.0、3.5、4.0m 七种，每种锚筋长度的岩石单锚基础 2 个。所有锚孔直径 D_b=100mm，锚孔内灌注强度等级为 C30 的细石混凝土。浙江舟山大跨越工程岩石单锚基础（涨壳锚头锚固）抗拔荷载–位移曲线如图 2–65 所示。

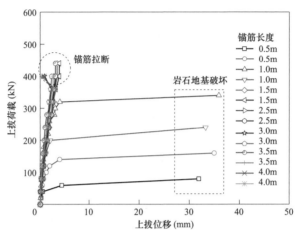

图 2-65　浙江舟山大跨越工程岩石单锚基础（涨壳锚头锚固）抗拔荷载–位移曲线

（3）尖头无锚固。锚筋底部采用尖头无锚固的岩石单锚基础抗拔试验 14 个。试验基础锚筋均为 HRB500 钢筋，锚筋直径 d_b=32mm，锚筋长度 l_a 分为 1.5、2.5、3.0、3.5、4.0、4.5、5.0m 七种，每种锚筋长度的岩石单锚基础 2 个。所有锚孔直径 D_b=100mm，锚孔内灌注强度等级为 C30 的细石混凝土。浙江舟山大跨越工程岩石单锚基础（尖头无锚固）抗拔荷载–位移曲线如图 2–66 所示。

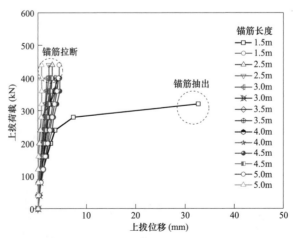

图 2-66　浙江舟山大跨越工程岩石单锚基础（尖头无锚固）抗拔荷载–位移曲线

2. 群锚

该场地岩石群锚试验基础锚筋底部锚固形式分为焊接圆钢锚固和涨壳锚头锚固两种。

（1）焊接圆钢锚固。试验基础均为如图 2-9 所示的直锚式（无承台）岩石群锚基础，采用 4 根锚筋 2×2 正方形布置方式，锚筋直径 $d_b=32\text{mm}$，锚筋长度 $l_a=4\text{m}$，锚筋分为 HRB335 钢筋和 HRB500 钢筋两种。其中，锚筋为 HRB335 钢筋、锚筋间距 $b=0.9\text{m}$ 的群锚试验基础 1 个，其余 4 个群锚试验基础锚筋均为 HRB500 钢筋，锚筋间距分别为 0.3、0.6、0.9、1.5m。所有锚筋底部采用与岩石单锚试验基础相同的焊接圆钢锚固方式，由 3 根长 100m、直径 10mm 的 HPB235 钢筋沿锚筋周围呈 120°均匀布置并双面焊接而成。所有锚孔直径 $D_b=100\text{mm}$，锚孔内灌注强度等级为 C30 的细石混凝土。浙江舟山大跨越工程直锚式（无承台）岩石群锚基础（焊接圆钢锚固）抗拔荷载-位移曲线如图 2-67 所示。

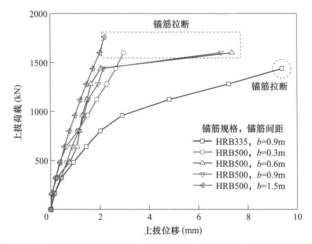

图 2-67　浙江舟山大跨越工程直锚式（无承台）岩石群锚基础
（焊接圆钢锚固）抗拔荷载-位移曲线

（2）涨壳锚头锚固。共开展了 7 个锚筋底部采用涨壳锚头锚固形式的岩石群锚基础抗拔试验，试验基础均为如图 2-9 所示的直锚式（无承台）岩石群锚基础，采用 4 根锚筋 2×2 正方形布置方式，锚筋直径 $d_b=32\text{mm}$。锚筋分为 HRB400 钢筋和 HRB500 钢筋两种。其中，锚筋为 HRB400 钢筋、锚筋长度 $l_a=3\text{m}$、锚筋间距 $b=0.85\text{m}$ 的群锚试验基础 1 个；锚筋为 HRB500 钢筋、锚筋间距 $b=600\text{mm}$，对应锚筋长度分别为 1.0、2.0、3.0、4.0m 的群锚试验基础各 1 个；锚筋为 HRB500 钢筋、锚筋长度 $l_a=3\text{m}$，对应锚孔间距分别为 $b=0.3\text{m}$ 和 $b=0.9\text{m}$

的群锚试验基础各 1 个。所有锚孔直径 D_b = 100mm，锚孔内灌注强度等级为 C30 的细石混凝土。浙江舟山大跨越工程直锚式（无承台）岩石群锚基础（涨壳锚头锚固）抗拔荷载–位移曲线如图 2-68 所示。

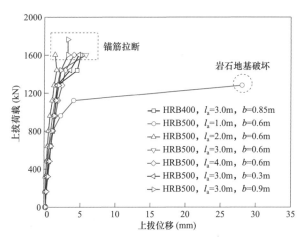

图 2-68　浙江舟山大跨越工程直锚式（无承台）岩石群锚基础
（涨壳锚头锚固）抗拔荷载–位移曲线

（十七）广东深圳（2014）

试验地点位于广东省深圳市罗湖区太白路 220kV 下围岭电缆终端站附近，如图 2-69 所示。试验场地岩体为全风化～强风化片麻岩。表层呈全风化状态，层厚约 4m，呈灰黄色、褐红色，原岩结构尚可辨，岩芯呈坚硬土柱状，手捏易散，含少量强风化岩块，手可折断，标贯击数为 37。4m 以下为强风化片麻岩，厚度

图 2-69　广东深圳罗湖岩石锚杆基础试验场地岩石地基概况

约 6m，呈青灰、灰黄色，原岩结构清晰，裂隙发育，岩芯呈碎块状，手可折断，夹块状强风化，含少量中风化岩块，标贯击数为 60。岩石单轴饱和抗压强度为 25.8～26.4MPa，岩石坚硬程度为较软。岩体压缩波速与岩块压缩波速实测结果分别为 1876km/s 和 2756km/s，计算得到岩体完整性指数 $K_v = 0.46$，岩体完整程度为较破碎。场地岩体基本质量等级为Ⅳ级。

该试验场地共开展了 6 个岩石单锚基础抗拔试验，锚筋均采用 HRB400 钢筋，锚筋直径 $d_b = 36mm$，锚筋长度分为 $l_a = 3.0m$ 和 $l_a = 6.0m$ 两种，每种锚筋长度的岩石单锚试验基础3个。所有锚筋底部均采用焊接圆钢锚固，由3根长150m、直径25mm 的 HPB235 钢筋沿锚筋周围呈120°均匀布置并双面焊接而成。所有锚孔直径 $D_b = 130mm$，锚孔内灌注强度等级为 C30 的细石混凝土。广东深圳罗湖岩石单锚基础抗拔荷载 – 位移曲线如图 2 – 70 所示。

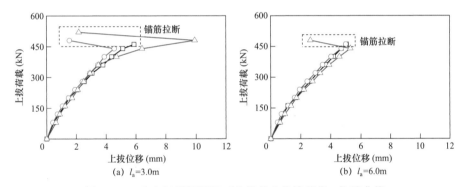

图 2 – 70　广东深圳罗湖岩石单锚基础抗拔荷载 – 位移曲线

（十八）陕西汉中（2015—2016）

为满足酒泉—湖南±800kV 特高压直流输电线路工程岩石锚杆基础推广应用的需要，在陕西汉中地区的 3 个地点开展岩石锚杆基础抗拔现场试验。

1. 勉县全风化～强风化花岗岩地基岩石单锚基础抗拔试验（2015）

该场地原始地貌为一片玉米地，其原始地貌及整理后的试验场地概况如图 2 – 71 所示。场地岩体为花岗岩，呈灰黄～灰白色，粒状结构。地表 0～2.5m 为花岗岩，呈全风化砾状；2.5m 以下花岗岩呈强风化状态，厚度大于5m，手捏易碎。

该场地完成 9 个岩石单锚基础抗拔试验，其中锚筋底部采用焊接圆钢锚固的试验基础 5 个，采用涨壳锚头锚固和锚板锚固的试验基础各 2 个。试验基础

(a) 试验场地原始地貌

(b) 整理完成后的试验场地

(c) 试验位置

图 2-71　陕西汉中勉县全风化～强风化花岗岩地基岩石锚杆基础试验场地概况

锚筋全部采用 HRB400 钢筋，锚筋直径 d_b=36mm，所有锚孔直径 D_b=100mm，锚孔内灌注强度等级为 C30 的细石混凝土。锚筋底部采用焊接圆钢锚固的 5 个试验基础锚筋长度 l_a 分为 2.0、3.0、4.0、5.0、6.0m 五种，锚筋底部均采用焊接圆钢锚固，由 3 根长 150m、直径 30mm 的 HPB300 钢筋沿锚筋周围呈 120° 均匀布置并双面焊接而成。采用涨壳锚头锚固和锚板锚固的岩石单锚基础锚筋长度分为 l_a=0.5m 和 l_a=1.0m 两种。陕西汉中勉县全风化～强风化花岗岩地基岩石单锚基础抗拔荷载–位移曲线如图 2-72 和图 2-73 所示。

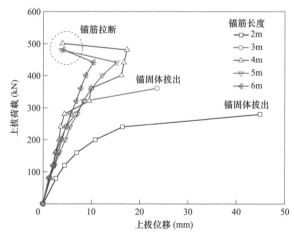

图 2-72　陕西汉中勉县全风化～强风化花岗岩地基岩石单锚基础
（焊接圆钢锚固）抗拔荷载–位移曲线

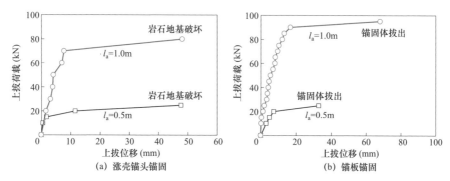

(a) 涨壳锚头锚固   (b) 锚板锚固

图 2-73　陕西汉中勉县全风化～强风化花岗岩地基岩石单锚基础
（涨壳锚头锚固和锚板锚固）抗拔荷载-位移曲线

2. 略阳县全风化～强风化千枚岩地基岩石单锚基础抗拔试验（2015）

该试验场地为一条通往当地农户家的小路，路边及其周边岩土体概况如
图 2-74 所示。试验场地岩体为千枚岩，呈灰黄色、银灰色等，矿物成分为石英、
绢云母、绿泥石等，具丝绢光泽，变晶结构，千枚状构造，节理裂隙较发育，
夹石英岩脉。地表 0～0.5m 内千枚岩呈全风化状态，0.5m 以下千枚岩层呈强风
化状态，碎块状，强度低，遇水易软化，厚度大于 5.0m。

图 2-74　陕西汉中略阳县全风化～强风化千枚岩地基岩石锚杆基础试验场地概况

该场地完成 9 个岩石单锚基础抗拔试验，其中锚筋底部采用焊接圆钢锚固
的试验基础 5 个，采用涨壳锚头锚固和锚板锚固的试验基础各 2 个。试验基础
锚筋全部为 HRB400 钢筋，锚筋直径 $d_b=36mm$，所有锚孔直径 $D_b=100mm$，锚
孔内灌注强度等级为 C30 的细石混凝土。锚筋底部采用焊接圆钢锚固的 5 个试
验基础锚筋长度 l_a 分为 2.0、3.0、4.0、5.0、6.0m 五种，锚筋底部均采用焊接圆
钢锚固，由 3 根长 150m、直径 30mm 的 HPB300 钢筋沿锚筋周围呈 120° 均匀布
置并双面焊接而成。采用涨壳锚头锚固和锚板锚固的 2 个试验基础锚筋长度 l_a 分

为 0.5m 和 1.0m 两种。陕西汉中略阳县全风化～强风化千枚岩地基岩石单锚基础抗拔荷载–位移曲线如图 2–75 和图 2–76 所示。

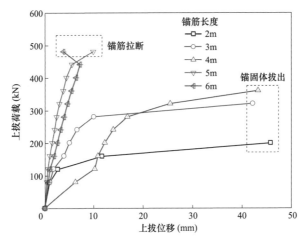

图 2–75　陕西汉中略阳县全风化～强风化千枚岩地基岩石单锚基础
（焊接圆钢锚固）抗拔荷载–位移曲线

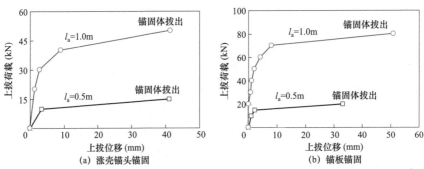

图 2–76　陕西汉中略阳县全风化～强风化千枚岩地基岩石单锚基础
（涨壳锚头锚固和锚板锚固）抗拔荷载–位移曲线

3. 略阳县强风化～中风化千枚岩地基岩石锚杆基础抗拔试验（2016）

试验场地位于陕西省汉中市略阳县黑河镇十堰—天水高速五郎坪出口引道附近，交通条件便利，场地概况如图 2–77 所示。场地岩石地基为千枚岩，呈灰黑色、青灰色、灰黄色、银灰色等，矿物成分为石英、绢云母、绿泥石等，丝绢光泽，变晶结构，千枚状构造，节理裂隙发育，岩体破碎，部分岩层夹石英岩脉。地表千枚岩呈强风化状态，多呈碎块状，强度较低，遇水易软化，厚度 2.5～3.0m。地表强风化千枚岩以下的千枚岩呈中风化状态，岩体破碎，风镐可开挖并呈碎块状。根据岩石点荷载试验成果，岩石饱和单轴抗压强度为 15.2MPa。

图 2-77　陕西汉中略阳县强风化～中风化千枚岩地基岩石锚杆基础试验场地概况

（1）单锚。岩石单锚试验基础锚筋底部锚固形式分为焊接圆钢锚固、涨壳锚头锚固和锚板锚固三种。

1）焊接圆钢锚固。共开展 24 个锚筋底部采用焊接圆钢锚固的岩石单锚基础抗拔试验。其中锚筋分 HRB400 钢筋和 HRB500 钢筋两种，锚筋直径均为 $d_b = 36mm$，相应的锚筋长度 l_a 分为 0.5、1.0、1.5、2.0、3.0、4.0、5.0、6.0m 八种，每种锚筋长度的岩石单锚试验基础 3 个，其中锚筋为 HRB400 钢筋的岩石单锚试验基础 2 个，锚筋为 HRB500 钢筋的岩石单锚试验基础 1 个。所有锚筋底部均采用焊接圆钢锚固，由 3 根长 150m、直径 30mm 的 HPB300 钢筋沿锚筋周围呈 120° 均匀布置并双面焊接而成。所有锚孔直径 $D_b = 100mm$，锚孔内灌注强度等级为 C30 的细石混凝土。陕西汉中略阳县强风化～中风化千枚岩地基岩石单锚基础（焊接圆钢锚固）抗拔荷载－位移曲线如图 2-78 所示。

2）涨壳锚头锚固。共开展 8 个锚筋底部采用涨壳锚头锚固的岩石单锚基础抗拔试验，涨壳长度 100mm。锚筋均为 HRB500 钢筋，锚筋直径 $d_b = 36mm$，对应锚筋长度 l_a 分为 0.5、1.0、1.5、2.0m 四种，每种锚筋长度的岩石单锚试验基础 2 个。所有锚孔直径 $D_b = 100mm$，锚孔内灌注强度等级为 C30 的细石混凝土。陕西汉中略阳县强风化～中风化千枚岩地基岩石单锚基础（涨壳锚头锚固）抗拔荷载－位移曲线如图 2-79 所示。

3）锚板锚固。共开展 8 个锚筋底部采用锚板锚固的岩石单锚基础抗拔试验。锚筋均为 HRB500 钢筋，锚筋直径 $d_b = 36mm$，对应锚筋长度 l_a 分为 0.5、1.0、1.5、2.0m 四种，每种锚筋长度的岩石单锚试验基础 2 个。所有锚孔直径 $D_b = 100mm$，锚板直径 95mm，锚孔内灌注强度等级为 C30 的细石混凝土。陕西汉中略阳县强风化～中风化千枚岩地基岩石单锚基础（锚板锚固）抗拔荷载－位移曲线如图 2-80 所示。

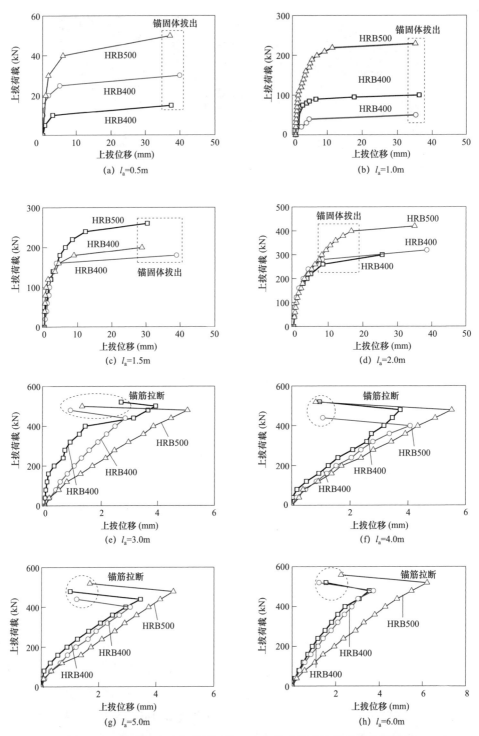

图 2-78　陕西汉中略阳县强风化～中风化千枚岩地基岩石单锚基础
（焊接圆钢锚固）抗拔荷载－位移曲线

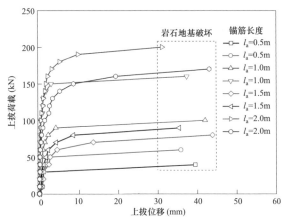

图 2-79 陕西汉中略阳县强风化～中风化千枚岩地基岩石单锚基础
（涨壳锚头锚固）抗拔荷载-位移曲线

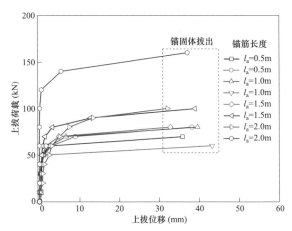

图 2-80 陕西汉中略阳县强风化～中风化千枚岩地基岩石单锚基础
（锚板锚固）抗拔荷载-位移曲线

（2）群锚。开展了 3 个如图 2-10 所示的 2×2 直锚式（带承台）岩石群锚基础抗拔试验。岩石群锚基础锚筋均采用 4 根锚筋 2×2 正方形布置方式，承台施工不降基面，不嵌岩，相应设计参数见表 2-11。

表 2-11　　　　　陕西汉中略阳县强风化～中风化千枚岩地基
2×2 直锚式（带承台）岩石群锚基础设计参数

序号	锚筋					承台		
	布置方式	间距 b（m）	直径 d_b（mm）	长度 l_a（m）	锚孔直径 D_b（mm）	长×宽（m×m）	厚度 h_0（m）	嵌岩深度 h_r（m）
1	2×2	0.30	36	4.0	100	1.2×1.2	1.2	0
2	2×2	0.40	36	4.0	100	1.2×1.2	1.2	0
3	2×2	0.50	36	4.0	100	1.2×1.2	1.2	0

所有群锚试验基础锚筋均为 HRB400 钢筋，锚筋直径 $d_b=36\text{mm}$。锚筋底部采用焊接圆钢锚固，由 3 根长 150mm、直径 30mm 的 HPB300 钢筋沿锚筋周围呈 120° 均匀布置并双面焊接而成。所有锚孔直径 $D_b=100\text{mm}$，锚筋间距 b 分为 0.3、0.4、0.5m 三种。所有锚孔内灌注强度等级为 C30 的细石混凝土。陕西汉中略阳县强风化～中风化千枚岩地基 2×2 直锚式（带承台）岩石群锚基础抗拔荷载–位移曲线如图 2–81 所示。

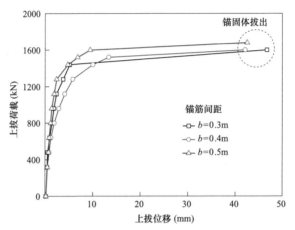

图 2–81　陕西汉中略阳县强风化～中风化千枚岩地基 2×2 直锚式（带承台）岩石群锚基础抗拔荷载–位移曲线

此外，还开展了 3 个如图 2–10 所示的 3×3 直锚式（带承台）岩石群锚基础抗拔试验。试验基础采用 9 根锚筋 3×3 正方形布置方式，承台结构尺寸相同，承台嵌岩深度分为 $h_r=0\text{m}$、$h_r=0.5\text{m}$、$h_r=1.0\text{m}$ 三种，相应设计参数见表 2–12。

表 2–12　　　　陕西汉中略阳县强风化～中风化千枚岩地基
3×3 直锚式（带承台）岩石群锚基础设计参数

序号	单锚					承台结构			
	布置方式	间距 $b(\text{mm})$	直径 $d_b(\text{mm})$	长度 $l_a(\text{m})$	锚孔直径 $D_b(\text{mm})$	长×宽 $(\text{m}\times\text{m})$	总高度 $h_0(\text{m})$	地面以上高度 $l_c(\text{m})$	嵌岩深度 $h_r(\text{m})$
1	3×3	0.50	36	4.0	100	2.0×2.0	2.0	2.0	0
2	3×3	0.50	36	4.0	100	2.0×2.0	2.0	1.5	0.5
3	3×3	0.50	36	4.0	100	2.0×2.0	2.0	1.0	1.0

所有群锚试验基础锚筋均为 HRB400 钢筋，锚筋直径 $d_b=36\text{mm}$。所有锚孔直径 $D_b=100\text{mm}$，锚孔间距 $b=0.5\text{m}$。所有锚孔内灌注强度等级为 C30 的细石混凝土。陕西汉中略阳县强风化～中风化千枚岩地基 3×3 直锚式（带承台）岩

石群锚基础抗拔荷载−位移曲线如图 2−82 所示。

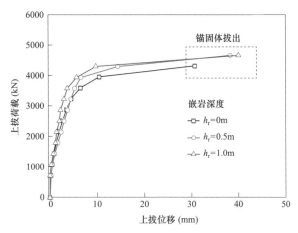

图 2−82　陕西汉中略阳县强风化～中风化千枚岩地基 3×3 直锚式（带承台）
岩石群锚基础抗拔荷载−位移曲线

（十九）北京房山（2016）

试验场地位于北京市房山区，场地概况如图 2−83 所示。场地覆盖层较薄，部分基岩直接出露，自地表向下 0～5.0m 为强风化岩屑砾质砂岩。根据岩石点荷载试验，地表砾质砂岩饱和单轴抗压强度为 17.26MPa。地表 5m 以下为中风化含砾砂岩，砾石粒径为 2～35mm，多呈次圆状～圆状，少量为次棱角状。根据室内岩芯试样实测结果，岩石饱和单轴抗压强度为 68.3MPa。

图 2−83　北京房山岩石锚杆基础试验场地概况

1. 单锚

共开展岩石单锚基础抗拔试验 6 个。锚筋均采用 HRB500 钢筋，锚筋直径

$d_b = 40mm$，锚筋长度 l_a 分为 1.0、2.0、3.0、4.0、5.0、6.0m 六种，每种锚筋长度的岩石单锚试验基础 1 个。所有锚筋底部均采用焊接圆钢锚固，由 3 根长 100m、直径 25mm 的 HPB300 钢筋沿锚筋周围呈 120° 均匀布置并双面焊接而成。所有锚孔直径 $D_b = 110mm$，锚孔内灌注强度等级为 C30 的细石混凝土。北京房山岩石单锚基础抗拔荷载–位移曲线如图 2–84 所示。

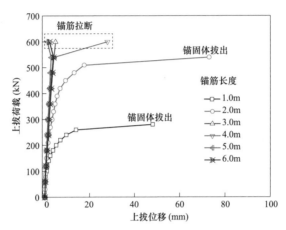

图 2–84　北京房山岩石单锚基础抗拔荷载–位移曲线

2. 群锚

共开展 5 个如图 2–10 所示的直锚式（带承台）岩石群锚基础抗拔试验。群锚基础 4 根锚筋均采用 2×2 正方形布置方式，相应设计参数见表 2–13。

表 2–13　北京房山砾质砂岩地基直锚式（带承台）岩石群锚基础设计参数

序号	单锚					承台		
	布置方式	间距 b（m）	直径 d_b（mm）	长度 l_a（m）	锚孔直径 D_b（mm）	长×宽（m×m）	厚度 h_0（m）	嵌岩深度 h_r（m）
1	2×2	0.22	40	4.0	110	0.7×0.7	0.2	0
2	2×2	0.33	40	4.0	110	2.0×2.0	0.3	0
3	2×2	0.44	40	4.0	110	2.2×2.2	0.3	0
4	2×2	0.55	40	4.0	110	2.4×2.4	0.4	0
5	2×2	0.66	40	4.0	110	2.6×2.6	0.4	0

所有岩石群锚基础锚筋均为 HRB500 钢筋，锚筋直径 $d_b = 40mm$，锚筋长度均为 $l_a = 4.0m$。所有锚孔直径 $D_b = 100mm$，锚孔间距分为 0.22、0.33、0.44、0.55、0.66m 五种。锚筋底部均采用焊接圆钢锚固，由 3 根长 100m、直径 25mm 的 HPB300 钢筋沿锚筋周围呈 120° 均匀布置并双面焊接而成。锚孔内灌注强度等级为 C30 的细石混凝土。北京房山砾质砂岩地基直锚式（带承台）岩石群锚基础抗拔荷载–位

移曲线如图 2−85 所示。

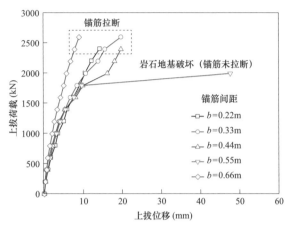

图 2−85　北京房山砾质砂岩地基直锚式（带承台）岩石群锚抗拔荷载−位移曲线

（二十）西藏林芝（2016）

试验场地位于藏中电力联网工程及川藏铁路拉萨—林芝段供电工程沿线的西藏林芝嘎玛村尼洋河畔 306 省道某弯道上边坡平台，如图 2−86 所示。场地属于高山剥蚀地貌，地表植被以杂草为主，粉土混碎石，厚度 0.5m，呈褐黄～褐色，稍密，较湿，粉质感较强，局部可见粒径不超过 10cm 卵石。地表 0.5m 以下为强风化花岗闪长岩，呈浅灰白～青灰色，粗粒结构，块状构造，显原岩结构，节理裂隙发育，岩石坚硬程度为较软，岩体完整程度为较完整，岩体基本质量等级为Ⅳ级，厚度 5.0m。地表 5.5m 以下为中风化花岗闪长岩，呈浅灰白～青灰色，粗粒结构，块状构造，节理裂隙较发育，岩石坚硬程度为较硬，岩体完整程度为较完整，岩体基本质量等级为Ⅲ级，该层未揭穿。

图 2−86　西藏林芝岩石锚杆基础试验场地概况

该试验场地共完成34个岩石单锚基础抗拔试验。岩石单锚基础锚筋底部锚固形式分为焊接圆钢锚固、涨壳锚头锚固和锚板锚固三种。

（1）焊接圆钢锚固。共开展了18个锚筋底部采用焊接圆钢锚固的岩石单锚基础抗拔试验。锚筋规格分为HRB400钢筋和HRB500钢筋两种。HRB400钢筋直径$d_b=36mm$，HRB500钢筋直径$d_b=40mm$。锚筋长度l_a分为1.0、2.0、3.0、4.0、5.0、6.0m六种，每种锚筋长度的岩石单锚试验基础3个，其中锚筋为HRB400钢筋的岩石单锚试验基础2个，锚筋为HRB500钢筋的岩石单锚试验基础1个。所有锚筋底部均采用焊接圆钢锚固，由3根长150m、直径30mm的HPB300钢筋沿锚筋周围呈120°均匀布置并双面焊接而成。所有锚孔直径$D_b=100mm$，锚孔内灌注强度等级为C30的细石混凝土。西藏林芝岩石单锚基础（焊接圆钢锚固）抗拔荷载－位移曲线如图2-87所示。

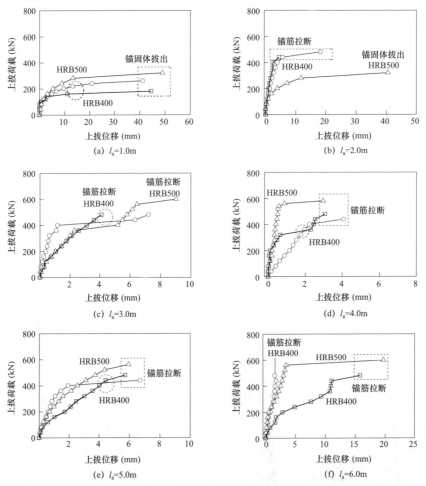

图2-87 西藏林芝岩石单锚基础（焊接圆钢锚固）抗拔荷载－位移曲线

214

（2）涨壳锚头锚固。共开展了 8 个锚筋底部采用涨壳锚头锚固的岩石单锚基础抗拔试验。锚筋均采用 HRB400 钢筋，锚筋直径 $d_b = 36\text{mm}$，锚筋长度 l_a 分为 0.5、1.0、1.5、2.0m 四种，每种锚筋长度的岩石单锚试验基础 2 个。所有锚孔直径 $D_b = 100\text{mm}$，锚孔内灌注强度等级为 C30 的细石混凝土。西藏林芝岩石单锚基础（涨壳锚头锚固）抗拔荷载－位移曲线如图 2－88 所示。

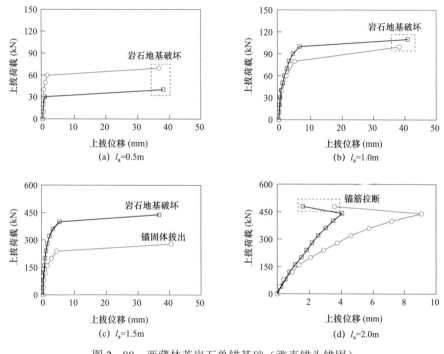

图 2－88　西藏林芝岩石单锚基础（涨壳锚头锚固）
抗拔荷载－位移曲线

（3）锚板锚固。共开展了 8 个锚筋底部采用锚板锚固的岩石单锚基础抗拔试验。锚筋均采用 HRB400 钢筋，锚筋直径 $d_b = 36\text{mm}$，锚筋长度 l_a 分为 0.5、1.0、1.5、2.0m 四种，每种锚筋长度的岩石单锚试验基础 2 个。所有锚孔直径 $D_b = 100\text{mm}$，锚孔内灌注强度等级为 C30 的细石混凝土。西藏林芝岩石单锚基础（锚板锚固）抗拔荷载－位移曲线如图 2－89 所示。

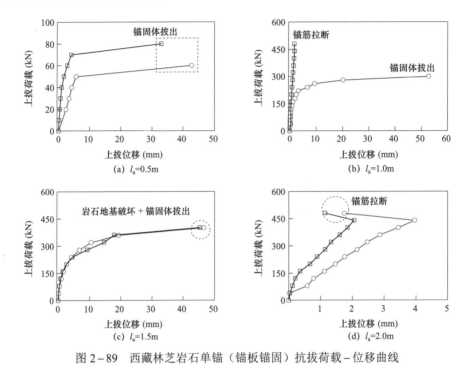

图 2-89　西藏林芝岩石单锚（锚板锚固）抗拔荷载-位移曲线

第三节　岩石锚杆基础抗拔破坏模式与承载性能影响因素

一、岩石锚杆基础抗拔破坏模式

（一）岩石单锚基础

岩石单锚基础是锚筋、锚孔内细石混凝土、锚孔周围岩体三种材料通过锚筋-细石混凝土界面、细石混凝土-锚孔侧壁岩体界面而形成的相互作用且共同承载、传载的锚固系统。在上拔荷载作用下，岩石单锚基础界面黏结锚固荷载传递机理如图 2-90 所示。

如图 2-90（a）所示，在上拔荷载作用下，锚筋与锚孔内细石混凝土结合面因相对位移而产生相互作用力，该相互作用力通过锚筋与细石混凝土界面黏结强度（τ_a）形成锚固作用力，并反作用于锚孔内细石混凝土。进一步地，如图 2-90（b）所示，若将锚筋与锚孔内细石混凝土视作综合锚固体（简称锚固体），当锚筋与细石混凝土界面黏结强度所形成的锚固作用力足够抵抗上拔荷

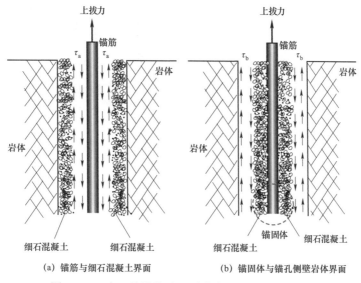

(a) 锚筋与细石混凝土界面　　　　(b) 锚固体与锚孔侧壁岩体界面

图 2-90　岩石单锚基础界面黏结锚固荷载传递机理

载时，锚固体与锚孔侧壁岩体结合面因相对位移而产生相互作用力，该相互作用力通过锚固体与锚孔侧壁岩体界面黏结强度（τ_b）形成锚固作用力而反作用于锚孔周围岩体。

图 2-90 所示岩石单锚基础界面黏结锚固荷载传递机理表明，锚筋强度、锚筋与细石混凝土界面间的黏结锚固作用、锚固体与锚孔侧壁岩体界面间的黏结锚固作用，都是实现上拔荷载传递的前提条件。与此相对应，岩石单锚基础抗拔破坏模式主要表现为材料承载性能失效和界面传载性能失效两方面，具体可分为锚筋拉断、锚筋抽出（锚筋沿锚孔内细石混凝土结合面滑移破坏）、锚固体拔出（锚固体沿锚孔侧壁岩体结合面滑移破坏）、锚孔周围岩石地基破坏四种模式。

1. 锚筋拉断

图 2-91（a）所示为在上拔荷载作用下岩石单锚基础锚筋被拉断的破坏模式示意图。当锚筋在上拔荷载作用下发生强度屈服后，若继续增加上拔荷载，至锚筋拉应力超过其材料极限抗拉强度时，就会发生锚筋拉断破坏模式。

大量现场试验表明，当岩石单锚基础锚筋采用螺纹钢筋时，锚筋拉断是岩石单锚基础抗拔试验中最主要和最常见的破坏模式，且现场试验过程中锚筋被拉断都发生在连接螺纹段。图 2-91（b）分别给出了现场试验时，采用 HRB335、HRB400 和 HRB500 钢筋的岩石单锚基础锚筋拉断破坏的实景图。

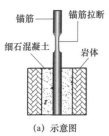

(a) 示意图　　　　　　　　　　　(b) 实景图

图 2-91　岩石单锚基础锚筋拉断破坏模式

综合本章第二节岩石锚杆基础抗拔现场试验成果，图 2-92 给出了岩石锚杆基础抗拔荷载-位移曲线的四种典型形态。岩石单锚基础抗拔现场试验过程中，锚筋拉断破坏均具有突然性。所有锚筋拉断破坏模式的岩石单锚基础抗拔试验成果表明，岩石单锚基础抗拔试验锚筋拉断破坏模式的荷载-位移曲线可分为图 2-92 所示的①、②、③三种形态。

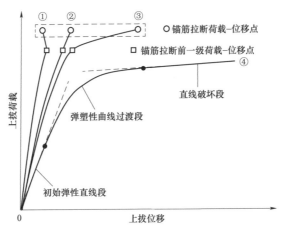

图 2-92　岩石锚杆基础抗拔荷载-位移曲线形态

当岩石单锚试验基础抗拔荷载-位移曲线呈图 2-92 中第①种形态时，锚筋在拉断前一级荷载作用下的上拔位移能够满足试验稳定标准，基础周围岩体稳定且无明显变形；但在施加下一级上拔试验荷载的过程中，锚筋突然被拉断而飞出，锚筋拉断时的上拔位移较小。

当岩石单锚试验基础抗拔荷载-位移曲线呈图 2-92 中第②种形态时，锚筋在拉断前一级荷载作用下的上拔位移能够满足试验稳定标准，基础周围岩体稳定且无明显变形；施加下一级荷载（锚筋拉断荷载）所用时间较短且锚筋位移无明显增加，但在该级荷载作用下进行恒载并等待达到抗拔试验稳定标准的过程中，锚筋突然被拉断而飞出，且锚筋拉断时的上拔位移也较小。

当岩石单锚试验基础抗拔荷载－位移曲线呈图 2－92 中第③种形态时，与第②种形态基本相同，锚筋在拉断前一级荷载作用下的上拔位移能够满足试验稳定标准，基础周围岩体稳定且无明显变形；与第②种形态不同的是，施加下一级荷载（锚筋拉断荷载）所用时间稍长，且在该级荷载作用下锚筋位移增量显著加大，但同样是在等待达到抗拔试验稳定标准的过程中锚筋突然被拉断而飞出。

2. 锚筋抽出

图 2－93（a）所示为在上拔荷载作用下锚筋从锚孔细石混凝土中抽出的破坏模式示意图。当图 2－90（a）所示的锚筋与细石混凝土界面间黏结强度（τ_a）所形成的黏结锚固力不能抵抗上拔荷载作用时，锚筋便沿其与细石混凝土结合面发生滑移，直至锚筋从锚孔细石混凝土中被抽出。图 2－93（b）给出了现场试验时锚筋从细石混凝土中抽出破坏的实景图。

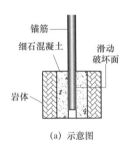

(a) 示意图　　　　　　　　　　(b) 实景图

图 2－93　岩石单锚基础锚筋抽出破坏模式

锚筋和细石混凝土结合面发生滑移一般从单锚基础顶部开始，随后逐步向基础深部扩展，滑移破坏过程具有渐进特征，其抗拔荷载－位移曲线一般对应于图 2－92 中的第④种形态，呈缓变型三阶段变化规律，即初始弹性直线段、弹塑性曲线过渡段和直线破坏段。锚筋从锚孔细石混凝土中抽出破坏一般发生在抗拔荷载－位移曲线的直线破坏段。

现场试验表明，当锚筋采用光圆钢筋、35 号优质碳素钢、45 号优质碳素钢和 40Cr 合金结构钢时，在上拔极限荷载作用下，一般会发生锚筋从锚孔细石混凝土中被抽出的破坏模式。然而，当岩石单锚基础锚筋采用螺纹钢筋时，试验过程中几乎没有发生过锚筋从锚孔细石混凝土中抽出的现象。

3. 锚固体拔出

图 2－94（a）所示为锚固体与锚孔侧壁岩体结合面滑移而被拔出破坏的示意图。在上拔荷载作用下，当锚筋与细石混凝土界面间黏结强度（τ_a）所形成的

黏结锚固力能够抵抗上拔荷载,而锚固体与锚孔侧壁岩体结合面间黏结强度(τ_b)所形成的锚固力不足而不能抵抗上拔荷载时,锚固体与锚孔侧壁岩体间发生相对滑移,从而导致锚固体从锚孔中被拔出破坏。图 2-94(b)给出了现场试验时锚固体从基础锚孔中被拔出破坏的实景图。

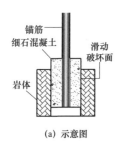

(a) 示意图　　　　　　　　　　　　　(b) 实景图

图 2-94　岩石单锚基础锚固体拔出破坏模式

与锚筋从锚孔细石混凝土中抽出破坏类似,锚固体与锚孔侧壁岩体结合面的黏结滑移一般也是从单锚基础顶部开始并逐步向基础深部扩展,滑移破坏过程具有渐进特征,其抗拔荷载-位移曲线一般对应于图 2-92 中第④种形态,呈缓变型三阶段变化规律,即初始弹性直线段、弹塑性曲线过渡段和直线破坏段。锚固体从基础锚孔中拔出破坏一般发生在抗拔荷载-位移曲线的直线破坏段。

现场试验表明,仅当岩石单锚基础锚筋采用螺纹钢筋且锚固长度小而锚孔周围岩体性质相对较好时,才容易发生锚固体从岩石锚孔中被拔出的破坏模式。

4. 锚孔周围岩石地基破坏

图 2-95(a)所示为岩石单锚基础地基破坏模式的示意图。当锚筋与细石混凝土界面间黏结强度(τ_a)所形成的黏结锚固力以及锚固体与锚孔侧壁岩体结合面之间黏结强度(τ_b)形成的黏结锚固力都足够抵抗上拔荷载时,才会有岩石地基发生整体剪切破坏的可能。

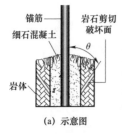

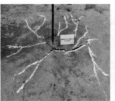

(a) 示意图　　　　　　　　　　　　　(b) 实景图

图 2-95　岩石单锚基础地基破坏模式

岩石单锚基础现场抗拔试验表明，发生岩石地基破坏模式的情形总体较少。一般仅当锚筋底部采用涨壳锚头锚固且锚筋长度较小时，随上拔荷载的增加，岩石单锚基础周围岩体表面首先出现微小环状裂纹，随后出现径向的放射状裂纹，地表破裂面形态及其范围通常呈不规则形状。图2-95（b）给出了现场试验时岩石地基破坏的实景图。

在上拔荷载作用下，岩石单锚基础发生岩体整体剪切破坏模式时，其抗拔荷载-位移曲线一般对应于图2-92中第④种形态，呈初始弹性直线段、弹塑性曲线过渡段和直线破坏段三阶段的渐进破坏特征。岩石地基破坏一般发生在荷载-位移曲线的直线破坏段，岩体性质决定着岩石单锚基础的抗拔承载力。

（二）岩石群锚基础

1. 群锚基础锚筋拉断

在上拔荷载作用下，岩石群锚基础中一根或多根锚筋被拉断的破坏模式。现场试验结果表明，锚筋拉断破坏主要发生在直锚式（无承台）群锚基础和承台厚度较小且锚筋间距较大的直锚式（带承台）群锚基础。前者如图2-96所示，为浙江舟山大跨越工程试验直锚式（无承台）岩石群锚基础锚筋拉断破坏的实景图（含岩石单锚基础锚筋拉断情况）。后者如图2-97所示，为浙江舟山联网工程试验直锚式（带承台）岩石群锚基础锚筋拉断破坏的实景图，该试验承台总厚度为0.5m，嵌岩深度$h_r=0.3$m，锚孔间距$b=1.2$m（$b=12D_b$）。

与岩石单锚基础锚筋拉断破坏模式相同，岩石群锚基础的锚筋拉断破坏也具有突然性，所对应抗拔荷载-位移曲线也呈现图2-92所示的①、②、③三种形态，且锚筋在拉断前，基础抗拔荷载-位移曲线随上拔力增加呈线性增加，直至锚筋瞬间被拉断，基础上拔位移总体较小。

图2-96　岩石群锚基础锚筋拉断破坏（浙江舟山大跨越工程试验，2014）

图 2-97 岩石群锚基础锚筋拉断破坏（浙江舟山联网工程试验，2008）

2. 群锚基础锚筋抽出

岩石群锚基础锚筋抽出破坏模式主要发生在直锚式（无承台）岩石群锚基础。当直锚式（无承台）岩石群锚基础锚筋长度较小，且锚筋为光圆钢筋、35号优质碳素钢、45号优质碳素钢和40Cr合金钢时，容易发生锚筋从锚孔细石混凝土中抽出的破坏模式。然而，当岩石单锚基础锚筋采用螺纹钢筋时，岩石群锚基础抗拔试验过程中几乎没有发生锚筋从锚孔细石混凝土中抽出的现象。图 2-98 分别给出了北京房山青龙湖试验场地和山东泰安试验场地直锚式（无承台）岩石群锚基础锚筋抽出破坏的典型实景照片。

(a) 北京房山（2008）   (b) 山东泰安（2013）

图 2-98 岩石群锚基础锚筋抽出破坏

与岩石单锚基础锚筋抽出破坏模式相同，发生锚筋抽出破坏模式的岩石群锚基础抗拔荷载-位移曲线呈图 2-92 中第④种形态，锚筋抽出破坏一般发生在抗拔荷载-位移曲线的直线破坏段。

3. 群锚基础锚固体拔出

图 2-99 所示为陕西汉中略阳县强风化～中风化千枚岩地基岩石锚杆抗拔

试验中 3 根锚筋 2×2 正方形布置的直锚式（带承台）群锚基础破坏的实景图。试验基础承台均为长×宽×厚＝1.2m×1.2m×1.2m，承台底面不嵌岩（$h_r = 0$），直接置于岩石地表。群锚基础锚筋均为 HRB400 钢筋，底部采用焊接圆钢锚固，锚筋直径 $d_b = 36$mm，锚筋长度 $l_a = 4.0$m。锚孔直径 $D_b = 100$mm，锚孔间距分别为 $b = 3D_b$、$b = 4D_b$ 和 $b = 5D_b$。锚孔内细石混凝土强度等级为 C30。岩石群锚基础抗拔荷载－位移曲线均呈图 2－92 中第④种形态的缓变型三阶段变化规律。从现场抗拔试验基础破坏过程看，细石混凝土锚固体沿锚孔侧壁岩体结合面滑移而从岩石锚孔中抽出，并进一步导致承台立柱周围岩体局部破坏，这可能主要是试验基础承台没有嵌岩，而承台尺寸和刚度大的原因。

(a) $b=3D_b$　　　　　　(b) $b=4D_b$　　　　　　(c) $b=5D_b$

图 2－99　直锚式（带承台）岩石群锚基础锚固体抽出破坏（陕西汉中试验，2016）

图 2－100 所示为陕西汉中略阳县强风化～中风化千枚岩地基 9 根锚筋 3×3 正方形布置的承台式岩石群锚基础破坏实景图。试验基础承台均为长×宽×厚＝2.0m×2.0m×2.0m，承台底面嵌岩深度分为 $h_r = 0$m、$h_r = 0.5$m、$h_r = 1.0$m 三种。群锚基础锚筋均为 HRB400 钢筋，底部采用焊接圆钢锚固，锚筋直径 $d_b = 36$mm，锚筋长度 $l_a = 4.0$m。锚孔直径 $D_b = 100$mm，锚孔间距 $b = 5D_b$。锚孔内细石混凝土强度等级为 C30。岩石群锚基础抗拔荷载－位移曲线均呈缓变型变化规律，呈图 2－92 中第④种形态。从现场抗拔试验基础破坏情况看，试验基

(a) $h_r=0$m　　　　　　(b) $h_r=0.5$m　　　　　　(c) $h_r=1.0$m

图 2－100　承台式岩石群锚基础锚固体抽出破坏（陕西汉中试验，2016）

础承台立柱周围岩体局部发生破坏，破坏范围总体随嵌岩深度的增加而增大。综合三种嵌岩深度下的地面岩体破坏形态以及抗拔荷载−位移曲线特征，判断岩石群锚基础中的单锚锚孔内细石混凝土锚固体沿锚孔侧壁岩体结合面滑移，锚固体从锚孔中拔出，并由此导致承台立柱周围岩体局部破坏。

4. 锚筋从底板（承台）中抽出

当采用柱板式岩石群锚基础和承台式岩石群锚基础时，锚筋顶部都需锚入底板（承台）一定深度，且锚筋锚入底板（承台）的深度需满足锚固长度要求。为了缩短锚固长度要求，锚筋顶部一般也都采取机械锚固或弯钩等其他措施。但在极限上拔荷载作用下，岩石群锚基础底板（承台）容易出现拉裂脱离破坏，甚至导致锚筋从基础底板（承台）中抽出破坏。图 2−101 所示为宁夏灵武试验中 4 根锚筋采用 2×2 正方形布置方式的直锚式（带承台）岩石群锚基础抗拔破坏的实景图。试验结束后，通过开挖基底发现锚筋从岩石群锚基础承台底部被抽出。

图 2−101　锚筋从岩石群锚基础承台底部被抽出破坏（宁夏灵武试验，2014）

二、岩石锚杆基础承载性能影响因素

架空输电线路工程中，岩石锚杆基础通常都采用群锚形式。岩石群锚基础抗拔承载性能将首先取决于单锚基础。就岩石单锚基础而言，其锚固系统主要包括锚筋杆体、锚孔内细石混凝土、锚孔周围岩体以及上述材料之间的界面，是锚筋杆体、细石混凝土、岩体三种材料通过锚筋−细石混凝土界面、细石混凝土−岩体界面而形成的承载、传递系统。因此，影响岩石单锚基础承载性能的主要因素有锚筋规格（锚筋表面形态、锚筋直径、锚筋材料强度等级）、锚筋长度、锚筋底部锚固方式、锚固材料强度等。

另外，岩石群锚基础结构形式及其单锚（锚桩）布置方案必然会对岩石群锚基础抗拔承载性能产生重要影响。因此，综合分析岩石群锚基础结构形式、抗拔荷载–位移曲线形态特征及其破坏模式等，可将基础结构形式与布置方案方面影响岩石群锚基础承载性能的主要因素分为锚孔直径与锚筋间距、底部（承台）嵌岩深度、覆盖土层厚度等。

（一）锚筋规格

从图 2–90 所示的岩石单锚基础黏结锚固荷载传递机理可以看出，锚筋与细石混凝土结合面的黏结锚固作用，是实现上拔荷载传递的前提。通常情况下，锚筋与细石混凝土结合面的黏结锚固作用力主要由三部分组成：锚筋与细石混凝土接触面上因化学吸附作用而形成的胶结作用力、凹凸不平的锚筋表面与细石混凝土之间的机械咬合作用力以及细石混凝土收缩并握裹锚筋而产生的阻滑作用力。在上拔荷载作用下，锚筋与细石混凝土界面间未发生相对滑移时，锚筋与细石混凝土界面间黏结强度主要由化学胶结作用力和机械咬合作用力提供。随着上拔荷载的持续增加，锚筋变形增大直至锚筋材料在屈服过程中因泊松效应使锚筋截面产生颈缩，锚筋与细石混凝土之间产生相对滑移并不断增大。由于化学胶结力一般较小，一旦锚筋与细石混凝土接触面发生相对滑移，化学胶结力便会很快丧失。此后，锚筋与细石混凝土界面间的黏结锚固力主要由界面机械咬合作用力和阻滑作用力提供。由此可见，锚筋规格（锚筋表面形态、锚筋直径、锚筋材料强度等级）对岩石单锚基础锚筋与细石混凝土界面之间的黏结锚固作用力具有重要的影响。

首先，在输电线路基础工程中，岩石单锚基础锚筋可采用光圆钢筋和螺纹钢筋两种形式。当锚筋为光圆钢筋时，锚筋表面与细石混凝土之间的机械咬合作用力和相应的阻滑作用力较螺纹钢筋小。反之，当锚筋为螺纹钢筋时，锚筋表面与细石混凝土之间的机械咬合作用力和相应的阻滑作用力均随锚孔内细石混凝土嵌入钢筋肋间而显著增强。其次，随着上拔荷载的增加，锚筋与细石混凝土间黏结强度逐渐向深部传递，岩石单锚基础抗拔承载力主要取决于锚筋强度，特别是锚筋材料的屈服强度，因为一旦锚筋材料强度屈服后，由于泊松效应使锚筋截面产生颈缩，将直接影响锚筋与细石混凝土之间的黏结锚固性能。最后，增加锚筋直径一方面可有效减小相同上拔荷载作用下锚筋的截面变形，另一方面可加大锚筋与细石混凝土之间的接触面积，从而有利于提高单根锚筋的锚固承载力。

本章第二节所述岩石锚杆基础现场试验研究工作历经了 10 多年，试验基础锚筋材料也历经了 HPB235、35 号优质碳素钢、45 号优质碳素钢、40Cr 合金结构钢、HRB335、HRB400 和 HRB500 的渐进过程。正是由于高强度螺纹钢筋良好的承载性能，螺纹钢筋近年来被越来越多地用作输电线路岩石锚杆基础锚筋。总体上看，在实际输电线路基础工程设计中，应优先采用螺纹钢筋，且具备条件时应采用高强度、大直径螺纹钢筋。

（二）锚筋长度

1. 锚筋与细石混凝土间黏结锚固性能

黏结锚固作用在锚固体中引起的应力状态十分复杂。总体上看，锚筋与细石混凝土界面间黏结锚固作用的宏观效果是一种剪力，使受力锚筋沿两者结合面长度方向发生变形。由于锚筋不同位置处黏结锚固作用力大小不同，不同位置之间的变形差会导致锚筋与细石混凝土间发生沿界面的相对滑移，这种相对滑移变形是通过黏结锚固作用力实现荷载传递的前提条件。

试验过程中通过锚筋不同埋深处预先设置的应变片，可测试得到上拔试验荷载作用下相应锚筋截面处的应变值，进而计算得到相应截面轴力，获得锚筋轴力沿锚固深度的分布及其变化规律。图 2-102～图 2-107 分别给出了典型岩石地基条件下，不同锚筋规格岩石单锚基础抗拔试验过程中的锚筋轴力分布与变化规律，其中 T_{max} 为上拔稳定荷载的最大值，ΔT 为上拔试验荷载增量。

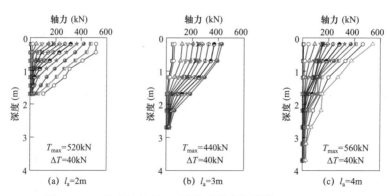

图 2-102　片麻岩地基 35 号优质碳素钢锚筋（$d_b = 36mm$）
轴力分布与变化规律（山东泰安，2013）

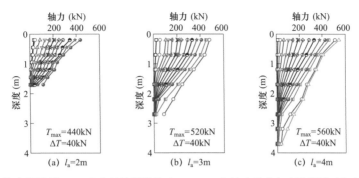

图 2−103　片麻岩地基 42Cr 合金结构钢锚筋（d_b=36mm）轴力分布与变化规律（山东泰安，2013）

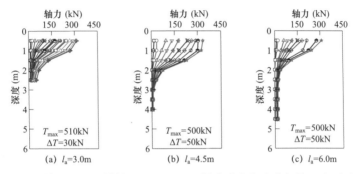

图 2−104　砂岩地基 HRB400 锚筋（d_b=36mm）轴力分布与变化规律（宁夏灵武，2014）

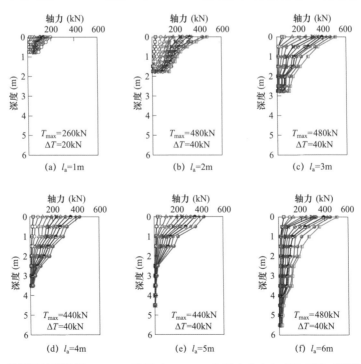

图 2−105　花岗闪长岩地基 HRB400 锚筋（d_b=36mm）轴力分布与变化规律（西藏林芝，2016）

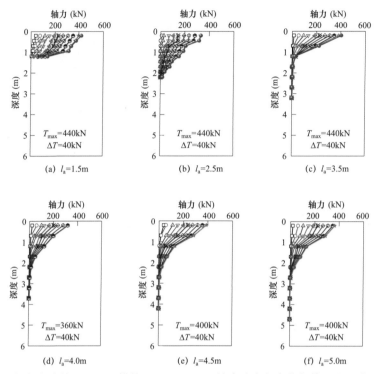

图 2-106　凝灰岩地基 HRB500 锚筋（d_b＝32mm）轴力分布与变化规律（浙江舟山，2014）

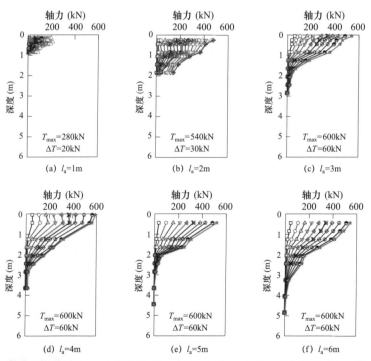

图 2-107　砾质砂岩地基 HRB500 锚筋（d_b＝40mm）轴力分布与变化规律（北京房山，2016）

从图 2-102～图 2-107 可以看出，在上拔荷载作用下，锚筋轴力不是沿锚固深度均匀分布的，而是呈"上大下小"分布形态。当锚筋长度小于 3.0m 时，上拔荷载可有效传递至锚筋底部。即使在较小上拔荷载作用下，锚筋所受轴力也能在锚固长度范围内实现全覆盖。然而，当锚筋长度大于 3.0m 时，锚筋轴力不能实现其锚固长度范围内的全覆盖，上拔荷载仅在一定锚固长度范围内传递，即主要集中在锚筋靠近地表 3.0m 左右锚固段范围。超过该有效传递范围后，锚筋所受轴力随锚固深度增加而迅速衰减。上拔荷载作用下的锚筋轴力分布规律表明，当锚筋锚固长度超过一定值后，锚筋长度增加对提高岩石单锚基础抗拔承载力的作用十分有限，甚至可忽略不计。

如图 2-90 所示，锚筋与细石混凝土界面的黏结锚固作用是实现上拔荷载传递的前提，而锚筋与细石混凝土界面黏结强度（τ_a）本质上是接触面上的剪切应力，因此可将锚筋与细石混凝土界面的黏结锚固作用简化为一维问题考虑，并根据锚筋相邻测点的实测应变值，按式（2-1）确定相邻测点范围内锚筋与细石混凝土之间的平均黏结强度值及其沿锚固深度分布与变化规律。

$$\tau_a = \frac{E(\varepsilon_i - \varepsilon_{i+1})d_b}{4(h_{i+1} - h_i)} \qquad (2-1)$$

式中　　E——锚筋材料的弹性模量；

　　　　τ_a——第 i～$i+1$ 个测点范围内锚筋与细石混凝土之间的平均黏结强度；

　　　　d_b——锚筋直径；

　　h_i、h_{i+1}——锚筋第 i、$i+1$ 个测点的埋深；

　　ε_i、ε_{i+1}——锚筋第 i、$i+1$ 个测点的应变。

图 2-108～图 2-110 给出了片麻岩地基 35 号优质碳素钢、砂岩地基 HRB400 和砾质砂岩地基 HRB500 锚筋与细石混凝土间黏结强度分布与变化规律。

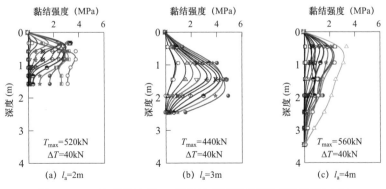

图 2-108　片麻岩地基 35 号优质碳素钢锚筋与细石混凝土间
黏结强度分布与变化规律（山东泰安，2013）

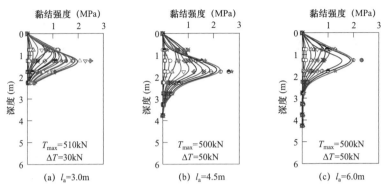

图2-109　砂岩地基HRB400锚筋与细石混凝土间黏结强度分布与变化规律（宁夏灵武，2014）

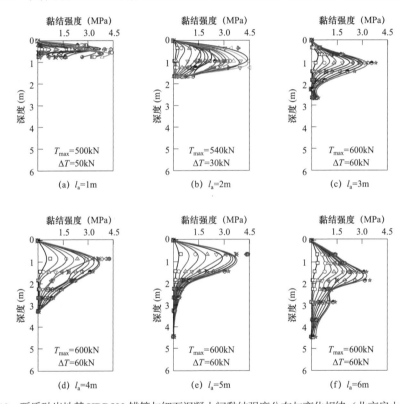

图2-110　砾质砂岩地基HRB500锚筋与细石混凝土间黏结强度分布与变化规律（北京房山，2016）

图2-108～图2-110表明，τ_a沿锚筋锚固深度方向分布极不均匀，呈现出明显的分布区间短、黏结强度峰值高的特点。尽管τ_a峰值点的位置总体随锚固深度增加而略呈下移趋势，但一般均位于3m以内的锚固深度范围内。

2. 锚固体与锚孔侧壁岩体间抗拔黏结锚固性能

如图2-90所示，上拔荷载通过锚筋与锚孔内细石混凝土之间的黏结锚固作用而形成反作用力，并将上拔荷载传递到锚孔周围岩体，从而形成了锚筋、锚孔内细石混凝土、锚孔周围岩石地基三者之间相互作用且共同承载、传载的锚固系统。当将锚筋与锚孔内细石混凝土看成一个综合锚固体时，该锚固体与锚孔周围岩体之间因相对位移而产生相互作用力。

大量关于锚杆荷载传递机理的试验研究和理论分析已经证实，基于锚固体与锚孔侧壁岩体界面之间黏结强度（τ_b）沿锚固长度的分布也是极不均匀的，一般也呈现出分布区间短、黏结强度峰值高的特点，如图 2－111 所示。当上拔力较小时，黏结强度仅仅分布在较小的锚固长度范围内。随着上拔力的增加，τ_b 峰值逐渐向锚固段深部转移，但浅部锚固段界面黏结强度则显著下降。当上拔力接近极限荷载时，τ_b 峰值进一步下移并达到极限状态，此时近地表段浅层锚固体与锚孔侧壁岩体界面间黏结强度将降至极低的残余黏结强度水平，甚至出现锚固体与锚孔侧壁岩体界面之间黏结脱离滑移现象。

图 2－111 表明，能够有效发挥岩体抗剪强度作用的锚固段长度是有限的，岩石锚杆基础的锚固段越短，则锚固体与锚孔侧壁岩体界面之间的平均黏结强度越大，岩体抗剪强度利用率越高。增加锚固段长度，一般不能有效提高岩石锚杆基础的抗拔承载力。因此，《建筑地基基础设计规范》（GB 50007—2011）指出，岩石锚杆基础在 15～20 倍锚孔直径（D_b）以下部位一般已没有锚固力分布，只有当锚固体顶部周围岩体出现破坏后，锚固力才会进一步向深部延伸。

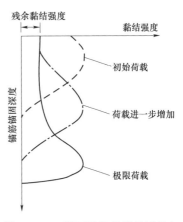

图 2－111　岩石锚杆抗拔锚固体与锚孔侧壁岩体间黏结强度分布

大量工程试验表明，在硬质岩和软质岩中，岩石锚杆基础工作阶段的锚固力传递深度一般为 1.5～3.0m。但为了确保锚杆基础工程安全可靠，国内外相关规范对岩石锚固长度进行了规定，分别见表 2－14 和表 2－15。

表 2－14　　　　　我国相关锚杆基础规范中锚固段长度规定

规范名称及编号	锚固段长度取值
《建筑地基基础设计规范》（GB 50007—2011）	大于 40 倍锚杆筋体直径，且不得小于 3 倍孔径
《建筑边坡工程技术规范》（GB 50330—2002）	不应小于 3m，且不宜大于 $45D_b$ 和 6.5m
《岩土锚杆（索）技术规程》（CECS 22—2005）	宜采用 3～8m

表 2−15 国外相关锚杆基础规范中锚固段长度规定

国家及规范编制单位	规范名称及编号	锚固段长度取值
英国标准学会	《岩土锚杆实践规范》（GS—2015）	3m 以上，10m 以下
国际预应力混凝土协会	《预应力灌浆锚杆设计施工规范》（FIP）	3m 以上，10m 以下
美国标准协会	《预应力岩土锚杆的建议》（PTI—1996）	3～10m
日本土质工学会	《地层锚杆设计与施工规程》（CJG 4101—2000）	3m 以上，10m 以下
瑞士工程建筑学会	《地层锚杆》（SN 533—191）	4～7m

3. 锚筋长度的合理确定

总体上看，锚筋长度对锚筋与细石混凝土界面之间、锚固体与锚孔侧壁岩体界面之间的抗拔黏结锚固作用都起到了决定作用。但由于锚筋、细石混凝土与锚孔周围岩体的弹性特征存在显著差异，在上拔荷载作用下，锚筋与细石混凝土界面间、锚固体与锚孔侧壁岩体界面间的黏结强度分布是极不均匀的。

基于前述上拔荷载作用下锚筋轴力、锚筋与细石混凝土间抗拔黏结强度随埋深分布规律以及锚固体与锚孔侧壁岩体间抗拔黏结强度随埋深分布与变化规律，并综合考虑锚孔施工难易程度、成品钢筋标准长度等，建议岩石单锚基础锚筋在基岩中的长度不应小于 3m，但也不宜超过 6m。规定岩石单锚基础锚筋在基岩中埋深的下限值为 3m，这是因为实际锚固区浅表地层局部强度可能过低或存在不利结构面，若锚筋埋深过小，锚筋或锚固体被抽出破坏可能性会增大。

在实际工程的设计计算过程中，当计算结果需要超过锚筋埋深上限值 6m 时，应综合考虑锚筋数量、锚筋强度、锚筋直径和锚孔间距等因素，优化基础结构形式与锚桩布置方案，绝不能简单采取增加锚筋长度的方法予以解决。采取增加锚筋长度的方法，看似解决了岩石锚杆基础设计计算问题，但实质上给岩石锚杆基础安全稳定埋下了较大的隐患。

（三）锚筋底部锚固方式

图 2−112 所示为西藏林芝强风化～中风化花岗闪长岩地基 HRB400 锚筋在不同锚固形式下的岩石单锚基础抗拔承载性能试验结果对比。试验场地岩体基本质量等级为Ⅳ级，底部采用焊接圆钢锚固的岩石单锚基础 4 个，锚筋长度分别为 1.0、2.0m，每种锚筋长度的岩石单锚基础各 2 个。底部采用涨壳锚头锚固的岩石单锚基础 8 个，锚筋长度分别为 0.5、1.0、1.5、2.0m，每种锚筋长度的岩石单锚基础 2 个。底部采用锚板锚固的岩石单锚基础 8 个，锚筋长度

分别为 0.5、1.0、1.5、2.0m，每种锚筋长度的岩石单锚基础 2 个。所有试验基础锚筋直径 $d_b = 36$mm，锚孔直径 $D_b = 100$mm，锚孔内灌注强度等级为 C30 的细石混凝土。

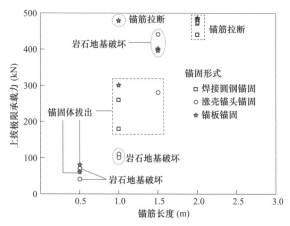

图 2-112 花岗闪长岩地基 HRB400 锚筋在不同锚固形式下的
岩石单锚基础抗拔承载性能试验结果对比（西藏林芝，2016）

从图 2-112 可以看出，当锚筋长度为 0.5、1.0、1.5m 时，由于锚筋长度较小且地表浅层岩体性质差异大，三种锚固形式下的岩石单锚破坏模式呈岩石地基破坏、锚固体拔出、锚筋拉断三种，岩石单锚基础破坏模式与锚筋底部锚固形式无明显相关性，基础抗拔极限承载力随破坏模式而变化并具有较大离散性。然而，当锚筋长度为 2.0m 时，采用焊接圆钢锚固、涨壳锚头锚固和锚板锚固的岩石单锚基础均呈锚筋拉断破坏模式，相应基础抗拔极限承载力取决于锚筋拉断荷载。

图 2-113 所示为浙江舟山大跨越工程流纹质凝灰岩地基 HRB500 锚筋在不同锚固形式下的岩石单锚基础抗拔承载性能试验结果对比。试验场地岩体基本质量等级为Ⅳ级，岩石单锚试验基础锚筋底部分别采用焊接圆钢锚固、涨壳锚头锚固和尖头无锚固三种锚固方式。底部采用焊接圆钢锚固的岩石单锚基础 14 个，锚筋长度分别为 1.5、2.5、3.0、3.5、4.0、4.5、5.0m，每种锚筋长度的岩石单锚基础 2 个。底部采用涨壳锚头锚固的岩石单锚基础 14 个，锚筋长度分别为 0.5、1.0、1.5、2.5、3.0、3.5、4.0m，每种锚筋长度的岩石单锚基础 2 个。底部采用尖头无锚固的岩石单锚基础 14 个，锚筋长度分别为 1.5、2.5、3.0、3.5、4.0、4.5、5.0m，每种锚筋长度的岩石单锚基础 2 个。所有试验基础锚筋直径 $d_b = 32$mm，锚孔直径 $D_b = 100$mm，锚孔内灌注强度等级为 C30 细石混凝土。

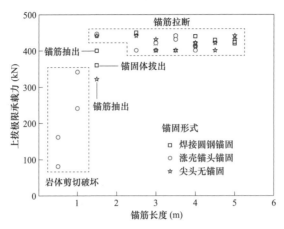

图2-113 流纹质凝灰岩地基HRB500锚筋在不同锚固形式下的
岩石单锚基础抗拔承载性能试验结果对比（浙江舟山，2014）

从图2-113可以看出，当锚筋长度为0.5、1.0m，且锚筋底部采用涨壳锚头锚固时，岩石单锚基础均呈现岩石地基破坏模式，但抗拔极限承载力离散性较大。当锚筋长度为1.5m时，三种锚固形式下的岩石单锚基础呈锚筋抽出、锚固体拔出和锚筋拉断三种破坏模式，岩石单锚基础破坏模式与锚筋底部锚固形式无明显相关性，基础抗拔极限承载力随破坏模式而变化并具有较大离散性。但当锚筋长度大于或等于2.5m后，无论锚筋底部采用焊接圆钢锚固、涨壳锚头锚固和尖头无锚固三种形式中的哪一种，岩石单锚基础均呈现锚筋拉断破坏模式，岩石单锚基础抗拔极限承载力取决于锚筋拉断荷载。

图2-112和图2-113所示结果表明，当锚筋为螺纹钢筋，且锚筋锚固深度大于一定长度（试验条件下分别为2.0m和2.5m），锚筋底部是否锚固以及采取何种锚固方式，并不会改变岩石单锚基础锚筋拉断的破坏模式，锚筋底部锚固形式对岩石单锚基础抗拔极限承载力无显著影响。

此外，从前述岩石单锚基础抗拔试验荷载沿锚筋长度传递规律、锚筋与细石混凝土之间黏结强度沿锚固深度分布规律看，锚筋与细石混凝土间黏结强度可有效传递外部荷载，且上拔荷载主要集中在锚筋顶部3.0m左右的范围内传递，锚筋与细石混凝土之间黏结强度峰值一般也位于3m以内的锚固范围。当锚筋长度大于一定长度后，岩石单锚基础抗拔承载力主要取决于锚筋材料屈服强度。当锚筋应力超过材料屈服强度后，锚筋与细石混凝土间相对滑移增大，黏结强度变为滑动摩擦阻力。因此，锚筋底部设置锚固件的作用是防止在基础施工质量或岩体性质等不确定性作用下锚筋从细石混凝土中被突然拔出而破坏。

（四）锚固材料强度

由于岩石单锚基础锚固体材料与锚孔周围岩体之间存在较大的工程性质差异，锚固体与岩体结合面容易成为整个锚固系统的薄弱环节。大量研究表明，当锚孔侧壁岩体与锚固体结合面处黏结强度较低而不能抵抗上拔荷载作用时，岩石锚杆基础锚固系统失效就会发生在两者结合面处。若锚孔侧壁岩体强度高于锚孔内细石混凝土强度，则结合面处滑移破坏将发生在锚固体一侧，两者结合面处的黏结强度将由细石混凝土物理力学特性决定。反之，若锚孔侧壁岩体强度小于锚孔内细石混凝土强度，则结合面处滑移破坏将发生在锚孔侧壁岩体一侧，两者结合面处的黏结强度将取决于锚孔周围岩体物理力学特性。

实际输电线路基础工程中，塔位岩石地基条件一般是确定的，不容易改变，但锚筋和锚孔内所灌注的细石混凝土的强度具备人为控制条件。因此，当锚筋材料确定后，可通过增大锚孔内所灌注的锚固材料强度，提高锚固体与锚孔侧壁岩体之间的黏结锚固性能，这也是近年来输电线路工程中将砂浆锚固材料改为细石混凝土，且将细石混凝土强度等级由 C25 提高至 C30 的原因。具备条件时，实际工程中还可采用灌浆液代替细石混凝土，以提高锚固体材料强度。

此外，向锚孔内所灌注细石混凝土中掺入适量膨胀剂，膨胀剂所发挥的作用一般可作为锚固体与锚孔侧壁岩体之间黏结锚固性能的安全储备。但也应确保掺入膨胀剂后，细石混凝土强度仍具有相应的设计强度等级。需要说明的是，本章第二节所有岩石单锚和群锚试验基础锚孔内所灌注的细石混凝土均没有添加膨胀剂。

（五）锚孔直径与锚筋间距

研究表明，锚孔直径与锚筋直径之间的差值与锚固效果之间总体上存在负相关性。锚孔钻机的成孔钻具通常有 90、100、110、130、150mm 五种孔径规格。我国架空输电线路基础工程中，锚孔直径 D_b 与锚筋直径 d_b 之间一般满足 $D_b = (2 \sim 3) d_b$ 的规定，且 D_b 不宜大于 150mm，也不宜小于 90mm。

锚筋间距是输电线路岩石群锚基础设计的关键参数之一。岩石群锚基础中单锚基础锚筋间距越大，单锚基础之间相互影响就越小，群锚基础抗拔力也相应越高。然而，架空输电线路基础需承受上拔和水平力的组合作用，在水平力所产生的弯矩作用下，随着锚筋间距的增加，岩石群锚基础中处于边缘（圆形布置）或角点（正方形布置）位置的锚筋所承受的最大设计荷载将显著增加，从而控制了相应的岩石单锚基础设计。此外，随着锚筋间距的增加，岩石群锚基础承台结构尺寸也将相应增加，这既增大了基础承台工程量与施工难度，对处于山区斜坡地形输电线路塔位而言，还将直接影响岩石锚杆基础应用的可行性。因此，合理确定岩石群锚基础的锚筋间距，具有重要的理论和实践意义。

　　岩石群锚基础的抗拔荷载-位移曲线，是岩石地基条件以及群锚基础结构形式、锚筋规格、锚筋间距、锚筋数量等因素的综合反映，体现了岩石地基与锚杆基础所形成的锚固体系相互作用的承载性状。图2-114～图2-118给出了典型试验场地不同锚筋间距下岩石群锚基础抗拔荷载-位移曲线及其破坏模式。为便于比较，将相同试验条件下的岩石单锚抗拔荷载-位移曲线及其破坏模式一并列于图中。

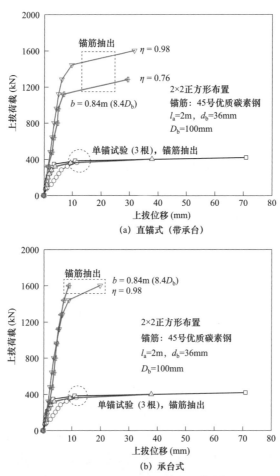

图2-114　45号优质碳素钢灰岩地基岩石群锚基础抗拔试验（广东清远，2009）

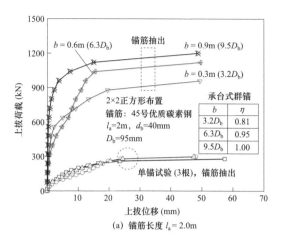

(a) 锚筋长度 $l_a = 2.0$m

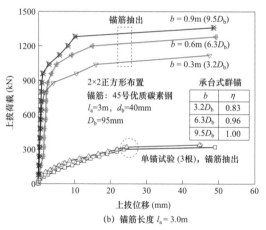

(b) 锚筋长度 $l_a = 3.0$m

图 2-115　45 号优质碳素钢凝灰岩地基直锚式（带承台）
岩石群锚基础抗拔试验（浙江玉环，2013）

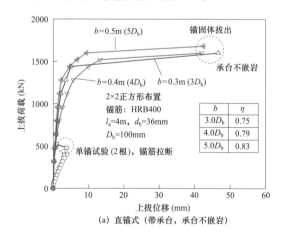

(a) 直锚式（带承台，承台不嵌岩）

图 2-116　HRB400 钢筋千枚岩地基岩石群锚基础抗拔试验（陕西略阳，2016）（一）

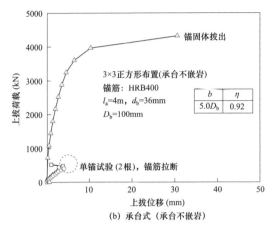

(b) 承台式（承台不嵌岩）

图 2-116　HRB400 钢筋千枚岩地基岩石群锚基础抗拔试验（陕西略阳，2016）（二）

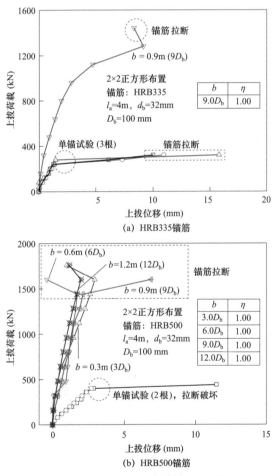

(a) HRB335锚筋

(b) HRB500锚筋

图 2-117　凝灰岩地基直锚式（无承台）岩石群锚基础抗拔试验（浙江舟山，2014）

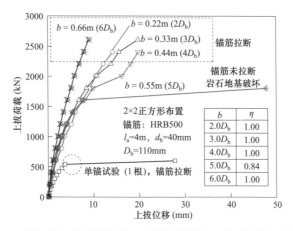

图 2-118 HRB500 钢筋砾质砂岩地基承台式岩石群锚基础抗拔试验（北京房山，2016）

对图 2-114～图 2-118 所示缓变型荷载-位移曲线直线，取破坏段起点为基础抗拔极限承载力。对呈锚筋拉断破坏模式的岩石单锚和群锚基础，则取锚筋拉断时荷载作为基础抗拔极限承载力。在此基础上，根据同场地相同试验条件下岩石单锚基础和群锚基础抗拔极限承载力大小，引入群锚效应系数以量化反映锚筋间距对岩石群锚基础承载性能的影响，群锚效应系数 η 按式（2-2）计算。

$$\eta = \frac{T_{群锚}}{n T_{单锚}} \tag{2-2}$$

式中 $T_{群锚}$——岩石群锚基础抗拔极限承载力，kN；

        $T_{单锚}$——岩石单锚基础抗拔极限承载力，kN；

         n——群锚基础锚筋数量。

式（2-2）表明，η 越大，岩石群锚基础承载性能越好，锚筋间距对岩石群锚基础抗拔极限承载力的影响也越小。按式（2-2）计算得到的各岩石群锚基础的 η 值一并列于图 2-114～图 2-118 中。

首先，如图 2-114 和图 2-115 所示，45 号优质碳素钢圆钢锚筋在强风化～中风化凝灰岩地基中，由于 45 号优质碳素钢圆钢表面光圆且长度较短，岩石群锚和单锚基础抗拔荷载-位移曲线均呈图 2-92 中第④种形态的缓变型三阶段变化规律，破坏模式主要为锚筋抽出，基础位移较大。岩石单锚基础锚筋长度为 2m 和 3m，当锚筋间距从 $3.2D_b$ 增加到 $9.5D_b$ 时，相应岩石群锚效应系数 η 变化范围为 0.81～1.00，且相同条件下的承台式岩石群锚基础承载性能要优于直锚式（带承台）岩石群锚基础。

其次，如图 2-116 所示，尽管千枚岩地基 HRB400 钢筋岩石单锚基础呈锚筋拉断破坏模式，但由于试验场地千枚岩地基承载能力相对薄弱，加上基础承台尺寸大且不嵌岩，2×2直锚式（带承台）岩石群锚基础和3×3承台式岩石群锚基础抗拔荷载－位移曲线均呈图 2-92 中第④种形态的三阶段缓变型变化规律，群锚基础的破坏模式均为单锚基础锚固体拔出。对 4 根锚筋采用 2×2 正方形布置的直锚式（带承台）岩石群锚基础，当锚杆间距从 $3.0D_b$ 增加到 $5.0D_b$ 时，相应群锚效应系数 η 从 0.75 增加到 0.83。对 9 根锚筋采用 3×3 正方形布置承台式岩石群锚基础，当锚杆间距 $b=5.0D_b$ 时，对应的岩石群锚效应系数 $\eta=0.92$。

　　最后，如图 2-117 和图 2-118 所示，当 HRB335、HRB400 和 HRB500 锚筋长度为 4m 时，不同地基条件下岩石单锚基础均呈锚筋拉断破坏（试验中拉断位置都发生在连接螺纹处），锚筋直径及其强度等级决定了岩石单锚基础抗拔极限承载力。相同岩石地基条件下的群锚基础抗拔荷载－位移曲线主要呈图 2-92 中第①、②、③三种形态中的某一种。试验过程中随着荷载的增加，基础位移呈线性增长，直至一根或多根锚筋被拉断破坏，且拉断破坏时锚杆位移也较小。总体上看，岩石群锚基础承载力主要受岩石单锚基础锚筋材料强度控制，锚筋间距对岩石群锚基础抗拔极限承载力提高无显著影响，岩石群锚效应系数 η 近似等于 1.0。

　　图 2-114～图 2-118 所示试验结果表明，岩石群锚基础抗拔承载性能并不仅仅取决于岩石单锚基础承载性能，而是主要取决于群锚基础结构形式、锚筋间距和岩石地基性质等。考虑到我国当前岩石群锚基础设计中一般都选择带有承台的结构形式，锚筋普遍采用高强度螺纹钢筋，且岩石单锚基础的锚筋长度一般都大于 3m。从工程安全性、经济性以及山区输电线路岩石锚杆基础应用可行性等方面综合考虑，架空输电线路岩石群锚基础的锚筋间距 b 宜取 3～4 倍锚孔直径，岩石群锚效应系数 η 可取 0.8～1.0。对硬质岩而言，b 宜取小值，对应的 η 宜取大值。对软质岩，b 宜取大值，对应的 η 宜取小值。

（六）底板（承台）嵌岩深度

　　对柱板式和承台式岩石锚杆基础，工程设计时都需将底板（承台）嵌入基岩一定深度。显而易见，增加底板（承台）的嵌岩深度，可显著提高岩石群锚基础抗拔和抗倾覆承载能力。但增加底板（承台）嵌岩深度，将不可避免地增大岩石地基开挖量与施工难度。因此，合理确定底板（承台）嵌岩深度，对岩石锚杆基础安全性和经济性之间的平衡至关重要。

　　图 2-119 所示为陕西汉中略阳县强风化～中风化千枚岩地基 9 根锚筋 3×3 正方形布置的承台式岩石群锚基础抗拔荷载－位移曲线，相同场地条件下的岩石

单锚基础抗拔荷载−位移曲线及其破坏模式也列于图中。

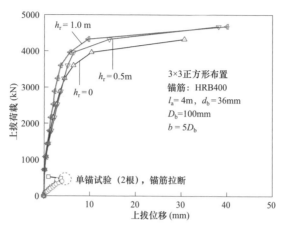

图 2−119　不同嵌岩深度下承台式岩石锚杆基础抗拔性能（陕西略阳，2016）

图 2−119 中岩石单锚基础均呈锚筋拉断破坏，但岩石群锚基础抗拔荷载−位移曲线却均呈现图 2−92 中的第④种形态，即呈初始弹性直线段、弹塑性曲线过渡段和直线破坏段的三阶段缓变型变化规律，取直线破坏段起点荷载作为岩石群锚基础的抗拔极限承载力。当承台嵌岩深度从 0 增加到 0.5m 时，岩石群锚基础抗拔极限承载力从 3960kN 增大到 4320kN，承载力提高效果显著。但当嵌岩深度从 0.5m 增加到 1.0m 时，两种嵌岩深度下的岩石群锚基础抗拔极限承载力均为 4320kN，基础抗拔极限承载力没有得到提高，但承台的嵌岩深度增加显著地提高了岩石群锚基础锚固系统的刚度，承台嵌岩深度大的基础其抗拔极限承载力所对应的上拔位移有所减小，分别为 14.36mm 和 9.70mm。

图 2−120 所示为宁夏灵武砂岩地基 4 根锚筋 2×2 正方形布置的承台式

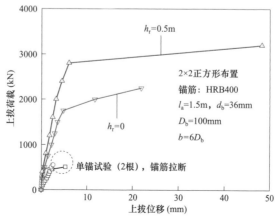

图 2−120　不同嵌岩深度下承台式岩石锚杆基础抗拔性能（宁夏灵武，2014）

岩石群锚基础在不同承台嵌岩深度下的抗拔荷载–位移曲线，相同场地条件下相应的岩石单锚基础抗拔荷载–位移曲线及其破坏情况也列于图中。

试验结果表明，尽管岩石单锚基础锚筋埋深仅有 1.5m，但其抗拔试验中均呈锚筋拉断破坏模式。然而，两种嵌岩深度下承台式岩石群锚基础抗拔荷载–位移曲线却呈图 2–92 中第④种形态的三阶段缓变型变化规律。当取直线破坏段起点荷载作为基础抗拔极限承载力，承台嵌岩深度从 0 增加到 0.5m 时，岩石群锚基础抗拔极限承载力从 2000kN 增加到 2800kN，对应抗拔极限位移分别为 11.80mm 和 6.06mm，承台嵌岩深度增加对岩石群锚基础抗拔极限承载性能提高效果显著。

此外，从本章第二节图 2–59 所示宁夏灵武 9 根锚筋 3×3 正方形布置（8 根锚筋布置，底板中心无锚筋布置）的柱板式岩石群锚基础上拔与水平力组合荷载工况试验看，基础竖向抗拔和水平力荷载–位移曲线都呈图 2–92 中第④种形态的三阶段缓变型变化规律。总体上看，在上拔与水平力组合工况下，竖向抗拔稳定性控制了基础整体承载性能。取抗拔荷载–位移曲线直线破坏段起点荷载作为相应岩石群锚基础抗拔极限承载力，并由此抗拔极限承载力确定相应的基顶水平承载力及其对应的水平位移，结果见表 2–16。

表 2–16　柱板式岩石群锚基础上拔与水平力组合荷载试验结果（宁夏灵武，2014）

序号	基础编号	单锚				底板			竖向上拔力方向		水平力方向	
		锚筋直径 d_b(mm)	锚筋长度 l_a(m)	锚孔直径 D_b(mm)	锚筋间距 b(m)	长×宽 (m×m)	厚度 (m)	嵌岩深度 (m)	极限承载力 (kN)	极限位移 (mm)	极限承载力 (kN)	极限位移 (mm)
1	Q3.0–0.5	36	3.0	100	0.5	1.6×1.6	1.5	0.5	2100	4.78	304	4.91
2	Q3.0–0.8	36	3.0	100	0.5	1.6×1.6	1.5	0.8	2520	7.65	422	3.97
3	Q4.0–1.0	36	4.0	100	0.5	1.6×1.6	1.5	1.0	2890	18.87	481	11.6

比较表 2–16 中岩石群锚基础 Q3.0–0.5 和 Q3.0–0.8 可以看出，当不考虑基础露头高度影响时，相同锚筋数量、长度和间距条件下，底板嵌岩深度从 0.5m 增加到 0.8m 时，岩石群锚基础竖向抗拔极限承载力从 2100kN 提高到 2520kN，抗拔承载力提高 20%。对应水平力分别为 304kN 和 422kN，水平承载力提高 39%，且相应水平位移从 4.91mm 下降到 3.97mm。进一步比较 Q3.0–0.5 和 Q4.0–1.0 可以看出，两者锚筋数量和锚筋间距均相同，但后者基岩中锚筋长度较前者增加了 1.0m，底板嵌岩深度增加了 0.5m，而相应抗拔和水平承载力仅提高 15% 左右。

综合底板（承台）嵌岩深度对岩石群锚基础承载性能影响的试验成果，建议岩石群锚基础的底板（承台）嵌岩深度取 0.5~0.8m，这一嵌岩深度建议已写入《架空输电线路锚杆基础设计规程》（DL/T 5544—2018），并广泛应用于工程设计实践。

（七）覆盖土层厚度

本章第二节图 2 - 50 所示江西九江叶家山试验点 3 个 45 号优质碳素钢锚筋岩石单锚基础抗拔试验结果表明，当锚筋直径 $d_b = 45\text{mm}$，锚孔直径 $D_b = 120\text{mm}$，锚筋长度 $l_a = 3.0\text{m}$ 时，覆盖土层厚度 4、5、6m 条件所对应的岩石单锚基础抗拔极限承载力分别为 240、260、280kN。随着覆盖土层厚度的增加，基础抗拔极限承载力有所提高，这主要是因为当基岩上有一定厚度覆盖土层的自重应力作用时，覆盖土层以下的岩石地基承载性能可得到显著提高。

以岩石抗压强度为例，三向应力状态下岩体强度与单向应力条件下的岩体强度之间存在如下关系：

$$\sigma_c''' = \sigma_c + \frac{1 + \sin\varphi}{1 - \sin\varphi}\sigma_h \qquad (2-3)$$

$$\sigma_h = K_0 \gamma_r h \qquad (2-4)$$

$$K_0 = \frac{v_r}{1 - v_r} \qquad (2-5)$$

式中　σ'''——三向应力状态下岩体强度，kPa；

　　　σ_c——单向应力状态下岩体强度，kPa；

　　　φ——岩体内摩擦角，（°）；

　　　σ_h——距离地表深度 h 处岩体所受侧向围压，kPa；

　　　K_0——侧压力系数，反映某点水平应力与该点竖向垂直应力的比值；

　　　γ_r——岩体重度，kN/m³；

　　　h——岩层深度，m；

　　　v_r——岩石泊松比，一般取 0.20～0.35。

然而，在输电线路岩石锚杆基础工程设计时，一般都不考虑立柱及底板上覆盖土体对基础承载性能的有利作用，即假设覆盖层中基础立柱为悬臂构件，将柱顶水平力所产生的弯矩直接作用于基础底板及基岩中岩石单锚基础（锚桩）。同时，在群锚和锚桩抗拔承载力计算时，也不考虑基岩以上覆盖土层对岩石地基强度指标的有利作用。尽管基岩上覆盖土层对岩石极限抗压和抗剪强度的提高是有利的，但我国当前岩石锚杆基础地基设计参数取值，特别是岩石等代极限剪切强度取值，都没有考虑基岩上覆盖土层的有利作用，这部分有利作用均可作为安全裕度存在，从而使得基础设计总体偏于保守和安全。

第四节　岩石锚杆基础承载性能设计与计算

一、基本规定

（一）可靠性设计方法与安全度设置水准

我国当前岩土工程设计中，与岩或土有关的基础设计与验算，通常采用安全系数法。当只涉及钢材以及钢材与混凝土（砂浆）材料的相互作用时，也可采用分项系数法。以《建筑地基基础设计规范》（GB 50007—2011）、《岩土锚杆与喷射混凝土支护工程技术规范》（GB 50086—2015）以及《建筑基坑支护设计规范》（JGJ 120—2012）为例，这些技术规范都规定在锚杆（索）工程设计时，对锚筋（索）抗拉设计、锚筋与细石混凝土（砂浆）界面间抗拔黏结锚固承载力设计均采用分项系数法，而对锚固体与锚孔侧壁岩土体界面间抗拔黏结锚固承载力设计采用安全系数法。

鉴于以上分析，并结合《架空输电线路锚杆基础设计规程》（DL/T 5544—2018）以及《架空输电线路基础设计技术规程》（DL/T 5219—2014）修订工作专题研究成果，输电线路岩石锚杆基础应按承载能力极限状态和正常使用极限状态进行设计。对岩石单锚基础锚筋抗拔力设计以及锚筋与细石混凝土界面间抗拔黏结锚固力验算，采用分项系数法。对锚固体与锚孔侧壁岩体界面间抗拔黏结锚固力以及岩石地基抗拔承载性能验算采用安全系数法，且安全系数应根据输电线路杆塔类型确定，并不应小于表 2－17 的规定值。

表 2－17　　岩石锚杆基础抗拔稳定性设计安全系数

杆塔类型	安全系数
悬垂型杆塔	2.0
耐张直线（0°转角）及悬垂转角杆塔	2.2
耐张转角、终端、大跨越塔	2.5

（二）荷载组合原则与基础作用力取值

岩石锚杆基础设计时，基础作用力取值所对应的荷载组合原则如下：

（1）确定锚筋数量及其布置方案、验算锚固体与锚孔侧壁岩体界面间抗拔黏结锚固承载力以及岩石地基抗拔承载性能时，取正常使用极限状态下荷载标准组合的效应值所对应的基础作用力标准值，相应的抗力采用特征值。

（2）锚筋抗拔力、锚筋与细石混凝土界面间抗拔黏结锚固承载力验算以及基础承台（立柱）截面内力和配筋计算时，取承载能力极限状态下荷载基本组合的效应值所对应的基础作用力设计值，相应的抗力采用设计值。

（3）基础水平位移计算时，取正常使用极限状态下荷载准永久组合的效应值所对应的基础作用力标准值。

（4）当需要进行基础承台（立柱）裂缝验算时，取正常使用极限状态下荷载准永久组合的效应值所对应的基础作用力标准值。

二、构造设计与要求

岩石锚杆基础具有独特的承载性能，其构造设计既决定了基础的安全可靠性，也决定了岩石锚杆基础方案的可行性与经济性。从某种意义上看，岩石锚杆基础的构造设计比其工程计算本身更重要。

岩石锚杆基础的基本构造设计要求，是指为保证基础整体稳定性与本体结构强度而对基础外形和基础构造措施进行的强制性规定。岩石锚杆基础外形方面的构造要求主要包括锚筋直径、锚孔直径、锚筋间距等，而钢筋强度等级、锚筋锚固长度、锚固材料等则属于基础构造措施方面的要求。

基于岩石锚杆基础现场抗拔试验及其承载性能影响因素分析成果，结合我国输电线路工程实践，岩石锚杆基础构造设计的基本原则与要求如下：

（1）优先采用高强度、大直径热轧带肋钢筋。锚筋牌号宜选用 HRB400 及以上。锚筋直径宜采用 28～40mm，且不应小于 16mm。

（2）锚孔直径宜取 2～3 倍的锚筋直径，且不宜小于 90mm，也不宜大于 150mm。

（3）锚筋间距宜取 3～4 倍的锚孔直径，且不应小于 160mm。

（4）基岩中的锚筋长度不应小于 3m，也不宜大于 6m。

（5）锚固材料宜选用细石混凝土，且细石混凝土强度等级不宜低于 C30。在实际工程中，细石混凝土应掺入适量膨胀剂，其掺入量宜取水泥用量的 3%～5%，且掺入膨胀剂后，细石混凝土强度仍应达到相应的设计强度要求。

三、承载性能设计与计算

架空输电线路中的岩石锚杆基础均采用群锚形式。在实际工程中，根据基础的荷载大小、塔位地层分布特征以及岩体性质等因素，岩石群锚基础可分为直锚式、承台式和柱板式三种。

（一）直锚式岩石群锚基础

图 2-121 以 4 根锚筋 2×2 正方形布置的岩石群锚基础为例，给出了直锚式岩石群锚基础设计模型简图。

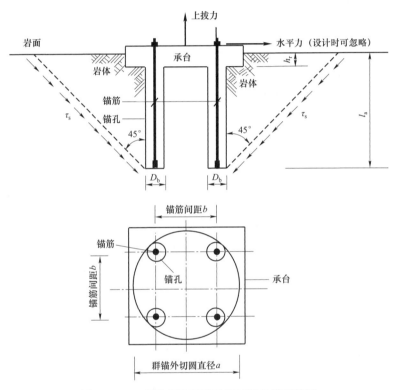

图 2-121　直锚式岩石群锚基础设计模型简图

直锚式岩石群锚基础一般需设置承台，承台嵌岩深度 h_r 一般不宜小于 250mm，露出地面高度应大于 50mm。直锚式岩石群锚基础承台的作用主要是预防地表岩体风化，本身并不作为基础承载结构，因此一般采用素混凝土。直锚式岩石群锚基础中岩石单锚基础（锚桩）的锚筋、锚孔与细石混凝土应符合其基本构造设计要求。但考虑到直锚式岩石群锚基础的锚筋通常需兼作地脚螺栓，因此锚筋间距可以配合塔脚板结构设计而进行适当调整。

直锚式岩石群锚基础塔位的岩石地基条件一般总体较好，具有较高的抗压和抗水平承载性能。因此，直锚式岩石群锚基础设计时，一般可不进行岩石地基下压稳定验算。图 2－121 所示直锚式岩石群锚基础设计验算的总体思路是：首先从岩石地基与锚杆锚固系统相互作用、共同承载角度出发，验算群锚基础岩石地基抗拔稳定性。然后从局部角度出发，验算群锚基础中岩石单锚基础（锚桩）承载性能，并在此过程中考虑岩石锚杆基础的群锚效应影响。因此，直锚式岩石群锚基础承载性能设计与计算主要包括两方面：群锚基础岩石地基抗拔稳定性验算及锚桩承载性能验算。

1. 群锚基础岩石地基抗拔稳定性验算

根据我国架空输电线路基础工程实践经验以及有关规范规定，当图 2－121 所示岩石群锚基础的锚筋间距小于 6 倍锚孔直径（$b<6D_b$）时，需要进行群锚基础岩石地基整体抗拔稳定性验算。下面以图 2－122 所示 4 根锚筋采用 2×2 正方形布置方式的岩石群锚基础为例，介绍群锚基础岩石地基抗拔稳定性设计的基本原理、计算模型及其参数取值。

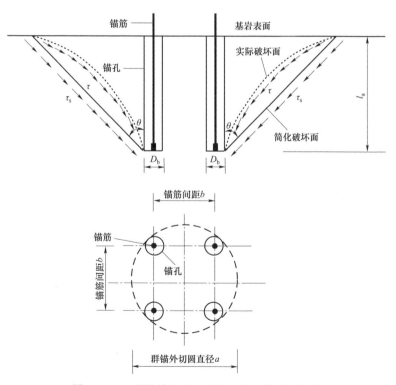

图 2－122 群锚基础岩石地基抗拔计算原理简图

（1）基本原理与计算模型。与岩石嵌固基础类似，在上拔荷载作用下，假设群锚基础周围岩石地基抗拔实际滑动破坏面为图 2－122 中虚线所示曲面，且群锚基础岩石地基抗拔极限承载力 R_u 由滑动破坏曲面上剪应力 τ 所形成的剪切阻力的垂直分力、滑动破坏曲面旋转面内岩体重量及基础混凝土自重三部分组成，则 R_u 可由式（2-6）计算确定。

$$R_u = \sum \tau_v + \gamma_r V_r + G_{f0} \qquad (2-6)$$

式中　　$\sum \tau_v$ ——实际滑动破坏面上剪切阻力的垂直分力；

　　　　γ_r ——岩体重度；

　　　　V_r ——实际滑动破坏面旋转体的体积；

　　　　G_{f0} ——锚孔内混凝土自重。

为简化计算，首先将图 2-122 所示实际滑动破坏曲面简化为图中实线所示直线型滑动面，并假设其母线与竖直方向夹角为 θ。然后在群锚基础岩石地基抗拔极限承载力组成中，忽略直线滑动破坏面所形成的倒圆台内岩体重量 [式（2-6）中 $\gamma_r V_r$ 项] 以及锚孔内混凝土自重 [式（2-6）中 G_{f0} 项]，而采用提高岩体抗剪强度方法予以补偿，则称提高后的岩体抗剪强度为岩石等代极限剪切强度，也记为 τ_s。由此，岩石地基抗拔极限承载力仅由均布于倒圆台体侧表面岩石等代极限剪切强度 τ_s 所形成的剪切阻力的垂直分量提供，即按式（2-7）计算确定。

$$R_u = \iint\limits_{A_q} \tau_s \cos\theta \, dA \qquad (2-7)$$

式中　　A_q ——简化后直线型滑动破坏面旋转体的侧表面积，由式（2-8）计算确定。

$$A_q = \pi l \left(R + \frac{a}{2} \right) = \pi \frac{l_a}{\cos\theta} (l_a \tan\theta + a) \qquad (2-8)$$

式中　　l、R ——倒圆台体母线长度和上表面半径；

　　　　l_a ——基岩中锚筋长度；

　　　　a ——群锚基础所有锚孔的外切圆直径，当锚筋采用图 2-122 所示 2×2 正方形布置方式时，$a = \sqrt{2}b + D_b$。

将式（2-8）代入式（2-7）后得到：

$$R_u = \pi l_a (l_a \tan\theta + a) \tau_s \qquad (2-9)$$

进一步取图 2-122 所示简化后的直线型滑动破坏面旋转面母线与竖直方向夹角 $\theta = 45°$，由此相应的基础抗拔极限承载力 R_u 按式（2-10）计算确定。

$$R_u = \pi l_a (l_a + a) \tau_s \qquad (2-10)$$

式中　　τ_s ——岩石等代极限剪切强度。

（2）岩石等代极限剪切强度 τ_s 取值。从群锚基础岩石地基抗拔极限承载力计算模型以及岩石等代极限剪切强度 τ_s 的定义看，τ_s 不属于岩土工程地质勘察参数，只能根据试验中岩石锚杆基础或岩石嵌固基础发生地基岩体破坏模式的抗拔基础极限承载力 R_u，按式（2–10）进行反演计算而得到。

实际工程中，群锚基础岩石地基抗拔极限承载力计算时，τ_s 取值一般与岩石嵌固基础设计时 τ_s 的取值相同，均根据岩石单轴抗压强度 f_{ucs} 按表1–33的规定进行取值。

（3）群锚基础岩石地基抗拔稳定性验算。如图2–121所示，直锚式岩石群锚基础岩石地基抗拔稳定性验算，应符合式（2–11）的要求。

$$T_k \leqslant \frac{T_{uk}}{K} \tag{2–11}$$

式中　T_k——基础上拔力标准值，kN。

　　　T_{uk}——群锚基础岩石地基抗拔极限承载力标准值，kN。对直锚式岩石锚杆基础，可忽略承台混凝土重量并按式（2–10）计算确定，即 $T_{uk}=R_u$。

　　　K——安全系数，可根据杆塔类型按表2–17的规定取值。

2. 锚桩承载性能验算

（1）单根锚桩上拔力计算。直锚式岩石群锚基础塔位的岩石地基条件总体较好，通常忽略基顶水平力的影响。群锚基础中单根锚桩上拔力，可按式（2–12）计算确定。

$$T_{is} = \frac{T_s}{n} \tag{2–12}$$

式中　T_s——基础上拔力，kN；

　　　T_{is}——群锚基础中第 i 根锚桩上拔力，kN；

　　　n——锚筋数量。

（2）锚桩承载性能验算。常规岩石单锚基础抗拔破坏分为锚筋拉断、锚筋抽出（锚筋沿细石混凝土结合面滑移破坏）、锚固体拔出（锚固体沿锚孔侧壁岩体结合面滑移破坏）和锚孔周围岩石地基破坏四种模式。鉴于此，常规条件下的岩石单锚基础的抗拔承载性能设计，应分别验算锚筋抗拔力、锚筋与细石混凝土界面间抗拔黏结锚固力、锚固体与锚孔侧壁岩体界面间抗拔黏结锚固力以及单锚基础周围岩体抗拔稳定性，从而避免岩石单锚基础发生上述四种破坏。

然而，岩石锚杆基础抗拔承载性能影响因素分析结果表明，群锚基础中的岩石单锚基础（锚桩）抗拔承载性能及其破坏模式，有时呈现出与常规岩石单锚基础抗拔破坏不同的模式，这主要受岩石群锚基础的结构形式、锚筋间距以及岩石地基性质等因素的综合影响。如图 2-116 所示，千枚岩地基常规岩石单锚基础发生锚筋拉断破坏，而群锚基础试验中则出现了锚桩锚固体拔出破坏，此时的岩石单锚基础承载性能显著降低，从而成为群锚基础承载性能的薄弱点，由此形成了岩石群锚效应现象，即群锚基础中岩石单锚基础（锚桩）抗拔承载性能较相同条件下岩石单锚基础承载性能降低的现象。鉴于此，对群锚基础中锚桩锚筋与细石混凝土界面间抗拔黏结锚固力、锚固体与锚孔侧壁岩体界面间抗拔黏结锚固力以及锚桩周围岩体抗拔承载性能进行设计验算时，应充分考虑岩石群锚效应对其上述承载性能的影响。但对群锚基础中岩石单锚基础锚筋抗拔承载力进行验算时，由于锚筋抗拔极限承载力仅取决于锚筋规格及其材料强度，因此可不考虑岩石群锚效应的影响。

1）锚筋抗拔承载力。直锚式岩石群锚基础中的锚筋抗拔承载力，应满足式（2-13）的要求。

$$T_{id} \leqslant A_e f_y \qquad (2-13)$$

式中　T_{id}——根据承载能力极限状态下荷载基本组合效应值而确定的基础作用力，并按式（2-12）计算得到的单根锚桩上拔力设计值，kN。

　　　A_e——锚筋有效面积，m^2。

　　　f_y——锚筋抗拉强度设计值，kPa。当锚筋兼作地脚螺栓时，取 $f_y = f_g$；f_g 为地脚螺栓抗拉强度设计值，可按表 2-18 确定。

表 2-18　　　　　　　　地脚螺栓抗拉强度（f_g）设计值

地脚螺栓性能等级	抗拉强度（f_g）设计值（kPa）
4.6 级	160000
5.6 级	200000
8.8 级	310000

2）锚筋与细石混凝土界面间抗拔黏结锚固力。为保证锚筋与细石混凝土界面间黏结锚固力，避免锚筋从锚固细石混凝土中抽出破坏，在考虑岩石锚杆基础群锚效应的条件下，锚筋与细石混凝土间抗拔黏结锚固力应满足式（2-14）的要求。

$$T_{id} \leqslant \eta \pi d_b l_a \tau_a \qquad (2-14)$$

式中　T_{id}——根据承载能力极限状态下荷载基本组合效应值而确定的基础作用

力，并按式（2-12）计算得到的单根锚桩上拔力设计值，kN。

η——岩石群锚效应系数，$\eta=0.8\sim1.0$。对硬质岩，η取大值；对软质岩，η取小值。

d_b——锚筋直径，m。

l_a——锚筋在细石混凝土中锚固长度，m。

τ_a——锚筋与细石混凝土界面黏结强度设计值，kPa。

国内外对锚筋与细石混凝土界面抗拔黏结强度研究较多，我国其他行业规范所规定的τ_a代表值类型及其取值见表2-19。尽管我国相关规范中τ_a的取值略有不同，但总体上也较为接近。

表2-19　　　　　　　相关规范中τ_a的代表值类型与取值　　　　　　kPa

序号	规范名称及编号	τ_a代表值类型	τ_a取值		备注
1	《锚杆喷射混凝土支护技术规范》（GB 50086—2001）	标准值	2000~3000		① 水泥结石体与螺纹钢筋之间黏结长度小于6.0m；② 水泥结石体抗压强度标准值不小于M30；③ 设计值可按0.8倍标准值进行取值
2	《岩土锚杆与喷射混凝土支护工程技术规范》（GB 50086—2015）	设计值	灌浆体抗压强度25MPa	对预应力螺纹钢筋取1200；对钢绞线、普通钢筋取800	① 预应力螺纹钢筋实际上是精轧螺纹筋，没有预应力；② 普通钢筋实际上没有螺纹，即为光面钢筋
			灌浆体抗压强度30MPa	对预应力螺纹钢筋取1400；对钢绞线、普通钢筋取900	
			灌浆体抗压强度40MPa	对预应力螺纹钢筋取1600；对钢绞线、普通钢筋取1000	
3	《建筑边坡工程技术规范》（GB 50330—2013）	设计值	2100~2700		根据水泥砂浆强度等级取值：M25时，取2100；M30时，取2400；M35时，取2700
4	《岩土锚杆（索）技术规程》（CECS 22—2005）	标准值	2000~3000		水泥砂浆或水泥结石体强度等级为M25~M40。M25时，取表中下限值；M40时，取表中上限值
5	《码头结构设计规范》（JTS 167—2018）	标准值	取浆体或混凝土抗压强度标准值的10%		对应分项系数为1.7~1.9
6	《架空输电线路基础设计技术规程》（DL/T 5219—2014）	标准值	2000~3000		根据水泥砂浆或细石混凝土强度等级取值：M20(C20)时，取2100；M25(C25)时，取2500；M30(C30)时，取3000

在《架空输电线路基础设计技术规程》（DL/T 5219—2014）的修订过程中，

经深入研究和讨论，确定锚筋（带肋钢筋、螺纹钢筋）与细石混凝土界面抗拔黏结强度 τ_a 的设计值取值见表 2－20。

表 2－20　　　　锚筋（带肋钢筋、螺纹钢筋）与细石混凝土界面
抗拔黏结强度 τ_a 的设计值取值

细石混凝土强度等级	C25	C30	C40
τ_a（kPa）	1200	1400	1600

3）锚固体与锚孔侧壁岩体界面间抗拔黏结锚固力。为保证锚固体与锚孔侧壁岩体界面间抗拔黏结锚固作用，以避免锚固体与锚孔侧壁岩体间发生相对滑移而出现锚固体从锚孔中拔出破坏，在考虑岩石锚杆基础群锚效应的条件下，岩石单锚基础锚固体与锚孔侧壁岩体界面间抗拔黏结锚固力，应满足式（2－15）的要求。

$$T_{ik} \leqslant \frac{\eta \pi D_b l_b \tau_b}{K} \qquad (2-15)$$

式中　T_{ik}——根据正常使用极限状态下荷载标准组合的效应值而确定的基础作
　　　　　　　用力，并按式（2－12）计算得到的单根锚桩上拔力标准值，kN。

　　　η——岩石群锚效应系数，$\eta = 0.8 \sim 1.0$。对硬质岩，η 取大值；对软质
　　　　　　岩，η 取小值。

　　　D_b——锚孔直径，m。

　　　l_b——锚固体长度，m，一般取 $l_b = l_a$。

　　　τ_b——锚固体与锚孔侧壁岩体界面间抗拔黏结强度标准值，kPa。

在《送电线路基础设计技术规定》（SDGJ 62—1984）、《架空送电线路基础设计技术规定》（DL/T 5219—2005）和《架空输电线路基础设计技术规程》（DL/T 5219—2014）中，τ_b 一直都根据岩石坚硬程度与风化程度，按表 2－21 取值。但表 2－21 中 τ_b 的取值受人为因素影响较大，且该值大小一直没有变化。国内外对锚固体与锚孔侧壁岩体界面间抗拔黏结强度研究较多，不同规范所规定的 τ_b 代表值类型及其取值见表 2－22。

表 2－21　　　　根据岩石坚硬程度与风化程度确定的 τ_b 规范取值范围　　　　　　　　kPa

岩石坚硬程度	岩石风化程度		
	强风化	中等风化	未风化或微风化
硬质岩石	500～800	800～1200	1500～2500
软质岩石	150～250	250～600	600～800

为便于工程设计与应用，著者在《架空输电线路锚杆基础设计规程》（DL/T 5544—2018）专题研究中，按照共性提升原则，并参考表 2-21 和表 2-22 中 τ_b 的取值情况，将决定锚固体与锚孔侧壁岩体界面间抗拔黏结强度 τ_b 的共性特征抽取出来，即仅考虑岩石作为材料时的属性——岩石单轴抗压强度（f_{ucs}）作为 τ_b 的取值依据，并推荐 τ_b 标准值的取值见表 2-23。

表 2-22　　　国内外相关规范中 τ_b 的代表值类型及其取值　　　kPa

序号	规范名称及编号	代表值类型	岩石坚硬程度				
			极软	软	较软	较硬	坚硬
1	《锚杆喷射混凝土支护技术规范》（GB 50086—2001）	标准值	—	300~1000	—	1000~1500	1500~3000
2	《岩土锚杆与喷射混凝土支护工程技术规范》（GB 50086—2015）	标准值	600~1000	600~1200	—	1000~1500	1500~2500
3	《建筑地基基础设计规范》（GB 50007—2011）	特征值		≤200	200~400	400~600	—
4	《建筑边坡工程技术规范》（GB 50330—2013）	标准值	270~360	360~760	760~1200	1200~1800	1800~2600
5	《岩土锚杆（索）技术规程》（CECS 22—2005）	标准值	200~300	300~800	800~1200	1200~1600	1600~3000
6	日本《地层锚杆设计施工规程》（D1—1988）	标准值	—	600~1500			1500~2500
7	美国《预应力岩土锚杆的建议》（PTI—1996）	标准值	150~250	200~800	800~1700	1400~2700	1700~3100
8	《码头结构设计规范》（JTS 167—2018）	标准值	取灌浆体抗压强度的 10%或者锚孔岩体抗剪强度标准值两者之较小者，对应的设计分项系数为 1.7~1.9				
各标准建议的参数平均值		标准值*	162~243	330~896	595~1063	990~1580	1440~2580

* 表中特征值乘以系数 2.0 后，作为标准值参加统计计算。

表 2-23　　　锚固体与锚孔侧壁岩体界面间抗拔黏结强度 τ_b 标准值取值

岩石类别	极软岩（$f_{ucs} \leq 5\text{MPa}$）	软岩（$5\text{MPa} < f_{ucs} \leq 15\text{MPa}$）	较软岩（$15\text{MPa} < f_{ucs} \leq 30\text{MPa}$）	较硬岩（$30\text{MPa} < f_{ucs} \leq 60\text{MPa}$）	坚硬岩（$f_{ucs} > 60\text{MPa}$）
τ_b（kPa）	150~250	250~600	600~900	900~1500	1500~2500

这里需要说明的是，表 2-23 中岩石类别划分依据与《建筑边坡工程技术规范》（GB 50330—2013）中一致，即岩石类别根据岩石天然单轴抗压强度进行划分。

4）锚桩周围岩体抗拔承载性能。与图 2-122 所示群锚基础岩石地基抗拔稳定计算原理相同，假设单根锚桩周围岩体地基抗拔极限承载力计算模型如图 2-123 所示，其抗拔滑动面为旋转面母线与竖直方向夹角等于 45°的直线型锥面。单根锚桩周围岩体抗拔极限承载力由均布于该倒圆台体侧表面的等代极限剪切强度 τ_s 所形成的剪切阻力的垂直分量提供。

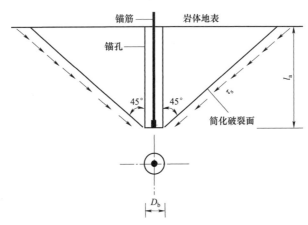

图 2-123　岩石单锚基础（锚桩）周围岩石地基抗拔计算简图

为避免发生岩石单锚基础周围岩体破坏，在考虑岩石锚杆基础群锚效应的条件下，单根锚桩周围岩石地基抗拔稳定性应满足式（2-16）的要求。

$$T_{ik} \leqslant \frac{\eta \pi l_a (l_a + D_b) \tau_s}{K} \qquad (2-16)$$

式中　T_{ik}——根据正常使用极限状态下荷载标准组合的效应值而确定的基础作用力，并按式（2-12）计算得到的单根锚桩上拔力标准值，kN。

η——岩石群锚效应系数，$\eta = 0.8 \sim 1.0$。对硬质岩，η 取大值；对软质岩，η 取小值。

τ_s——岩石等代极限剪切强度标准值，kPa，可根据岩石单轴抗压强度（f_{ucs}）按表 1-33 取值。

（二）承台式岩石群锚基础

图 2-124 以 4 根锚筋 2×2 正方形布置的岩石群锚基础为例，给出了承台式岩石群锚基础设计模型简图。

首先，承台式岩石群锚基础底板底面以下的岩石单锚基础（锚桩）的锚筋、锚孔、锚筋间距以及细石混凝土强度等级应符合基本构造设计要求。其次，由

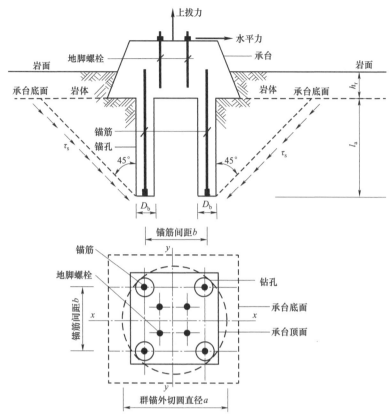

图 2-124 承台式岩石群锚基础设计模型简图

于基础承台结构同时承受地脚螺栓及基岩中锚桩的拉弯作用，因此需按照双向
拉弯构件进行承台配筋计算，并满足最小配筋率不小于 0.15% 的构造要求。最后，
承台的嵌岩深度 h_r 不应小于 250mm，且承台高度需同时满足地脚螺栓锚固长度
及锚筋锚入长度的要求。地脚螺栓和锚桩锚筋锚入承台的基本锚固长度 l_{ab} 和锚
固长度 l_0 可分别按式（2-17）和式（2-18）计算，并满足《混凝土结构设计规
范》（GB 50010—2010）的有关规定。

$$l_{ab} = \alpha \frac{f_y}{f_t} d_r \qquad (2-17)$$

$$l_0 = \varsigma_a l_{ab} \qquad (2-18)$$

式中 f_y——锚筋/地脚螺栓抗拉强度设计值，kPa。

       f_t——混凝土轴心抗拉强度设计值，kPa。当混凝土强度等级高于 C60 时，

              按 C60 取值。

       d_r——锚筋/地脚螺栓直径，m。

α ——钢筋外形系数，带肋钢筋取 0.14，光圆钢筋取 0.16。

ς_a ——锚固长度修正系数。可根据以下情况确定：① 带肋钢筋的公称直径大于 25mm 时取 1.10；② 施工过程中易扰动的钢筋取 1.10；③ 锚固钢筋的保护层厚度为 3 倍钢筋直径时可取 0.80，保护层厚度为 5 倍钢筋直径时取 0.70。当需考虑多项上述情形时，应按连乘计算确定。

当锚入承台的锚筋末端采用了弯钩或机械锚固措施时，包括弯钩和锚固端头在内的锚固长度（投影长度）可取为基本锚固长度 l_{ab} 的 60%。

与直锚式岩石群锚基础相同，承台式岩石群锚基础承载性能设计与计算也主要包括两方面：群锚基础岩石地基抗拔稳定性验算以及考虑群锚效应的锚桩承载性能验算。

1. 群锚基础岩石地基抗拔稳定性验算

与图 2-122 所示直锚式群锚基础岩石地基抗拔稳定性计算原理相同，假设承台式岩石群锚基础岩体抗拔极限承载力计算模型如图 2-124 所示。岩石地基抗拔滑动面为旋转面母线与竖直方向夹角等于 45° 的直线型锥面，抗拔极限承载力标准值由均布于该倒圆台体侧表面等代极限剪切强度 τ_s 形成的剪切阻力的垂直分力［按式（2-10）计算］以及承台结构自重（G_c）两部分组成。抗拔极限承载力标准值，可按式（2-19）计算确定。

$$T_{uk} = \pi l_a (a + l_a) \tau_s + G_c \qquad (2-19)$$

承台式岩石群锚基础岩石地基抗拔稳定性验算，应符合式（2-11）的规定。

2. 锚桩承载性能验算

（1）单根锚桩上拔力计算。在上拔力和水平力共同作用下，群锚基础承台底面以下的单根锚桩上拔力，可按式（2-20）计算确定。

$$T_{is} = \frac{T_s - G_c}{n} \pm \frac{M_x y_i}{\sum\limits_{i=1}^{n} y_i^2} \pm \frac{M_y x_i}{\sum\limits_{i=1}^{n} x_i^2} \qquad (2-20)$$

式中 T_{is} ——群锚基础承台底面以下第 i 根锚桩所受的上拔力，kN；

T_s ——基础上拔力，kN；

G_c ——承台自重，kN；

n ——锚筋数量；

M_x、M_y ——作用于承台顶面的水平力对承台底面通过群锚重心的 x 轴和 y 轴的弯矩，kN·m；

x_i、y_i——第 i 根锚桩至 y 轴和 x 轴的距离，m。

（2）锚桩承载性能验算。锚桩承载性能验算内容主要包括以下四个方面：

1）锚筋抗拔承载力。为保证群锚基础承台底面以下锚桩锚筋不被拉断，锚筋抗拔力应符合式（2-21）的规定。

$$T_{id,\max} \leqslant A_e f_y \qquad (2-21)$$

式中　$T_{id,\max}$——根据承载能力极限状态下荷载基本组合的效应值而确定的基础作用力，并按式（2-20）计算得到的群锚基础单根锚桩上拔力设计值的最大值，kN；

　　　　A_e——锚筋有效面积，m^2；

　　　　f_y——锚筋抗拉强度设计值，kPa。

2）锚筋与细石混凝土界面间抗拔黏结锚固承载力。为保证群锚基础承台底面以下锚桩锚筋与细石混凝土界面间抗拔黏结锚固承载力，避免岩石锚桩锚筋从锚孔细石混凝土中被抽出破坏，在考虑岩石锚杆基础群锚效应的条件下，锚筋与细石混凝土间抗拔黏结锚固力应符合式（2-22）的规定。

$$T_{id,\max} \leqslant \eta \pi d_b l_a \tau_a \qquad (2-22)$$

式中　$T_{id,\max}$——根据承载能力极限状态下荷载基本组合的效应值而确定的基础作用力，并按式（2-20）计算得到的群锚基础单根锚桩上拔力设计值的最大值，kN。

　　　　η——岩石群锚效应系数，$\eta=0.8\sim1.0$。对硬质岩，η 取大值；对软质岩，η 取小值。

　　　　d_b——锚筋直径，m。

　　　　l_a——承台底板下基岩锚孔细石混凝土中锚筋锚固长度，m。

　　　　τ_a——锚筋与细石混凝土界面抗拔黏结强度设计值，kPa，按表 2-20 取值。

3）锚固体与锚孔侧壁岩体界面间黏结锚固力。为避免群锚基础承台底面以下锚桩锚固体与锚孔侧壁岩体间发生相对滑移，从而导致锚桩锚固体从基岩锚孔中被拔出破坏，在考虑岩石锚杆基础群锚效应的条件下，锚桩锚固体与锚孔侧壁岩体界面间抗拔黏结锚固承载力应满足公（2-23）的要求。

$$T_{ik,\max} \leqslant \frac{\eta \pi D_b l_b \tau_b}{K} \qquad (2-23)$$

式中 $T_{ik,\,max}$——根据正常使用极限状态下荷载标准组合的效应值而确定的基础作用力，并按式（2-20）计算得到的群锚基础单根锚桩上拔力标准值的最大值，kN。

η——岩石群锚效应系数，取 $\eta=0.8\sim1.0$。对硬质岩，η 取大值；对软质岩，η 取小值。

D_b——锚孔直径，m。

l_b——承台底板以下锚孔深度，m，一般可取 $l_b=l_a$ 进行计算。

τ_b——锚固体与锚孔侧壁岩体界面间抗拔黏结强度标准值，kPa，可根据岩石单轴抗压强度按表2-23取值。

4）锚桩岩体承载性能。为避免群锚基础承台底面以下锚桩周围岩体破坏，在考虑岩石锚杆基础群锚效应的条件下，承台底板以下基岩中单锚锚桩周围岩石地基抗拔稳定性应满足式（2-16）的要求，并取 $T_{ik}=T_{ik,\,max}$。

（三）柱板式岩石群锚基础

图2-125以9根锚筋3×3正方形布置的岩石群锚基础为例，给出了柱板式岩石群锚基础设计模型简图。

基础柱板结构宜布置在覆盖土层，且底板应嵌入基岩一定深度，嵌岩深度宜取 0.5～0.8m。基岩中锚桩的锚筋、锚孔、锚筋间距及细石混凝土强度等级，应符合基本构造设计要求。锚入底板部分的锚筋应采取机械锚固或弯钩等其他措施，确保锚筋与基础底板连接可靠。锚入基础底板锚筋的基本锚固长度 l_{ab} 和锚固长度 l_0，可分别按式（2-17）和式（2-18）计算确定。

当底板有效嵌岩且嵌岩段底板侧面与周围岩体侧壁结合较好时，可仅考虑基顶水平力对底板以下基岩中锚桩上拔力的影响，而不考虑其对锚桩水平承载性能的影响，也无须进行岩石群锚基础水平承载力验算。此外，柱板式岩石群锚基础工程设计中，一般不考虑覆盖层土体对岩石群锚基础水平承载性能的有利作用，但需要对基础立柱和底板进行结构承载性能设计。因此，柱板式岩石群锚基础设计与验算内容主要包括：群锚基础岩石地基抗拔和下压稳定性验算、锚桩承载性能验算、立柱配筋计算以及底板抗弯、抗冲切、抗剪设计计算与验算。

1. 群锚基础岩石地基抗拔稳定性验算

如图2-125所示，柱板式岩石群锚基础岩石地基抗拔稳定性验算时，一般不考虑立柱周围以及底板上覆盖土体对岩石地基与基础承载性能的有利作用，假

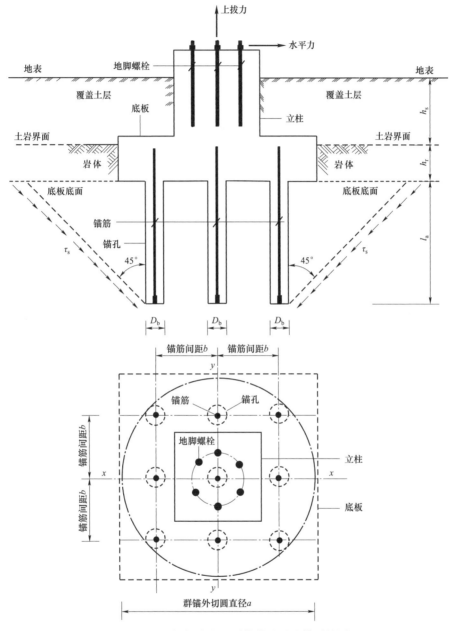

图 2-125　柱板式岩石群锚基础设计模型简图

设底板底面以下岩石群锚基础周围岩体抗拔稳定计算原理及其计算模型与图 2-122 所示承台式岩石群锚基础的相同。因此，在上拔极限承载力状态下，柱板式岩石群锚基础的抗拔极限承载力标准值 T_{uk} 由均布于滑动旋转面表面的岩体等代极限剪切强度 τ_s 形成的剪切阻力的垂直分量 [按式（2-10）计算]、柱板结构自重

（G_c）以及底板上方覆盖层土体重量（G_s）三部分组成。柱板式岩石群锚基础的抗拔极限承载力标准值，可按式（2-24）计算确定。

$$T_{uk} = \pi l_a (a + l_a) \tau_s + G_c + G_s \qquad (2-24)$$

柱板式群锚基础岩石地基抗拔稳定性验算，应符合式（2-11）的规定。

2. 群锚基础岩石地基下压稳定性验算

对于柱板式岩石群锚基础而言，由于岩石地基一般都具有较好的抗压承载性能，通常都不必进行岩石地基下压稳定性验算。

当确定需要进行岩石地基下压稳定性验算时，可参考架空输电线路工程中的钢筋混凝土扩展基础下压稳定设计方法进行。岩石地基承载力特征值 f_a 可采用岩石饱和单轴抗压强度乘以折减系数的方法，按式（2-25）计算确定。也可根据岩体基本质量等级按表 2-24 取值。

$$f_a = \psi_r R_c \qquad (2-25)$$

式中　f_a——岩石地基承载力特征值；

　　　　R_c——岩石饱和单轴抗压强度标准值；

　　　　ψ_r——折减系数，对完整岩体取 0.5，对较完整岩体取 0.2～0.5，对较破碎岩体取 0.1～0.2。

表 2-24 　　　　　　　　　基 岩 承 载 力 特 征 值

岩体基本质量等级	I	II	III	IV	V
f_a（MPa）	>7.0	7.0～4.0	4.0～2.0	2.0～0.5	≤0.5

这里需要特别说明的是，在柱板式岩石群锚基础基底附加应力计算时，并没有考虑基底嵌岩 0.5～0.8m 这一实际边界条件，由此计算得到的基底附加应力比实际情况要大很多。在很多实际工程设计中，著者发现由于工程地质勘察报告所提供的岩石地基承载力特征值偏低或不合理，使得群锚基础岩石地基下压稳定性成为设计控制条件。此时，结构工程师往往将锚孔细石混凝土和钢筋锚固体假设为小桩，利用锚固体与锚孔侧壁岩体之间的侧阻力提供抗力，以满足群锚基础岩石地基下压稳定性要求，这种方法实际上是不正确的，应予以避免。

3. 锚桩承载性能验算

（1）单根锚桩上拔力计算。在上拔力和水平力共同作用下，柱板式岩石群锚基础底板下的单根锚桩上拔作用力，可按式（2-26）计算确定。

$$T_{si} = \frac{T_s - G_c - G_s}{n} \pm \frac{M_x y_i}{\sum\limits_{i=1}^{n} y_i^2} \pm \frac{M_y x_i}{\sum\limits_{i=1}^{n} x_i^2} \qquad (2-26)$$

式中　T_{is}——底板底面以下第 i 根锚桩所承受的上拔力，kN；

　　　T_s——基础上拔力；

　　　G_s——底板上方覆盖层土体重量，kN；

　　　G_c——基础底板和立柱的自重，kN；

　　　n——锚筋数量；

M_x、M_y——作用于群锚基础基顶水平力对通过承台底面群锚重心的 x 轴和 y 轴的弯矩，kN·m；

　　x_i、y_i——第 i 根锚筋至 y 轴和 x 轴的距离，m。

（2）锚桩承载性能验算。柱板式岩石群锚基础底板底面以下锚桩承载性能验算包括锚筋抗拔力、锚筋与细石混凝土界面间抗拔黏结锚固力、锚固体与锚孔侧壁岩体界面间抗拔黏结锚固力以及锚桩周围岩体抗拔稳定性的验算。具体验算方法及其参数取值同承台式岩石群锚基础。

4. 立柱配筋计算

（1）立柱纵向配筋计算。为避免柱板式岩石群锚基础的立柱发生拉弯破坏，需配置一定量的纵向钢筋，以保证其正截面承载力满足设计要求。柱板式岩石群锚基础立柱多采用方形截面，其纵向钢筋截面面积可按双向偏心受拉构件进行设计计算。如图 2-126 所示，立柱纵向钢筋截面面积除应满足最小配筋率要求外，还应符合式（2-27）～式（2-32）的要求。

$$A_s \geqslant 2.0 \frac{T}{f_y} \left[\frac{1}{2} + \frac{n}{2} \sqrt{\left(\frac{e_{0x}}{n_x Z_y} \right)^2 + \left(\frac{e_{0y}}{n_y Z_x} \right)^2} \right] \qquad (2-27)$$

$$A_{sy} \geqslant 2.0 \frac{T}{f_y} \left(\frac{n_y}{n} + \frac{2e_{0y}}{n_x Z_y} + \frac{e_{0x}}{Z_x} \right) \qquad (2-28)$$

$$A_{sx} \geqslant 2.0 \frac{T}{f_y} \left(\frac{n_x}{n} + \frac{2e_{0x}}{n_y Z_x} + \frac{e_{0y}}{Z_y} \right) \qquad (2-29)$$

$$e_{0x} = \frac{T_x L_c}{T} \qquad (2-30)$$

$$e_{0y} = \frac{T_y L_c}{T} \qquad (2-31)$$

$$Z_{x(y)} = b_c - 2c_t - d_r - 2d_{gr} \qquad (2-32)$$

式中　A_s——立柱正截面全部纵向钢筋截面面积，m^2；

A_{sx}、A_{sy}——布置在立柱正截面平行于 x、y 轴两侧钢筋截面面积，m^2；

T——群锚基础上拔力设计值，kN；

T_x、T_y——上拔荷载工况下，对应于 x、y 轴方向的水平力设计值，kN；

e_{0x}、e_{0y}——群锚基础上拔力 T 沿 x、y 轴方向的偏心距，m；

Z_x——平行于 y 轴两侧纵向钢筋截面重心间距，m；

Z_y——平行于 x 轴两侧纵向钢筋截面重心间距，m；

f_y——钢筋抗拉强度设计值，kPa。

n_x、n_y——平行于 x、y 轴方向一侧钢筋根数；

n——立柱截面内纵向钢筋总根数；

L_c——立柱高度，m；

b_c——立柱截面宽度，m；

c_t——纵筋保护层厚度，取纵筋外箍筋外侧至立柱截面边缘的距离，m；

d_r——立柱纵筋直径，m；

d_{gr}——外箍筋直径，m。

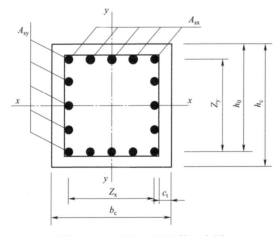

图 2－126　立柱配筋计算示意图

（2）立柱箍筋。立柱箍筋除应满足最小体积配箍率要求，还应根据《混凝土结构设计规范》（GB 50010—2010），按式（2－33）和式（2－34）进行验算。

$$V \leqslant \frac{1.75}{\lambda+1} f_t b_c h_0 + f_{yv} \frac{A_{sv}}{s} h_0 - 0.2N \qquad (2-33)$$

$$\lambda = \frac{M}{V h_0} \qquad (2-34)$$

式中　V——斜截面受压取末端的剪力设计值；

　　　N——与剪力设计值相应的拉力设计值，kN；

　　　λ——计算截面的剪跨比；

　　　f_{yv}——箍筋的抗拉强度设计值，kPa；

　　　f_{t}——混凝土轴心抗拉强度设计值，kPa；

　　　b_{c}——柱截面宽度，m；

　　　h_{0}——柱截面有效高度，m；

　　　s——沿立柱轴线方向上箍筋的间距，m；

　　　M——计算截面上与剪力设计值相对应的弯矩设计值，kN；

　　　A_{sv}——配置在同一截面内箍筋各肢的全部截面面积，即 nA_{sv1}，此处 n 为同
　　　　　一截面内箍筋的肢数，A_{sv1} 为单肢箍筋的截面面积。

5. 底板抗弯、抗冲切、抗剪设计计算与验算

柱板式岩石群锚基础底板是连接上部立柱与下部锚桩的重要构件。为保证其承载性能安全，应分别进行抗弯、抗冲切、抗剪的设计计算与验算。

（1）抗弯设计计算。为保证基础底板在下压和上拔荷载作用下不发生弯曲破坏，如图 2-127 所示，应分别在底板下侧和底板上侧配置受弯钢筋。工程设计中通常取柱根截面作为下压、上拔设计荷载作用下的最不利截面，并根据柱根截面弯矩值，分别计算底板下侧和上侧受弯钢筋的截面面积。

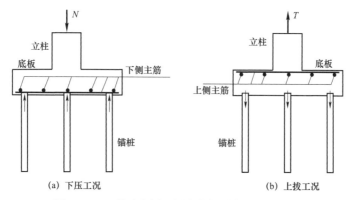

图 2-127　基础底板下侧和上侧受弯钢筋示意图

1）底板下侧配筋。如图 2-128 所示，取下压设计荷载作用下柱根截面 $x-x$ 和 $y-y$ 作为底板受弯最不利截面，相应截面弯矩设计值与底板下侧受弯钢筋截面面积，可分别按式（2-35）～式（2-38）计算。

$$M_{x} = \sum N_{i} y_{i} \qquad\qquad (2-35)$$

$$M_y = \sum N_i x_i \qquad (2-36)$$

$$A_{ctsx(y)} \geqslant \frac{M_{x(y)}}{\left(h_{ct0} - \dfrac{x}{2}\right)f_y} \qquad (2-37)$$

$$x = h_{ct0} - \sqrt{{h_{ct0}}^2 - \frac{2M_x}{f_c B_{ct}}} \qquad (2-38)$$

式中　M_x、M_y——绕 x 轴和 y 轴方向计算截面处的弯矩设计值，kN·m；

　　　x_i、y_i——垂直于 y 轴和 x 轴方向自第 i 根锚桩轴线到相应计算截面的距离，m；

　　　　N_i——不计底板及其上覆土体自重时，基础底板底面以下第 i 根锚桩竖向下压反力设计值，kN；

A_{ctsx}、A_{ctsy}——基础底板下侧 y 轴和 x 轴方向的钢筋截面面积，m^2；

　　　h_{ct0}——计算截面处底板的有效高度，取扣除钢筋保护层厚度后的底板高度，m；

　　　　x——混凝土受压区高度，m；

　　　　f_c——混凝土轴心抗压强度设计值，kN；

　　　B_{ct}——底板宽度，m。

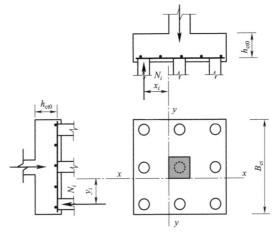

图 2-128　底板弯矩计算示意图

2）底板上侧配筋。与图 2-128 所示计算原理相同，上拔设计荷载作用下柱根截面 $x-x$ 和 $y-y$ 的弯矩值可按式（2-39）和式（2-40）计算。

$$M_{xt} = \sum T_i y_i \qquad (2-39)$$

$$M_{yt} = \sum T_i x_i \qquad (2-40)$$

式中 T_i——基础底板底面以下第 i 根锚桩竖向上拔反力设计值，kN。

考虑到输电线路基础上拔力一般要小于基础下压力，因此按式（2-39）和式（2-40）得到的计算截面弯矩设计值将小于下压荷载作用下相应截面处的弯矩设计值。为便于基础施工并确保基础承载性能安全，基础底板上侧受弯配筋面积可取与底板下侧相同的钢筋截面面积。

（2）抗冲切承载力验算。柱板式岩石群锚基础底板厚度，应满足立柱对底板和锚桩对底板的冲切承载力要求。

1）柱对底板的冲切承载力验算。在下压荷载作用下，柱板式岩石群锚基础底板受立柱冲切的破坏锥体，应采用自柱边至相应锚桩顶边缘连线所构成的锥体，锥体斜面与底板底面间夹角不应小于 45°，如图 2-129 所示。立柱对底板的冲切承载力，应符合式（2-41）～式（2-43）的要求。

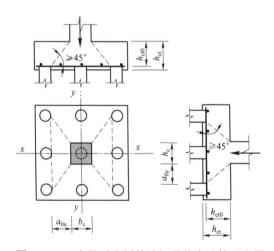

图 2-129 立柱对底板的冲切承载力计算示意图

$$F_l \leqslant 2[\beta_{0x}(h_c + a_{0y}) + \beta_{0y}(b_c + a_{0x})]\beta_{hp} f_t h_{ct0} \qquad (2-41)$$

$$F_l = N_j - \sum Q_i \qquad (2-42)$$

$$\beta_0 = \frac{0.84}{\lambda_0 + 0.2} \qquad (2-43)$$

式中 F_l——不计基础底板及其上覆土体自重，作用于冲切破坏锥体上的冲切力设计值，kN。

N_j——不计基础底板自重及其上覆土体重量时柱底的下压力设计值，kN。

$\sum Q_i$——不计基础底板及其上覆土体自重，冲切破坏锥体内各锚桩反力设计值之和，kN。

f_t——底板混凝土抗拉强度设计值，kPa。

β_{hp}——底板受冲切承载力截面高度影响系数。当底板厚度 $h_{ct} \leqslant 800mm$ 时取 $\beta_{hp} = 1.0$，当 $h_{ct} \geqslant 2000mm$ 时取 $\beta_{hp} = 0.9$，其间按线性内插法取值。

h_{ct0}——底板冲切破坏锥体的有效高度，m。

β_{0x}、β_{0y}——x、y 轴方向的柱冲切系数，按式（2-43）计算确定。

λ_{0x}、λ_{0y}——x、y 轴方向的冲跨比，$\lambda_{0x} = a_{0x}/h_{ct0}$，$\lambda_{0y} = a_{0y}/h_{ct0}$。$\lambda_{0x}$ 或 λ_{0y} 小于 0.25 时取 0.25，大于 1.0 时取 1.0，λ_{0x} 和 λ_{0y} 均应满足 0.25~1.0 的要求。

a_{0x}、a_{0y}——x、y 轴方向柱边至最近锚桩边缘的水平距离，m。

b_c、h_c——x、y 轴方向的柱截面的边长，m。

2）锚桩对底板的冲切承载力验算。如图 2-130 所示，当柱板式岩石群锚基础底板下锚桩为 4 根及以上时，可按式（2-44）和式（2-45）计算底板受位于柱冲切破坏锥体以外的角点锚桩冲切承载力。

$$N_1 \leqslant [\beta_{1x}(c_2 + a_{1y}/2) + \beta_{1y}(c_1 + a_{1x}/2)]\beta_{hp}f_t h_{ct0} \qquad (2-44)$$

$$\beta_1 = \frac{0.56}{\lambda_1 + 0.2} \qquad (2-45)$$

式中 N_1——不计底板及其上覆土体自重，基础底板下角点锚桩反力设计值，kN。

β_{1x}、β_{1y}——角点处岩石单锚基础冲切系数，按式（2-45）计算确定。

c_1、c_2——从角桩内边缘至底板边缘的距离，m。

λ_{1x}、λ_{1y}——角点锚桩冲跨比，$\lambda_{1x} = a_{1x}/h_{ct0}$，$\lambda_{1y} = a_{1y}/h_{ct0}$，$\lambda_{1x}$ 或 λ_{1y} 小于 0.25 时取 0.25，大于 1.0 时取 1.0，λ_{1x} 和 λ_{1y} 均应满足 0.25~1.00 的要求；

a_{1x}、a_{1y}——从底板底面角点锚桩顶内边缘引 45° 冲切线与底板顶面相交点至角点锚桩内边缘的水平距离，m。当立柱边位于该 45° 线之内时，取由柱边与锚桩内边缘连线为冲切锥体的锥线，其值不大于承台厚度。

这里需要说明的是，上述抗冲切承载力模型和公式均适用于圆形立柱，但在相关计算过程中应将圆形截面换算成方形截面，即取换算截面边长 $b_c = 0.8d_c$，d_c 为圆形立柱直径。

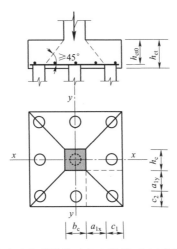

图 2-130　4 根锚桩及以上群锚基础角点锚桩对底板冲切承载力计算示意图

（3）抗剪承载力验算。柱板式岩石群锚基础立柱下的底板，应对柱边和锚桩边连线形成的贯通底板的斜截面的受剪承载力进行验算。当底板悬臂段有多排锚桩形成多个斜截面时，应对每个斜截面的受剪承载力进行验算，如图 2-131所示。柱板式岩石群锚基础立柱下的底板斜截面受剪承载力应符合式（2-46）～式（2-48）的要求。

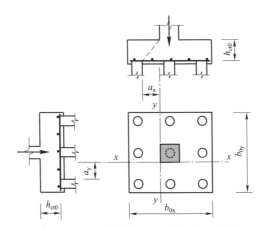

图 2-131　底板斜截面受剪计算示意图

$$V_j \leqslant \beta_{hs}\alpha f_t b_0 h_{ct0} \tag{2-46}$$

$$\alpha = \frac{1.75}{\lambda+1} \tag{2-47}$$

$$\beta_{hs} = \left(\frac{800}{h_{ct0}}\right)^{\frac{1}{4}} \tag{2-48}$$

式中　V_j——不计底板及其上覆土体自重，斜截面的最大剪力设计值，kN。

　　　　b_0——底板计算截面处的计算宽度，m。

　　　　α——承台剪切系数。

　　　　β_{hs}——受剪切承载力截面高度影响系数，按式（2-48）计算。当 $h_{ct0}<$ 800mm 时，取 $h_{ct0}=800$mm；当 $h_{ct0}>2000$mm 时，取 $h_{ct0}=2000$mm。

　　　　λ——计算截面的剪跨比，$\lambda_x=a_x/h_{ct0}$，$\lambda_y=a_y/h_{ct0}$。此处，a_x 和 a_y 分别为柱边至 x、y 轴方向计算截面处一排锚桩边缘的水平距离，m。当 $\lambda<0.25$ 时，取 $\lambda=0.25$；当 $\lambda>3.0$ 时，取 $\lambda=3.0$。

第三章

岩石基础工程地质勘察与设计参数取值

第一节 岩石分类与岩体分级

一、岩石分类

（一）按成因分类

根据成因，地质学上把自然界的岩石分为岩浆岩、沉积岩和变质岩三大类。

1. 岩浆岩

岩浆是存在于地壳下面高温高压熔融状态的硅酸盐物质，其主要成分是 SiO_2，还有其他元素、化合物和挥发成分。岩浆内部压力很大，其不断向低压力地方移动，以至于冲破地壳深部岩层，沿着裂缝上升，喷出地表。岩浆向地表上升过程中，由于热量散失和逐渐分异等作用而冷凝成的岩石，称为岩浆岩，又称火成岩。在地表以下冷凝的岩石，称为侵入岩。喷出地表后冷凝的岩石，称为喷出岩。侵入岩按距离地表的深浅程度又可分为深成岩和浅成岩。典型的岩浆岩有花岗岩、闪长岩、辉长岩、玄武岩、流纹岩、安山岩、火山凝灰岩等。

2. 沉积岩

地表或接近地表条件下的已有各种岩石在内外力作用下破碎成碎屑物质后，再经过风化和侵蚀，在风、流水、冰川和海洋等作用下，搬运到大陆低洼地带或海洋堆积下来，经过压密和胶结而形成的岩石，称为沉积岩。沉积物颗粒有粗有细，较粗颗粒的为碎石、卵石、砾石，较细颗粒的为砂，经成岩作用而形成角砾岩、砾岩和砂岩。由颗粒极细的黏土矿物形成的是泥岩和页岩，由碳酸钙、碳酸镁等化学物质沉淀结晶而形成的是石灰岩、白云岩。沉积岩最重要的构造是层理，并可分为厚层状、薄层状、页状、透镜状等。层面通常为沉积岩力学性质的薄弱部位。典型的沉积岩有砾岩、砂岩、粉砂岩、泥岩、页岩、白云岩、灰岩、火山角砾岩等。

3. 变质岩

地表已有的各种岩石，在高温（地热、岩浆温度）高压（上覆岩石压力、地质应力）作用下，经变质作用（矿物成分和结构发生质的变化）而形成的一种新的岩石，称为变质岩。典型的变质岩有片麻岩、片岩、板岩、大理岩。

（二）按坚硬程度分类

岩石的坚硬程度是其在工程中的最基本性质之一，表现为外荷载作用下岩石抵抗变形直至破坏的能力。岩石的坚硬程度与岩石的组成矿物成分、结构致密程度、风化程度以及受水作用后的软化和吸水反应等有关。

1. 定量划分

《工程岩体分级标准》（GB/T 50218—2014）规定，岩石坚硬程度的定量指标应采用岩石饱和单轴抗压强度 R_c。根据岩石饱和单轴抗压强度 R_c 与岩石坚硬程度的对应关系，岩石坚硬程度可按表 3-1 划分为坚硬、较硬、较软、软和极软五种。此外，《建筑地基基础设计规范》（GB 50007—2011）和《岩土工程勘察规范》（GB 50021—2001）（2009 版）对于岩石坚硬程度的划分也类似表 3-1。但《岩土工程勘察规范》（GB 50021—2001）（2009 版）指出，当岩体完整程度为破碎时，可不进行坚硬程度划分。

表 3-1　　岩石坚硬程度的定量划分（GB/T 50218—2014）

坚硬程度类别	软质岩			硬质岩	
	极软	软	较软	较硬	坚硬
饱和单轴抗压强度 R_c（MPa）	≤5	$5<R_c≤15$	$15<R_c≤30$	$30<R_c≤60$	>60

2. 定性划分

当缺乏岩石饱和单轴抗压强度资料或不具备试验条件时，《工程岩体分级标准》（GB/T 50218—2014）、《建筑地基基础设计规范》（GB 50007—2011）和《岩土工程勘察规范》（GB 50021—2001）（2009 版）均规定采用定性鉴定作为评价岩石坚硬程度的依据，并给出了相应的代表性岩石。岩石坚硬程度的定性鉴定标准及代表性岩石见表 3-2。

表 3-2　　　　　　　　　　　　岩石坚硬程度的定性划分

名称		定性鉴定标准	代表性岩石
硬质岩	坚硬	锤击声清脆，有回弹，震手，难击碎；浸水后，基本无吸水反应	未风化～微风化的花岗岩、正长岩、闪长岩、辉绿岩、玄武岩、安山岩、片麻岩、石英片岩、硅质板岩、石英岩、硅质胶结的砾岩、石英砂岩、硅质石灰岩等
	较硬	锤击声较清脆，有轻微回弹，稍震手，较难击碎；浸水后，有轻微吸水反应	① 弱风化的坚硬岩；② 未风化～微风化的熔结凝灰岩、大理岩、板岩、白云岩、石灰岩、钙质胶结的砂岩等
软质岩	较软	锤击声不清脆，无回弹，较易击碎；浸水后，指甲可刻出印痕	未风化～微风化的凝灰岩、千枚岩、砂质泥岩、泥灰岩、泥质砂岩、粉砂岩、页岩等
	软	锤击声哑，无回弹，有凹痕，易击碎；浸水后，手可掰开	① 弱风化的较软岩；② 未风化的泥岩
	极软	锤击声哑，无回弹，有较深凹痕，手可捏碎；浸水后，可捏成团	① 全风化的各种岩石；② 各种半成岩

（三）按完整程度分类

与岩石坚硬程度的划分相似，《工程岩体分级标准》（GB/T 50218—2014）、《建筑地基基础设计规范》（GB 50007—2011）和《岩土工程勘察规范》（GB 50021—2001）（2009 版）对于岩体完整程度的划分，也均给出了定量和定性两种方法。

1. 定量划分

岩体完整程度的定量指标，应采用岩体完整性指数 K_v（岩体压缩波速度与岩块压缩波速度之比的平方）。岩体完整程度可根据 K_v 与岩体完整程度的对应关系，按表 3-3 划分为极破碎、破碎、较破碎、较完整和完整五类。

表 3-3　　　　　　　　　　　　岩体完整程度的定量划分

完整程度	极破碎	破碎	较破碎	较完整	完整
完整性指数 K_v	<0.15	0.15～0.35	0.35～0.55	0.55～0.75	>0.75

2. 定性划分

影响岩体完整性的因素很多，从结构面几何特征看，有结构面组数、产状、密度和延伸程度，以及各组结构面的相互切割关系；从结构面性状特征看，有结构面的张开度、粗糙度、起伏度、水的赋存状态、充填物及其充填情况等。对《工程岩体分级标准》（GB/T 50218—2014）和《岩土工程勘察规范》（GB 50021—2001）（2009 版）综合分析后将结构面几何特征各项综合为"结构面发

育程度",将结构面性状特征各项综合为"主要结构面的结合程度",并将两者作为划分岩体完整程度的依据,见表3-4。

表3-4 岩体完整程度的定性划分 [GB/T 50218—2014 和
GB 50021—2001 (2009 版)]

完整程度	结构面发育程度		主要结构面的结合程度	主要结构面类型	相应结构类型
	组数	平均间距（m）			
完整	1～2	>1.0	结合好或结合一般	节理、裂隙、层面	整体状或巨厚状结构
较完整	1～2	>1.0	结合差	节理、裂隙、层面	块状或巨厚状结构
	2～3	1.0～0.4	结合好或结合一般		块状结构
较破碎	2～3	1.0～0.4	结合差	节理、裂隙、劈理、层面、小断层	镶嵌状结构或中厚层状结构
	≥3	0.4～0.2	结合好		镶嵌破碎结构
			结合一般		薄层状结构
破碎	≥3	0.4～0.2	结合差	各种类型结构面	裂隙块状结构
		≤0.2	结合一般或结合差		碎裂状结构
极破碎	无序	—	结合很差	—	散体状结构

然而,在定性划分时,需要对结构面发育程度、主要结构面的结合程度和主要结构面类型三者做综合分析评价,进而对岩体完整程度进行定性划分并定名。表3-4中的"主要结构面"是指相对发育的结构面,即张开度较大、充填物较差、成组性好的结构面。在对洞室及边坡工程进行工程岩体级别确定时,主要结构面的产状、发育程度及结合程度等因素对工程稳定性起主要影响作用。结构面发育程度包括结构面组数和平均间距,它们是影响岩体完整性的重要方面。因此,《建筑地基基础设计规范》(GB 50007—2011)给出的划分岩体完整程度的定性标准见表3-5。

表3-5 岩体完整程度的定性划分（GB 50007—2011）

完整程度	结构面组数	控制结构平均间距（m）	代表性结构类型
完整	1～2	>1.0	整体状结构
较完整	2～3	0.4～1.0	块状结构
较破碎	>3	0.2～0.4	镶嵌状结构
破碎	>3	<0.2	碎裂状结构
极破碎	无序	—	散体状结构

（四）按风化程度分类

地壳上部岩体的矿物成分和结构在水、大气、热和生物等作用下发生变化，从而导致岩体物理力学性质发生劣化的过程和现象就是岩石风化。岩石风化可分为物理风化、化学风化和生物风化等。自然界岩石风化是一个普遍存在的地质现象，一般都是从未风化逐渐演变成全风化的。岩石风化作用也是引起岩石力学性能劣化的主要原因。

岩石风化程度是指风化作用对岩体的破坏程度，包括岩体裂隙、完整性以及风化深度等。岩石风化程度的定性划分，需要从岩石的结构构造、矿物成分、开挖难易程度、破碎程度等野外特征进行综合分析判定。但通常情况下，这种分析判定受人们的经验和主观因素影响较大。《工程岩体分级标准》（GB/T 50218—2014）的定性标准见表3－6。

表3－6　　　　岩石风化程度的定性划分（GB/T 50218—2014）

风化程度	风化特征
未风化	岩石结构构造未变，岩质新鲜
微风化	岩石结构构造、矿物成分和色泽基本未变，部分裂隙面有铁锰质渲染或略有变色
中等风化	岩石结构构造部分破坏，矿物成分和色泽明显变化，裂隙面风化较剧烈
强风化	结构构造大部分破坏，矿物成分和色泽明显变化，长石、云母和铁镁矿物已风化蚀变
全风化	岩石结构构造完全破坏，已崩解和分解成松散土状或砂状，矿物全部变色，光泽消失，除石英颗粒外的矿物大部分风化蚀变为次生矿物

需要说明的是，表3－6中关于岩石风化特征的描述和风化程度的划分仅针对岩块，是为表3－2中关于岩石坚硬程度的定性划分服务的，它并不代替工程地质中对岩体风化程度的定义和划分。这项专门为描述岩石坚硬程度所做的规定，主要考虑了岩石结构构造破坏、矿物蚀变和颜色变化程度，把地质特征描述中的有关裂隙及其发育情况等归到岩体完整程度中去。《岩土工程勘察规范》（GB 50021—2001）（2009版）的岩石风化程度划分见表3－7。

表3－7　岩石风化程度的定性和定量划分［GB 50021—2001（2009版）］

风化程度	野外特征	风化程度参数指标	
		波速比 K_v	风化系数 K_f
未风化	岩质新鲜，偶见风化痕迹	0.9～1.0	0.9～1.0
微风化	结构基本未变，仅节理面有渲染或略有变色，有少量风化裂隙	0.8～0.9	0.8～0.9

续表

风化程度	野外特征	风化程度参数指标	
		波速比 K_v	风化系数 K_f
中等风化	结构部分破坏,沿节理面有次生矿物,风化裂隙发育,岩体被切割成块状,用镐难挖,岩芯钻方可钻进	0.6~0.8	0.4~0.8
强风化	结构大部分破坏,矿物成分显著变化,风化裂隙发育,岩体破碎,用镐可开挖,干钻不易钻进	0.4~0.6	<0.4
全风化	结构基本破坏,但尚可辨认,有残余结构强度,可用镐开挖,干钻易钻进	0.2~0.4	—
残积土	组织结构全部破坏,已风化成土状,用镐易挖掘,干钻易钻进,具可塑性	< 0.2	—

《架空输电线路基础设计技术规程》（DL/T 5219—2014）中关于岩石风化程度的定量指标见表3－8,且只要具备表3－8特征之一的,就被认为属该类岩石风化。

表3－8   岩石风化程度的定量指标（DL/T 5219—2014）

风化程度	特 征	
	硬质岩石	软质岩石
未风化	岩质新鲜,未见风化痕迹	
微风化	组织结构基本未变,仅节理面有铁锰质渲染或矿物略有变色,有少量风化裂隙	
中等风化	① 组织结构部分破坏,矿物成分未破坏,仅沿节理面出现次生矿物; ② 岩体被节理、裂隙分割成块（200～500mm）,裂隙中充填少量风化物,锤击声脆,且不易击碎; ③ 用镐难挖掘,用岩芯钻方可钻进	① 组织结构部分破坏,矿物成分发生变化,节理面附近的矿物已风化成土状; ② 岩体被节理、裂隙分割成岩块（200～500mm）,锤击易碎; ③ 用镐难挖掘,用岩芯钻方可钻进
强风化	① 组织结构已大部分破坏,矿物成分已显著变化,长石、云母已风化成次生矿物; ② 岩体被节理、裂隙分割成碎石状（20～200mm）,碎石用手可以折断; ③ 用镐可挖掘,手摇钻不易钻进	① 组织结构已大部分破坏,矿物成分显著变化,含大量黏土质黏土矿物,风化裂隙发育; ② 岩体被切割成碎块,干时可用手折断或捏碎,浸水或干湿交替时可迅速地软化或崩解; ③ 用镐可以挖掘,干钻可钻进
全风化	① 组织结构已基本破坏,但尚可辨认,且有微弱的残余结构强度; ② 可用镐挖,干钻可钻进	① 组织结构已基本破坏,但尚可辨认,且有微弱的残余结构强度; ② 可用镐挖,干钻可钻进

从表3－6～表3－8岩石风化程度划分结果看,随着岩石风化程度的增加,岩石强度降低,裂隙增加,工程性质变差,这是一种总的趋势。工程界总希望能将岩石的风化程度和岩石的力学性质指标挂钩,用明确的定量指标界定不同等级的风化程度,以避免划分的主观性和经验性,提高划分的客观性和科学性,

便于工程设计。但实践证明很难做到。主要有以下两方面原因：一是母岩的复杂性。地壳中岩石种类较多，不同岩石的矿物成分、化学成分、物理性质、力学性质、结构构造差别较大，风化过程各有不同的特点，很难用某一两个指标界定。例如，花岗岩、泥岩很难用统一的物理力学指标界定"中等分化"和"强风化"等。二是环境的复杂性。岩石风化可分为物理风化、化学风化和生物风化等。随着气候条件的不同，有些地方以物理风化为主，有些地方以化学风化和生物风化为主。因此，岩石风化产物及其性状也各不相同。我国幅员辽阔，气候各异，要用统一的定量指标界定全国各地的风化程度也很难做到。但对于某一特定岩石或特定地区岩石，用某种指标来划分风化程度有时是可行的。例如，对花岗岩采用标贯击数 N 来划分。

（五）按软化特性分类

岩石软化性是指岩石浸水后其强度降低的特性，它主要取决于岩石的矿物成分和孔隙特性，一般采用软化系数作为定量指标，以反映岩石耐风化、耐水浸能力。岩石软化系数 K_R 是指饱水状态和干燥状态下的岩石单轴抗压强度之比。当 $K_R \leq 0.75$ 时，定义为软化岩石；当 $K_R > 0.75$ 时，定义为不软化岩石。

二、岩体分级

在工程建设的各个阶段，正确地对工程岩体的质量及其稳定性做出评价，具有十分重要的意义。因此，需要在大量工程实践经验和岩石力学试验基础上，根据影响岩体稳定性的各种地质条件及其岩石物理力学性质，将工程岩体划分为质量与稳定程度不同的若干等级，并以此作为评价岩体性质及其稳定性的依据。工程岩体分级既是对岩体复杂性质与性状的分解，也是对性质与性状相近岩体的归并。与岩石按照某一属性分类不同，工程岩体分级充分区分了岩体工程性质和稳定性的不同，既有质的差别，也有量的区分，是有序的。

（一）岩体分级的基本因素

为提高分级因素选择的准确性和可靠性，在《工程岩体分级标准》（GB/T 50218—2014）编制过程中，采用了两种方法平行进行，以便互相校核和检验。一是从地质条件和岩石力学的角度分析影响岩体性质和稳定性的主要因素；二是采用统计分析方法，研究我国各部门积累的大量测试数据，从中寻找符合统计规律的最佳分级因素。

1. 基于岩石性质和地质条件的岩体稳定性影响因素分析

影响岩体稳定性的因素主要有岩石的物理力学性质、构造发育情况、所承受的荷载（工程荷载和初始应力）、应力应变状态、几何边界条件、水的赋存状态等。在这些影响岩体稳定性的因素中，只有岩石物理力学性质和构造发育情况是独立于各种工程类型之外的，它们反映了岩体的基本特性。在岩石的各项物理力学性质中，对稳定性影响最大的是岩石坚硬程度。岩体的构造发育状况则集中反映了岩体的不连续性与不完整性这一属性。这两者是各种类型岩石工程的共性，对各种类型工程岩体的稳定性都是重要的、控制性的。因此，岩石坚硬程度和岩体完整程度应当作为岩体基本质量分级的两个基本因素。

尽管岩石风化也是影响工程岩体质量和稳定性的重要因素，但风化程度对工程岩体特性的影响主要体现在两方面：一方面是使得岩石疏软以至松散，物理力学性质劣化；另一方面是使得岩体中裂隙增多。这些已分别在岩石坚硬程度和岩体完整程度中得到反映。因此，《工程岩体分级标准》（GB/T 50218—2014）并没有将风化程度作为一个独立的分级因素。

2. 基于抽样统计结果的岩体稳定性影响因素分析

《工程岩体分级标准》（GB/T 50218—2014）应用聚类分析、相关分析等统计方法，并根据工程实践经验来研究、选取分级因素。为此，收集了来自各部门、各工程的 460 组实测数据，从中遴选了岩石饱和单轴抗压强度 R_c、岩石点荷载强度指数 $I_{s(50)}$、岩石弹性纵波速度 V_{pr}、岩体弹性纵波速度 V_{pm}、岩体重力密度 γ、岩石地下工程埋深 H、平均节理间距 d_p 或岩石质量指标 RQD 7 项参数作为测试指标，以及岩体完整性指数 K_v、应力强度比 $\gamma H/R_c$ 两项复合变量作为子样。对同一工程且岩体性质相同的各区段，以其测试结果的平均值作为统计子样。这样，最终选定的抽样总体来自各部门的 103 组工程数据。

经过对抽样总体的相关分析、聚类分析和可靠性分析，确定影响岩体基本质量指标的因素有 R_c、K_v、d_p 和 γ。在这 4 项参数中，经进一步分析，γ 值绝大多数在 $23\sim28\mathrm{kN/m^3}$ 变动，对岩体质量和稳定性影响并不敏感，可反映在公式的常数项中；而 K_v 与 d_p 在一定意义上同属反映岩体完整性的参数，考虑到 K_v 在公式中的方差贡献大于 d_p，并考虑到国内使用的广泛性与简化公式的需要，仅选用了 K_v。这样，最终确定以 R_c 和 K_v 为定量评定岩体基本质量分级的因素。这与基于岩石性质和地质条件的岩体稳定性影响因素分析结果是一致的。

综上所述，《工程岩体分级标准》（GB/T 50218—2014）按照共性提升原则，决定将岩体工程性质和稳定性的基本共性特征抽取出来，即岩石作为材料时的属性——岩石坚硬程度，以及岩石作为地质体而存在的属性——岩体完整程度，并将两者作为衡量各类型工程岩体质量和稳定性的基本尺度。由此，岩石坚硬程度和岩体完整程度成为工程岩体分级的两个基本因素。

（二）岩体质量分级方法

《工程岩体分级标准》（GB/T 50218—2014）规定，工程岩体分级应采用定性与定量相结合的方法，并分两步进行，即先确定岩体基本质量，再结合具体工程的特点确定工程岩体级别。

1. 岩体基本质量分级

《岩土工程勘察规范》（GB 50021—2001）（2009 版）将岩石坚硬程度划分和岩体完整性程度划分结合起来，对岩体的基本质量等级进行综合性划分，结果见表 3-9。然而，《工程岩体分级标准》（GB/T 50218—2014）中的岩体质量分级，则将岩体基本质量的定性特征和岩体基本质量指标 BQ 相结合，对岩体的基本质量等级进行综合性划分，结果见表 3-10。

表 3-9　　岩体基本质量等级划分［GB 50021—2001（2009 版）］

坚硬程度	完整程度				
	完整	较完整	较破碎	破碎	极破碎
坚硬岩	Ⅰ	Ⅱ	Ⅲ	Ⅳ	Ⅴ
较硬岩	Ⅱ	Ⅲ	Ⅳ	Ⅳ	Ⅴ
较软岩	Ⅲ	Ⅳ	Ⅳ	Ⅴ	Ⅴ
软岩	Ⅳ	Ⅳ	Ⅴ	Ⅴ	Ⅴ
极软岩	Ⅴ	Ⅴ	Ⅴ	Ⅴ	Ⅴ

表 3-10　　岩体基本质量分级（GB/T 50218—2014）

岩体基本质量等级	岩体基本质量的定性特征	岩体基本质量指标 BQ
Ⅰ	坚硬岩，岩体完整	>550
Ⅱ	坚硬岩，岩体较完整； 较坚硬岩，岩体完整	550～451
Ⅲ	坚硬岩，岩体较破碎； 较坚硬岩，岩体较完整； 较软岩，岩体完整	450～351
Ⅳ	坚硬岩，岩体破碎； 较坚硬岩，岩体较破碎～破碎； 较软岩，岩体较完整～较破碎 软岩，岩体完整～较完整	350～251

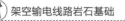

架空输电线路岩石基础

续表

岩体基本质量等级	岩体基本质量的定性特征	岩体基本质量指标 BQ
V	较软岩，岩体破碎； 软岩，岩体较破碎～破碎； 全部极软岩，全部极破碎岩	≤250

表 3－10 中岩体基本质量的定性特征是两个分级因素定性划分的组合，根据这些组合可以进行岩体基本质量的定性分级。同时，岩体基本质量指标 BQ 是用两个分级因素定量指标计算取得的，根据所确定的 BQ 值可以进行岩体基本质量的定量分级。定性分级与定量分级相互验证，可以获得更准确的定级。

《工程岩体分级标准》（GB/T 50218—2014）规定，岩体基本质量指标 BQ 值，应根据分级因素的定量指标 R_c 的 MPa 数值和 K_v，按照带两个限定条件的二元线性回归公式计算，见式（3－1）。

$$BQ = 100 + 3R_c + 250K_v \qquad (3－1)$$

使用式（3－1）计算时，应遵守的限制条件为：① 当 $R_c > 90K_v + 30$ 时，应以 $R_c = 90K_v + 30$ 和 K_v 代入计算 BQ 值；② 当 $K_v > 0.04R_c + 0.4$ 时，应以 $K_v = 0.04R_c + 0.4$ 和 R_c 代入计算 BQ 值。

第一个限制条件，是对式（3－1）中 R_c 值上限的限制。这是注意到岩石的 R_c 值很大，而当岩体的 K_v 值不大时，对于坚硬但完整性较差的岩体，其质量和稳定性仍然是比较差的，R_c 值虽高但对质量和稳定性起不了那么大的作用，如果不加区别地将测得的 R_c 值代入式（3－1），过大的 R_c 值将使得岩体基本质量指标 BQ 值大为增加，进而造成对岩体质量等级及实际稳定性的错误判断。使用这一限制条件，可获得经过修正的 R_c 值。例如，当 $K_v = 0.55$ 时，$R_c = 90 \times 0.55 + 30 = 79.5$MPa，如实测 R_c 值大于 79.5MPa，则直接采用 79.5MPa，而不是采用实测值。

第二个限制条件，是对式（3－1）中 K_v 值上限的限制。这是针对岩石的 R_c 值很低，而相应的 K_v 值过高的情况给定的。这是注意到完整性虽好但甚为软弱的岩体，其质量和稳定性也是不好的，将过高的 K_v 值代入式（3－1）也会得出高于岩体实际稳定性或质量等级的错误判断。使用这一限制条件，可获得经过修正的 K_v 值。例如，当 $R_c = 10$MPa 时，$K_v = 0.04 \times 10 + 0.4 = 0.8$，如实测 K_v 值大于 0.8，则取 0.8，而不是取实测值。

2. 工程岩体详细定级

影响工程岩体稳定性的诸多因素中，岩石坚硬程度和岩体完整程度是岩体的基本属性，是各类工程岩体的共性，反映了岩体质量的基本特征。根据岩石坚硬程度和岩体完整程度确定的岩体基本质量，体现了岩体的最基本属性，也确定了影响工程岩体稳定性的主要方面。但岩石坚硬程度和岩体完整程度并不是影响岩体质量和稳定性的全部因素。地下水状态、初始应力状态等也是影响岩体质量和稳定性的重要因素，且这些因素对不同类型的工程岩体的影响程度也是不一样的。例如，对地下工程和边坡工程而言，还需结合其工程特点、边界条件、所受荷载（含初始应力）和运行条件等因素。因此，《工程岩体分级标准》（GB/T 50218—2014）引入了影响岩体稳定性的主要修正因素，对岩体基本质量指标 BQ 值进行修正，并根据修正后的 BQ 值对工程岩体做进一步的详细定级。

鉴于此，对地下工程岩体和边坡工程岩体，分级工作的第一步，是确定基本质量的级别，并将其作为工程岩体的初步定级。分级工作的第二步，是对工程岩体进行详细定级。这一步应结合不同类型工程的特点，并根据地下水状态、初始应力状态等修正因素，采用修正的岩体基本质量指标 BQ 值确定岩体的详细定级。

（三）架空输电线路工程岩体分级

《工程岩体分级标准》（GB/T 50218—2014）指出，对岩石地基工程设计而言，最受关注的是岩体的地基承载能力。由于岩体的基本质量综合反映了岩石的坚硬程度和岩体的完整程度，而这两项指标是影响岩石基础承载力的主要因素。因此，岩石地基工程岩体的级别可以直接由岩体的基本质量分级确定。

鉴于此，在架空输电线路岩石基础工程设计中，可直接将岩体基本质量分级结果作为工程岩体质量的定级标准。

三、岩石和岩体描述

关于岩石和岩体的工程性质描述，《岩土工程勘察规范》（GB 50021—2001）（2009 版）分别规定如下：

（1）岩石的描述应该包括地质年代、地质名称、风化程度、颜色、主要矿物、结构、构造和岩石质量指标 RQD。其中，对沉积岩应着重描述沉积物的颗粒大小、形状、胶结物成分和胶结程度；对岩浆岩和变质岩应着重描述沉积物的结晶大小和结晶程度。

（2）岩体的描述应包括结构面、结构体、岩层厚度和结构类型。其中，结构面的描述应包括组数、各组类型、性质、产状、组合形式、发育程度、延展情况、闭合程度、粗糙程度、充填情况和充填物性质等。同时，应特别注意岩

性差别大的岩脉和夹层的鉴定，并描述其空间分布。

由于岩石的工程性质极为多样，差别较大，因此在架空输电线路岩石基础工程地质勘察和设计中，需要结合岩石分类和岩体分级结果，对岩石地基工程性质进行相应的描述。如前所述，岩石分类可分为地质分类和工程分类两种。地质分类是一种基本分类，其主要根据岩石地质成因、矿物成分、结构构造和风化程度，可以采用地质名称（即岩石学名称）加风化程度的形式进行岩石描述，如强风化花岗岩、微风化砂岩等。工程分类主要根据岩体的工程性状，一般应在地质分类的基础上进行，目的是较好地概括其工程性质，以便全面了解其地质名称、风化程度、坚硬程度、完整程度、岩体基本质量分级等，从而更有利于进行工程评价。举例说明如下：

花岗岩，微风化：为较硬岩，完整，岩体质量等级为Ⅱ级。

片麻岩，中等风化：为较软岩，较破碎，岩体质量等级为Ⅳ级。

泥岩，微风化：为软岩，较完整，岩体质量等级为Ⅳ级。

砂岩（第三纪），微风化：为极软岩，较完整，岩体质量等级为Ⅴ级。

糜棱岩（断层带）：极破碎，岩体质量等级为Ⅴ级。

需要说明的是，岩石风化程度通常划分为未风化、微风化、中等风化、强风化和全风化五级。但岩石风化是一种地质演化过程，实际工程中的岩石风化往往是逐渐过渡的，有时会没有明确的界线，有些情况不一定能清晰地划分出五个完整的等级。例如，通常情况下花岗岩的风化带比较完全，而石灰岩、泥岩等常不存在完全的风化带。这时可采用"中等风化～强风化""强风化～全风化"等类似词语进行描述。同样，对于岩体完整程度的划分，可以采用类似的方法进行表述。

输电线路岩石基础工程中，应特别注意软岩、极软岩、破碎和极破碎岩石以及工程岩体质量等级为Ⅴ级的岩体。对能够取原状试样的，可用土工试验方法测定其物理力学性质。

此外，对质量等级为Ⅳ级和Ⅴ级的岩体进行描述时，除按一般岩石执行外，尚应注意以下问题：

（1）对软岩和极软岩，应注意其是否具有可软化性、膨胀性、崩解性等特殊的工程性质。当岩石具有特殊成分、特殊结构或特殊性质时，应定为特殊岩石，如易溶性岩石、膨胀性岩石、崩解性岩石、盐渍化岩石等。这些特殊岩石对工程可能产生较大危害，如某些泥岩具有很高的膨胀性，泥质砂岩、全风化花岗岩具有很强的软化性（饱和单轴抗压强度几乎为零），有的第三纪砂岩遇水崩解、呈流砂性质等。

（2）对极破碎岩体，应说明其破碎的原因，如断层、全风化等。划分出极破碎岩体也很重要，因其有时在开挖时很硬，但暴露后便逐渐崩解。以片岩为例，其工程性质的各向异性（非各向同性）特别显著，基础开挖时坑壁岩体极易失稳。

第二节　岩体结构与岩体工程特性

一、岩体结构

（一）岩体结构的类型与特征

从岩石分类与岩体分级可以看出，岩体在其形成和存在的整个地质历史时期中，经受过各种复杂且不均衡的地质作用。岩体在这种漫长地质年代中的多种多次地质作用下，形成了自然状况极为复杂的岩体结构。

然而，人们对岩体的认识是一个渐进的过程。早期岩石（体）力学研究中，人们通常把完整岩石试件作为研究对象，简单认为"岩体力学"就是"岩石材料力学"。因而在评价基础工程、边坡工程和地下硐室稳定性时，也常常将岩体看作岩石材料，应用基于材料力学研究而发展起来的连续介质力学理论对岩石力学性质开展研究，认为岩体就是岩块，岩块力学性质就是岩体力学性质。

但从 20 世纪 50 年代开始，国内外工程界和学界已普遍认为岩体是地质体的一部分，岩石性质和实际岩体性质有较大的差别。人们通过大量的研究，已经认识到岩体内部存在着成因不同但具有一定产状、方向延展和厚度的地质界面，这些地质界面通常在岩体中呈面、缝、层、带状并形成地质结构面。面是指结构体间刚性接触而无任何充填的地质界面，如节理、片理等。缝是指有充填物且有一定厚度的裂隙。层是指岩层中相对软弱的夹层。带是指具有一定厚度的构造破碎带、接触破碎带和风化槽等。按成因可把结构面分为原生结构面、构造结构面和次生结构面三类。一系列地质结构面分别组合并将岩石地基切割成形状、大小不同的岩石块体，这些岩石块体通常被称为结构体。岩体就是由地质结构面和结构体聚合而成并赋存在一定地应力、水和温度环境中的地质体。总体上看，结构面和结构体是岩体结构单元的两个基本要素。

当岩体中的岩石被各种结构面所切割后，这些结构面的强度与岩石相比要低得多，并且破坏了岩体的连续完整性。自然界中多数岩石的强度都是很高的，对于一般工程建（构）筑物来说，都是能够满足其承载性能要求的。但岩体强度，特别是沿软弱结构面方向的岩体强度往往很低，甚至不能满足建（构）筑物的承载性能要求。大量工程实践表明，结构面在岩体承载和变形中往往起主导作用。岩体的稳定性、变形与破坏特征主要取决于岩体内各种结构面的性质及其对岩石地基的切割程度。岩体的工程性质首先取决于结构面性质，然后是组成岩体的岩石性质。结构面和结构体的排列与组合便形成了岩体结构。岩体结构类型及其结构体形状特征分类见表 3-11，其既表达了岩体中结构面发育程度及其组合形态，也反映了结构体的大小、形状与排列方式。

表 3-11   岩 体 结 构 类 型 与 特 征

岩体结构类型	岩体地质类型	结构体形状	结构面发育情况	岩体工程性质
整体状	巨块状岩浆岩、变质岩、巨厚层状沉积岩	巨块状	以层面和原生构造裂隙为主，多呈闭合型，间距大于 1.5m，一般为 1～2 组，无结构面组成的危岩	岩体强度高，岩体稳定，可视为均质各向同性弹性体
块状	厚层状沉积岩、块状岩浆岩和变质岩	块状、柱状	有少量的贯通性裂隙，结构面间距 0.7～1.5m，一般发育 2～3 组，有少量分离体	结构体相互牵制，岩体基本稳定，接近均质各向同性弹性体
层状	多韵律的薄层、中厚层状沉积岩、变质岩	层状、板状	有层理、片理、裂隙，但以风化裂隙为主，常有层间错动	强度和变形受层面控制，岩体接近均一的非各向同性体，稳定性较好
碎裂状	结构影响严重的破碎岩层	碎块状	断层、裂隙、片理、层理发育，结构面间距 0.25～0.50m，一般有 3 组以上，有许多分离体	整体强度低，稳定性差，受软弱结构面控制，多呈弹塑性体
散体状	断层破碎带、强风化及全风化带	碎屑状	构造和风化裂隙密集，结构面错综复杂，多充填黏性土，形成无序小块和碎屑	完整性、稳定性极差，接近松散介质，呈各向同性的黏弹性体

（二）岩体结构的唯一性问题

岩体结构分类的最终目的在于为岩石工程建设服务。然而，对于工程岩体而言，随着建设工程规模及其尺寸的变化，岩体结构类型是相对的。国外学者Hoek 在 1993 年就指出，根据地下硐室尺寸大小和边坡工程范围大小的不同，工程范围内岩体结构可被视为完整结构、块状结构、块裂结构、碎裂结构和散体结构。如图 3-1 所示，由小到大依次为待建规模不同的 1、2、3、4、5 硐室或边坡工程，相对于 1 号硐室（边坡工程），岩体结构可以被视为整体结构；而相对于 2、3、4、5 号硐室（边坡工程），岩体结构则可分别被视为块状结构、块裂结构、碎裂结构和散体结构。

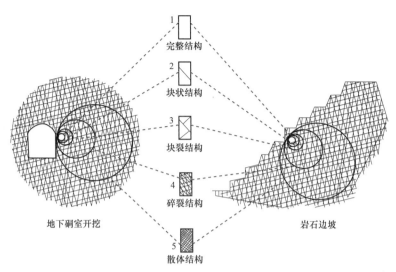

图 3-1　岩体结构与工程尺寸之间的关系示意图（Hoek，1983）

图 3-1 表明，对确定的岩石地基条件，只有当工程尺寸范围确定时，岩体结构才是能唯一确定的。否则，岩体结构类型不是唯一的。不同类型岩体结构，其承载变形机制及其工程稳定性分析方法不同。

二、岩体工程特性

工程岩体是与岩石工程有关的岩体，也是工程结构的一部分。工程岩体与工程结构共同承受荷载，是工程整体稳定性评价的对象。岩体的工程性质是十分复杂的，这种复杂性主要是因为岩石材料与岩体结构具有下列工程特性。

（1）非均匀特性。岩石材料是一种由矿物晶体颗粒集合体、胶结材料非晶体颗粒以及各种缺陷所组成的典型非均匀介质。由于成岩机制不同，岩石矿物颗粒的大小、形状、结晶程度、胶结类型以及矿物颗粒集合体之间、矿物颗粒集合体与岩石其他成分之间的排列方式、充填与胶结方式等，在空间上都表现出显著的非均匀特性。岩石的非均匀特性往往决定着其在外荷载作用下的宏观变形与破裂性状。

（2）非均质特性。岩体通常由一种或几种岩石组成，且后者居多。对于多种岩石组成的岩体，其物质成分、组织结构及其组合形式会经常变化，所以一般认为岩体是非均质的。除了这种物质成分不同造成的岩体非均质特性外，岩体受各种结构面切割的结果影响，也使其呈明显的结构非均质特性。岩体非均质特性既使其物理、化学和力学性质随空间位置不同而有差异，也使得岩体试

验结果常具有较大离散性。

（3）非连续特性。岩体中存在着各种结构面，并被这些结构面切割，这就使得岩体成为一种高度非连续介质。随着被切割岩体大小、形态和性质的不同，以及岩块排列方式和相互接触状态的差异，工程岩体的不连续程度会有所不同。因此，需根据岩体结构类型的不同将其视为非连续体、似连续体或连续体。岩体的非连续特性使得岩体物理力学性质与岩块物理力学性质存在较大的差异。

（4）非各向同性。岩体非各向同性是指岩体全部或部分物理力学性质随方向不同而表现出一定差异的性质。岩体中岩石物质成分、成岩条件、结构致密程度的不同以及结构面的方位、数量、规模、发育程度的不同都会导致岩体呈现出非各向同性。

（5）非线性特性。岩石材料的非均匀特性使得其微观介质（单元）特性参数分布具有不均匀性。在外荷载作用下，岩体将不断经历微观介质破坏、宏观介质不断损伤而形成宏观的非线性变形现象。同时，岩体强度和变形特性也受地质过程和地质建造的影响，有过去地质作用的烙印，并进一步受工程扰动作用的影响，总体上呈现出高度的非线性特征。

第三节　岩石基础工程地质勘察的理论和方法

一、架空输电线路工程地质勘察

（一）基本任务

架空输电线路工程地质勘察是指运用地质、工程地质及其相关学科的理论，遵照有关规范要求，以架空输电线路工程路径及其基础的选型、设计、施工、环境保护和水土保持为服务对象，综合采用工程地质勘察的技术方法与手段，查明输电线路沿线区域以及塔位场地区域与基础工程有关场地的地质地理环境特征和岩土体工程条件，分析和评价相应的工程地质条件与工程地质问题，提出岩土体设计参数，为输电线路路径方案确定以及基础工程建设提供地质资料和设计依据。概括起来，架空输电线路工程地质勘察的基本任务可具体分为：

（1）分析输电线路工程区域以及塔位周围场地的工程地质条件，查明有利因素和不利因素，阐明相应工程地质条件的特征及其变化规律，尤其是需明确输电线路沿线区域及塔位场地内不良地质现象的发育和分布情况，并对输电线路工程路径及塔位场地稳定性做出评价。

（2）选定工程地质条件良好的地点作为输电线路塔位的位置，查明与输电线路基础建设与运行有关的工程地质问题，并做出定性分析和定量评价，为输电线路基础工程的设计、施工和运行提供可靠的地质依据。

（3）对确定的塔位场地开展工程地质条件勘察与评价，为塔位基础的选型、设计、施工、环境保护和水土保持及其长期运行提供可靠的工程地质资料。进一步配合输电线路基础工程的设计与施工，推荐基础工程方案及其施工方法，提出保证输电线路基础工程安全稳定运行的地质要求。

（4）预测输电线路基础工程建设与运行过程对塔位区域地质环境的影响，并做出定性分析与定量评价，提出合理的塔位环境保护和水土保持方案。

（5）论证并建议输电线路建设与运行过程中不良地质现象防治及地质环境保护的工程措施，确保输电线路基础及塔位区域岩土体稳定性和环境质量。

总体上看，输电线路工程地质勘察应与工程的设计、施工和运行紧密结合，并将工程地质勘察成果真正应用到输电线路路径优化以及基础选型、设计、施工、环境保护和水土保持等各环节。输电线路工程地质勘察的基本要求是保证输电线路路径与塔位基础的安全及其在正常使用过程中的环境保护与协调。当前输电线路工程地质勘察面临着巨大的机遇和挑战，需要在积累资料、总结经验的基础上不断创新，充分发挥工程地质勘察在电网工程建设中的作用。

（二）勘察阶段

根据《330kV～750kV 架空输电线路勘测规范》（GB 50548—2018）以及《1000kV 架空输电线路勘测规范》（GB 50741—2012）的有关规定，架空输电线路工程的勘察阶段一般与设计阶段相同，并划分为可行性研究、初步设计和施工图设计三个阶段，必要时还可进行施工勘察。不同勘察阶段有不同的任务和目标。

（1）可行性研究阶段。在可行性研究阶段，工程地质勘察的主要工作是较详细地查明输电线路沿线区域的工程地质条件，对主要的工程地质问题做出初步评价，为拟选路径的可行性与适宜性论证，以及线路路径方案的比较与选择等提供工程地质资料。

（2）初步设计阶段。在初步设计阶段，工程地质勘察的工作是在路径可行性研究方案的基础上，全面详细地查明输电线路路径和塔位区域场地的工程地质条件，深入而正确地分析各种工程地质问题，并做出准确评价，为路径方案选定以及重要跨越段、基础工程初步方案、不良地质现象防治方案等提供地质资料与依据，实现对选定路径方案的分段评价。

（3）施工图设计阶段。在施工图设计阶段，工程地质勘察的工作是为输电线路定线、杆塔与基础定位等提供地质资料与数据，主要开展塔位选择及其稳定性评价工作，以及查明塔位地基条件、评价地下水与水（土）腐蚀性、推荐岩土设计参数、明确施工及运行过程中应注意的环境岩土工程问题，以满足基础工程方案及其施工图设计、基础施工工艺、环境保护和水土保持等要求，重点是确定适宜的塔位及其对应的基础工程方案与工程地质设计参数。

总体上看，工程地质勘察的工作内容及其目标应与输电线路各设计阶段的深度要求相适应，并遵循由输电线路沿线到塔位场地、由地表到地下、由一般性调查到专题研究、由定性到定量的循序渐进原则。工程地质勘察的可行性研究和初步设计阶段是一个筛选过程，而施工图设计阶段则是确定路径、塔位和基础工程方案的具体实施过程。

（三）基本方法

针对架空输电线路塔位点状分布、交通运输条件一般较差等工程建设特点，输电线路工程地质勘察通常需要采用工程地质调查与测绘、勘探、工程地质测试等方法和手段。工程地质勘察方法的选择和应用、布置方案及其工作量，应根据输电线路工程特点、勘察阶段及地质条件复杂程度等综合确定。

1. 调查与测绘

输电线路工程地质调查与测绘工作就是紧密围绕建设要求，应用地质和工程地质理论，对地面地质现象进行观察与描述，研究各种地质现象和地质作用的空间分布、形成机制和影响因素，并分析其性质与规律，预测其发展演化趋势，提出防治对策与工程建议。在可行性研究阶段和初步设计阶段，输电线路工程地质调查与测绘主要是判定、分析路径的可行性、合理性。在施工图设计阶段，输电线路工程地质调查与测绘则主要针对塔基场地稳定性、不良地质作用及工程地质条件。

输电线路沿线工程地质调查与测绘的宽度应根据电压等级确定，并应满足路径比选等后续工程设计要求。特高压输电线路沿线地质调查与测绘的宽度不宜小于 200m，杆塔位置范围不宜小于 100m×100m；对于其他电压等级输电线路，可根据实际条件适当减小工程地质调查与测绘的沿线宽度和杆塔位置范围。

但当工程地质条件特别复杂时，应适当扩大工程地质测绘与调查的范围。

架空输电线路工程地质调查与测绘面临的主要地质条件与要素有地形地貌、地层岩性、地质构造、地震与地震动参数、水文地质、特殊性岩土、不良地质作用与地质灾害、人类活动等。

（1）地形地貌。调查输电线路沿线区域内不同地貌单元的成因类型、形态特征及其分布情况，并划分出地貌单元，分析各地貌单元的发生、发展及相互关系，掌握不同地貌单元所面临的工程地质问题。

地形地貌对于塔位基础选型与设计尤为重要。对河谷地貌，应重点分析河谷形态及变化，河床、心滩等形态及冲击物的岩性和分布特征。对冲沟地貌，应重点分析冲沟分布、延展方向及形态特征，并研究沟壁岩性、风化程度、沟内和沟口堆积物特征以及是否存在崩塌风险等。对丘陵区地貌，应重点研究丘陵的形态特征、起伏状况、水文地质条件，以及出露的岩性、产状及构造与丘陵形态的关系等。对斜坡地貌，应重点研究斜坡的形态、发育阶段和微地貌特征，以及构成斜坡的地层岩性、分布及岩体结构面特征等，并分析斜坡场地覆盖土层沿基岩面滑移的可能性。

（2）地层岩性。地层岩性主要包括地质年代、成因类型、地层产状、层序关系以及成岩程度、风化程度等。此外，应从宏观上了解和掌握第四系土层厚度、岩石风化样式、岩石风化带厚度、岩体完整程度、岩石坚硬程度、可溶性岩石分布范围，并分析其与路径方案的关系等。

（3）地质构造。地质构造对输电线路工程建设区域的场地稳定性和工程岩土体稳定性有着极其重要的影响。而地质构造又往往控制着地形地貌、水文地质条件和不良地质现象的发育与分布，因此在输电线路工程建设中应很好地开展地质构造研究，通过地质构造与断层的调查与测绘，分析其与路径的相对关系，判断线路穿越区域的边坡结构类型以及是否可以避开含矿地层等。

地质构造应重点调查输电线路区域各构造的分布、形态、规模、展布特征、组合方式以及所属构造体系等。对于断裂构造，应重点调查其所处的位置、产状、规模、延展情况和力学性质，掌握活动断裂以及断裂破碎带、影响带的宽度变化及充填物和胶结程度，并根据断层两盘岩性层位、构造特征、擦痕方向以及断裂形成时期和发育过程，判断断层两盘的相对运动方向、位移（断距）等。

（4）地震与地震动参数。调查输电线路沿线区域地震活动的基本情况以及地震动基本加速度等参数，判断输电线路沿线和塔位地基土体是否存在液化的可能性。

（5）水文地质。水文地质调查与测绘是为研究与地下水活动有关的不良地质现象以及分析工程地质问题提供资料。主要调查线路沿线区域地下水类型、埋藏条件和分布特征、地下含水层岩性、地下水的补给、径流和排泄条件以及地下水流向等特征，分析地下水类型与地貌单元之间的相关性，评价地下水（土）的腐蚀性特征等。

（6）特殊性岩土。由于形成时期不同的地理环境、气候条件、地质成因以及次生变化等原因，使一些土类具有特殊的成分、结构和工程性质，常被称为特殊性岩土。又因其分布大都具有地区特点，故通常又称区域性特殊土。我国存在软土、黄土、冻土、风积沙、盐渍土、膨胀土和红黏土等多种特殊性岩土，这些特殊性岩土地基条件下的输电线路基础工程建设较为复杂。因此，应调查输电线路沿线区域内特殊性岩土的类型、分布特征及其主要工程性质，从而为输电线路工程路径和塔位优化设计提供指导。

（7）不良地质作用与地质灾害。掌握不良地质作用的类型、分布与发育等宏观规律，为输电线路工程的路径地质条件分段和塔位优选提供指导，分析避让不良地质作用点和成片地质灾害发育区的可能性；分析塔位与不良地质作用、地质灾害之间的相对关系，以明确路径穿越不良地质作用区域的方式。不良地质作用对塔位基础建设往往具有直接影响，甚至可能酿成严重的地质灾害。对架空输电线路工程路径和塔位选择有影响的不良地质作用可分为边坡类（滑坡、崩塌）、沟谷类（泥石流）和塌陷类（采动影响区、岩溶）三种形式，下面分别予以说明。

1）滑坡。围绕输电线路工程沿线区域的宏观与微观地貌，应重点调查滑坡的地貌单元、滑坡壁、滑坡平台以及滑坡裂隙等，确定可能的滑坡边界。调查滑坡地段岩土结构及特性，判定可能滑动面的深度及层数、主滑方向、主滑段及抗滑段，从而查明滑坡类型、分析可能滑坡原因、预测工程活动对滑坡的影响。同时，收集当地滑坡史以及滑坡治理经验等。

2）崩塌。调查输电线路工程区域内崩塌落石区地貌和微地貌特征，搜集相关气象、水文和地震等资料，分析可能的崩塌类型、规模以及崩塌体形态和大小、滚落方向和影响范围等，掌握区域内崩塌产生的规律，预测因工程活动或其他不利因素作用下可能产生的崩塌。

3）泥石流。收集输电线路工程区域气象条件和区域降水特征，包括降雨强度、最大降雨量和降雨时程。调查输电线路工程区域历次泥石流发生的时间、频数、规模、形成过程以及灾害发生后的损失情况，调查当地防治泥石流的经验等。进一步分析泥石流形成区地形、地层条件、水源类型、水量、汇水条件和山坡坡度，以及径流区沟谷形态、纵横坡度、沟两侧山坡的稳定性和泥石流流动的痕迹等，为输电线路工程避让提供可靠的工程地质资料。

4）采动影响区。收集输电线路沿线矿产资源类型、分布、埋藏条件、储量、矿权设置及近期开采量与远景规划资料、开采时间和开采方法等资料。同时，收集和调查已有采空区和采动影响区的位置、范围，包括地表沉降、地表倾斜等地表变形情况。对大面积采空区，应根据开采情况、移动盆地特征和变形值大小，判断采空区场地稳定性。

5）岩溶。岩溶地貌形态分地表岩溶和地下岩溶两种。通过调查输电线路沿线区域内地表塌陷和岩溶的形态、分布、规模、发育程度等，评价岩溶地基稳定性和塔位选择适宜性，并进一步基于岩溶调查和勘察结果，分析线路路径和塔位避让岩溶强烈发育地段和选择稳定性相对较好的地段作为塔位基础场地的可能性。

（8）人类活动。了解输电线路沿线区域人类活动的类型、强度及其与路径和塔位的相互关系，掌握工程地质条件在建设施工与运行阶段的可能变化以及相应变化对塔位基础及其周围岩土体的影响规律。

2. 勘探

勘探工作一般需基于工程地质调查与测绘成果展开，以查明地下地质情况，主要包括物探、坑探和钻探三种形式。

（1）物探。不同成分、不同结构和不同产状的地质体在地下半无限空间的各种物理场分布不同。利用这些地质体物理性质的差别，采用专门的仪器设备观测其物理场的变化与差异，并进一步据此判断地下地质体情况，这类方法一般统称为地球物理勘探，简称物探。

物探方法既可与工程地质调查与测绘配合使用，也可作为钻探工作的先行手段而单独使用。与坑探、钻探手段相比，物探具有成本低、操作轻便、效率高、信息量大、勘测成果连续性强、无破坏性和应用面广的优点。但物探工作也面临成果具有多解性、容易受地形条件限制等不利因素。采用物探方法时，应具备下列条件：

1）场地地形较平缓，相对起伏不大，便于布置极距。

2）被探查对象与其周围介质之间应有明显的物理性质差异。

3）被探查对象具有一定埋深和规模，且地球物理性质差异应有足够的强度。

4）场地范围内无不可排除的电磁干扰。

常用的物探方法有波速法、电阻率法、高密度电阻率法、地质雷达法、面波法等，有时也根据探测目标采用浅层地震反射波法、瞬变电磁法、大地电磁法等，其基本原理与测试成果见表3-12。

表3-12　　　　　输电线路常用物探方法的基本原理与测试成果

名称	基本原理与测试成果
波速法	通常采用单孔检测法、跨孔检测法，测定各类岩土体的压缩波、剪切波速度
电阻率法	通常采用四极电测探法，测试土壤电阻率、大地导电率
高密度电阻率法	采用集电测探法和电剖面法于一体的多装置、多极距的组合方法，对岩性界线、地下是否有空洞区及裂隙断层进行勘探，并通过专门软件对数据进行转换和反演处理，得到电阻率反演剖面，从而根据需要绘制曲线、剖面和切片等图件
地质雷达法	地质雷达法探测利用一个天线发射高频宽频带脉冲电磁波，另一个天线接收来自地下介质界面的反射波。根据接收到的波形的反射时间、幅度与波形特征推断介质结构，从而查明地下地层分布，查找基岩面及岩溶、空洞、断层等
面波法	面波法是一种新的浅层地震勘探方法。面波分为瑞利波（R波）和拉夫波（L波），其中R波在振动波组中能量最强、振幅最大、频率最低，容易识别和测量。面波法勘探实际上是指R波勘探。R波在非均匀介质中的传播具有频散特性，当探测的岩性介质较为均一时，R波的相速度随深度增加而线性增大，只有在不同介质的分界面时，频散曲线出现变化，从而可根据实测频散曲线变化点划分基岩面和风化带等地下岩性变化的分界面
瞬变电磁法	瞬变电磁法是时间域瞬变电磁测探法的简称，是一种采用不接地回线或接地电极向地下发送脉冲电磁波，同时测量地下良导电体产生的瞬变感应涡流持续时间和强度，根据探测目的体的电性差异进行地质探测的电磁勘探方法。其基本原理是利用不接地回线向地下发送一次脉冲场，在一次脉冲磁场的间歇期，利用线圈观测地层响应二次涡流场，研究其与时间的变化关系，从而确定地下导体的电性分布结构及空间形态

长期以来，在我国输电线路工程地质勘察物探工作中，一般根据所完成的任务要求以及工程场地岩土的物理特性，选择表3-12中物探方法的一种或几种进行探测，并已在探查塔位场地覆盖层厚度及其变化、岩体断层破碎带分布、基岩强风化带埋深与分布，以及岩溶和土洞的位置、大小、分布等方面积累了较为丰富的实践经验。

（2）坑探。坑探工作在输电线路岩石基础工程勘探中具有重要的地位。与钻探工作相比，在这类勘探工程中，地质人员可直接进入其中，观察地质结构的细节，勘探结果准确可靠。同时，也可不受限制地从中采取原状试样或开展原位测试。输电线路工程地质勘探中的坑探方法主要有探槽和试坑两种形式，见表3-13。通过坑探方法，可获得塔位基础上部覆盖土层厚度以及覆盖层下卧基岩的风化程度、节理裂隙发育程度等工程地质资料。

表 3-13 　　　　　　　　　输电线路坑探方法的特点及适用条件

名称	特点	适用条件
探槽	从地表向下,铅直深度为3~5m的长条形槽子	剥除地表覆土,揭露基岩,划分地层岩性,探查地层土体的厚度及其物质组成与结构
试坑	从地表向下,铅直深度为3~5m的圆形或方形坑	局部剥除覆土,揭露基岩,开展荷载试验,取原状岩土试样

（3）钻探。钻探是为探明塔位基础所在位置地质体的空间分布、工程性质和水文地质条件而广泛使用的方法。通常情况下,钻探工作需要动用机械和动力设备,并耗费较多的人力物力,使用时也容易受到各种条件的限制。例如,山区架空输电线路塔位呈点状分散分布,受地形、地质和运输条件等限制,大型和先进的工程地质钻探装备一般难以在山区输电线路工程地质勘察中得到应用。

因此,为了能够给输电线路基础工程设计和施工提供准确可靠的地质信息,就必须采用多种钻探方法,既要保证钻进的穿透能力,也要千方百计地提高岩芯采样率。输电线路工程地质勘察常用钻探方法的设备、适用条件及其主要勘探成果见表 3-14。

表 3-14 　　　　　　　输电线路地基钻探设备的适用条件及其勘探成果

设备类型	适用条件	主要勘探成果
洛阳铲	各类条件,无特殊要求	上部覆盖土层厚度、松散程度
轻便电动麻花钻	各类条件,无特殊要求	上部覆盖土层厚度、松散程度
背包型邵尔钻机	人力搬运,需水源供应	上部覆盖土层厚度;判定岩石风化与破碎程度,部分节理与裂隙发育情况;采取部分岩石柱状芯样
山地轻便多功能钻机	水源就近,道路较通畅,场地较平整	上部覆盖土层厚度;判定岩性、风化程度、破碎程度、节理与裂隙发育情况;采取大部分柱状岩石芯样
工程钻机	水源就近,道路通畅,场地平整	上部覆盖土层厚度;判定岩性、风化程度、破碎程度、节理与裂隙发育情况;采取柱状岩石芯样;部分原位测试等

3. 工程地质测试

工程地质测试在整个输电线路工程地质勘察中的地位十分重要,可同时为确切的工程地质问题定量评价与基础工程设计提供必要的试验数据。

根据试验对象的不同,工程地质测试可分为土工试验和岩石试验两类。从国内外岩石工程建设实践看，获得岩体容重、岩体弹性模量、岩体泊松比、岩体地基承载力和岩石单轴抗压强度等地质参数最可靠的方法是现场实测。但由于现场实测难度大、费用高，多数工程都不具备开展现场实测的条件。输电线路工程地质勘察实践中一般结合勘探工作，先获得必要且满足要求的试验样品，然后通过室内试验得到相应的地质参数。表 3−15 为常规岩石试验基本情况一览表，主要包括试验名称、测试方法以及试件的形状、尺寸及数量要求。

表 3−15 常规岩石试验基本情况一览表

试验名称	测试方法	试件形状	试件尺寸要求	数量要求
岩块密度测试	量积法	圆柱体、方柱体、立方体	最小尺寸大于或等于 50mm，并应大于组成岩石最大矿物颗粒直径的 10 倍	对湿密度，每组 5 个；对干密度，每组 3 个
	蜡封法	浑圆状岩块	边长 40～60mm	
	水中称量法	同量积法、蜡封法	—	
单轴抗压强度测试	—	圆柱体、方柱体	① 直径宜为 48～54mm，并应大于组成岩石最大矿物颗粒直径的 10 倍；② 高径比宜为 2.0～2.5	3
单轴压缩变形试验	电阻应变片法/千分表法	圆柱体	① 直径宜为 48～54mm，并应大于组成岩石最大矿物颗粒直径的 10 倍；② 高径比宜为 2.0～2.5	3
三轴压缩强度试验	—	圆柱体	① 直径应为试验机承压板直径的 0.96～1.00；② 高径比宜为 2.0～2.5	5
抗拉强度测试	劈裂法	圆柱体	① 直径宜为 48～54mm；② 试件厚度宜为直径的 0.5～1.0 倍，并应大于组成岩石最大矿物颗粒直径的 10 倍	3
直剪试验	平推法	圆柱体/立方体	① 直径或边长≥50mm；② 试件高度应与直径或边长相等	5
点荷载强度试验	—	岩芯	做径向试验的岩芯试件，长度与直径之比应大于 1；做轴向试验的岩芯试件，长度与直径之比宜为 0.3～1.0	5～10
	—	方块体或不规则块体	尺寸宜为（50±35）mm，两加载点距离与加载处平均宽度之比宜为 0.3～1.0	15～20
岩块声波速度测试	—	圆柱体、方柱体或其他形状试件	① 直径宜为 48～54mm，并应大于组成岩石最大矿物颗粒直径的 10 倍；② 高径比宜为 2.0～2.5	3

从表 3-15 可以看出，岩石试验试件形状主要为圆柱体、方柱体或不规则块体，其中圆柱体试件直径一般为 48~54mm，高径比一般为 2.0~2.5。总体上看，工程地质测试的室内试验和现场原位测试各有优缺点。室内试验的优点是试验条件容易控制，可以大量取样，而其缺点是试样尺寸小，代表性差，不可能真正保持原状。原位测试的优缺点正好与室内试验的相反。可见，这两者是互补的、相辅相成的。在实际输电线路工程中，室内试验和现场原位测试应配合使用，以便经济有效地取得所需的工程地质设计参数。

（四）成果整理与应用

勘察成果整理是根据已收集的工程地质资料，并结合工程地质调查与测绘、勘探以及工程地质试验与测试的相关成果，按照输电线路建设任务要求、工程地质勘察阶段、地质条件与工程特点而开展的总结性工作，主要包括工程地质分析与评价、岩土参数分析与选定、工程地质勘察报告编写三方面的工作。

1. 工程地质分析与评价

工程地质分析与评价是勘察成果整理的核心内容。一般采用定性与定量相结合的方法进行，其操作程序通常是在定性评价分析的基础上，再进行定量的分析与评价。输电线路工程地质分析与评价的主要内容包括：

（1）输电线路工程沿线区域地质条件和塔位地质条件分析，以及线路路径和塔位的适宜性与稳定性评价。

（2）输电线路塔位处岩土体工程性状分析，为线路基础选型与设计提供依据。

（3）输电线路基础施工过程中可能出现的工程地质问题预测与分析，提出合理的基础施工方法与工程建议。

（4）输电线路基础运行中可能出现的工程地质问题预测与分析，提出相应的防治对策和措施。

（5）预测输电线路基础工程建设对地质环境的影响以及地质环境变化对输电线路基础工程安全稳定运行的影响，提出相应的对策与措施。

2. 岩土参数分析与选定

岩土参数分析与选定是输电线路基础工程设计的前提。岩土参数可分为评价指标和计算指标两类。前者用于评价岩土体的性状，作为划分与鉴定地层类别的主要依据；后者则用于基础工程设计以及预测岩土体在荷载和自然因素共同作用下的力学行为及其变化趋势，并指导施工和监测。

输电线路工程对两类岩土参数的基本要求是具有可靠性和适用性。可靠性是指参数能正确反映岩土体在规定条件下的性状，能较有把握地估计其真值所在的区间。适用性是指参数能够满足工程设计的假设条件及其计算精度要求。岩土参数的可靠性和适用性，在很大程度上取决于岩土体所受到的扰动程度以及相关测试方法与试验标准的合理性。

由于岩土体的非均质性、非各向同性，以及参数试验的测定方法、测试条件都与工程实际之间存在差异等原因，岩土参数总体上具有随机性和离散性。因此，在进行岩土参数统计分析前，一定要正确划分工程地质单元体，了解同一单元体各项指标的统计分布特征，这将有利于工程地质勘察与设计人员定量地判别和评价岩土参数的变异特性，从而便于确定岩土参数的标准值与设计值。不同的工程地质单元体的数据不能一起统计分析，否则统计分析结果毫无价值。

总体上看，输电线路工程地质勘察应针对输电线路建设的特点，依据工程地质勘察分析与评价成果，并结合塔位基础选型设计与施工条件，对主要岩土参数的可靠性和适用性进行分析，以确定合理的岩土参数设计值。

3. 工程地质勘察报告编写

工程地质勘察报告是架空输电线路工程地质勘察工作最主要的总结性成果文件，其综合反映并提供与输电线路工程规划、设计、施工以及运行等有关的地质环境各要素与参数。工程地质勘察报告需根据任务书要求，以工程地质调查与测绘、勘探、试验与测试等各项成果为依据而编写。

输电线路工程地质勘察报告内容及其表现形式、编制原则和方法目前尚无统一的要求。从我国架空输电线路工程实践看，一般主要包括两方面的内容：

（1）输电线路工程地质条件和工程地质问题的汇总性说明。

（2）每个塔位的工程地质一览表和地层综合柱状图。

其中，每个塔位的工程地质一览表和地层综合柱状图又相当于该塔位的工程地质勘察报告，应详细介绍塔位杆塔的基本信息、工程地质条件、工程地质问题分析与塔基稳定性评价、基础选型方案与岩土设计参数、基础施工和运行注意事项等具体内容。

二、岩石基础工程地质勘察的基本原则与要求

（一）基本原则

在我国长期的电网工程建设实践中，岩石锚杆基础、岩石嵌固基础、嵌岩桩基础是我国山区输电线路中最主要的岩石基础形式。然而，受山区地形地貌

和道路运输条件的限制，大型工程地质钻探和原位测试设备一般都难以到达塔位现场，导致山区输电线路沿线工程地质勘测资料相对简单，对地基岩土体工程性质了解有限，设计中地基岩土体参数多依靠工程经验"类比"或者直接采用相关技术标准的推荐参数，从而使得山区输电线路岩石基础工程地质勘察已成为电网建设的难点和薄弱点。鉴于此，山区架空输电线路岩石基础工程地质勘察工作应遵循以下基本原则：

第一，山区架空输电线路工程地质勘察工作需树立大地质、大岩土的工程建设思想和理念，应用环境岩土工程的科学理论和方法，做好输电线路基础工程建设工作。即在满足输电线路基础功能性需求的同时，更应充分重视输电线路基础工程建设对环境的影响，基于岩土工程的理论、技术和方法，开展岩石地基的工程地质勘察，为解决输电线路工程建设中路径优选、塔位选择、基础选型与设计、基础施工、环境保护和水土保持等难题提供准确可靠的工程地质资料。

第二，应遵循山区架空输电线路工程地质勘察的基本理论和方法，同时应结合输电线路岩石基础选型、设计和施工条件特点，综合采用工程地质调查与测绘方法，应用铁锹、镐、洛阳铲、轻便电动麻花钻等勘探工具，详细查明塔位覆盖土层厚度分布及其工程性质，为山区输电线路基础选型提供依据。在此基础上，进一步对覆盖土层下卧基岩进行工程地质钻探。考虑到山区地形地貌和道路运输条件的限制，山区岩石地质勘测设备宜采用质量小、运输方便的山地轻便多功能钻机和背包型邵尔钻机，辅以工程地质钻机进行钻探。上述两种岩石地基钻探方法应平行进行，以便互相校核与检验。

（二）基本要求

总体上看，输电线路岩石基础工程地质勘察应综合采用工程地质调查与测绘、物探、坑探、钻探、原位测试及室内试验等多种手段和方法，评价塔位地基稳定性，探明塔位岩土分布、地下水赋存以及塔位不良地质等情况，合理确定塔位地基岩土体设计参数取值。岩石基础工程地质勘察应满足以下基本要求：

（1）岩石地基勘察应根据输电线路工程设计阶段的勘察深度要求而开展。

（2）输电线路塔位岩石地基应稳定可靠。塔位勘察应包括地形和地貌特征，岩土体分层、类型、成因及其工程性质，地下水条件，水和土的腐蚀性，不良地质作用及其对基础稳定性的影响。

（3）岩石地基勘察工作应与塔位地层分布特征及其工程性质相适应，综合运用地质调查与测绘、物探、探井（槽）、钻探、原位测试与室内试验等方法。

（4）岩石地基描述内容宜包括岩石类别、构造、风化程度、坚硬程度、完整程度和基本质量等级等。

（5）岩石地基钻孔深度应达到基底以下 2～3 倍基础立柱直径处。当持力基岩层较薄时，应进一步探明下卧基岩层的工程地质情况。

（6）对岩溶地区，应查明塔位处溶洞、溶沟、溶槽和石笋分布及其发育情况。

（7）对采用机械成孔施工方式的岩石地基挖孔基础，应提供岩石单轴抗压强度和岩石软化系数。

（8）输电线路岩石地基工程地质勘察报告，宜包括下列内容：

1）输电线路沿线与塔位地质灾害调查资料。

2）影响塔位基础及其周围岩土体稳定的不良地质作用及其危害程度评价。

3）塔位岩土体分层及其工程地质、水文地质的勘探与试验资料。

4）岩石基础选型建议以及对应的基础设计的岩土体承载力和变形参数。

5）岩石基础施工应注意的问题与建议。

6）施工余土（渣）处理、塔位环境保护、边坡防护及水土保持方案等。

第四节　岩石基础设计地基参数取值

一、基于规范和关联数学模型的岩石地基参数取值

工程岩体具有非均匀特性、非均质特性、非连续特性、非各向同性和非线性特性，这使得岩石和岩体试验结果普遍具有较大的离散性。因此，国内外相关技术标准和规范均根据大量试验结果的综合统计分析，规定了基于岩石分类与岩体分级的岩体物理力学性质参数取值，从而为岩体工程设计的地质参数取值提供了依据。此外，国内外学者还基于大量的试验成果，开展了岩石工程性质和岩石物理力学性质参数之间的统计相关性分析研究，建立了岩体工程地质设计参数与岩石物理力学性质指标之间的关联数学模型，从而也为岩体工程设计的地质参数取值提供了参考。

鉴于以上分析，岩石基础设计地质参数取值方法概括起来可分为两种：一是基于岩石地基工程地质勘察成果，直接按规范规定进行取值。例如，岩石嵌固基础和岩石锚杆基础设计所需的岩石等代极限剪切强度，就可根据岩石单轴抗压强度按规范规定查表确定。二是根据工程地质勘察所获得的岩石物理力学

性质指标，基于岩石基础设计所需地质参数与岩石物理力学性质指标之间的关联数学模型进行计算确定。例如，嵌岩桩嵌岩段桩侧极限阻力和桩端极限阻力，就需根据岩石单轴抗压强度，按照嵌岩段桩侧极限阻力、桩端极限阻力与岩石单轴抗压强度之间的关联数学模型分别计算确定。

（一）基于规范规定的岩石基础设计参数取值

1. 岩体物理力学性质参数

《工程岩体分级标准》（GB/T 50218—2014）基于各级岩体现场试验成果，给出了与岩体基本质量等级对应的岩体物理力学参数取值，见表3-16。

表 3-16　　　　　岩体物理力学参数取值（GB/T 50218—2014）

岩体基本质量等级	重力密度 γ（kN/m³）	抗剪断峰值强度		变形模量 E（GPa）	泊松比 ν
		黏聚强度 c（MPa）	内摩擦角 φ（°）		
I	>26.5	>2.1	>60	>33	<0.20
II		2.1~1.5	60~50	33~16	0.20~0.25
III	26.5~24.5	1.5~0.7	50~39	16~6	0.25~0.30
IV	24.5~22.5	0.7~0.2	39~27	6~1.3	0.30~0.35
V	<22.5	<0.2	<27	<1.3	>0.35

（1）岩体抗剪断峰值强度。表 3-16 中岩体抗剪断峰值强度统计分析的样品总数为192组，取自44个工程，系大型试件双千斤顶法（部分为双压力钢枕）直剪试验结果。其中，I级岩体样本14组，II级岩体样本38组，III级岩体样本48组，IV级岩体样本76组，V级岩体样本16组。最大实测黏聚强度 $c=6.86$MPa，最大实测内摩擦角 $\varphi=70.12°$（新鲜完整花岗岩）；最小实测黏聚强度 $c=0.02$MPa，最小实测内摩擦角 $\varphi=17.75°$（破碎的粉砂质黏土岩）。各级岩体样本统计结果分别见表3-17和表3-18。

表 3-17　　　　　　各级岩体样本黏聚强度 c 统计结果　　　　　　MPa

岩体基本质量等级	I	II	III	IV	V
样本组数	14	38	48	76	16
最小值	1.12	0.36	0.20	0.04	0.02
最大值	6.86	3.88	3.80	2.64	1.91
均值	3.84	1.77	1.66	0.91	0.50
均方差	1.66	0.99	0.93	0.71	0.53

表 3-18　　　　　　　　各级岩体样本内摩擦角 φ 统计结果　　　　　　　（°）

岩体基本质量等级	I	II	III	IV	V
样本组数	14	38	48	76	16
最小值	54.10	45.02	42.01	19.81	17.75
最大值	70.05	70.12	64.03	65.59	54.30
均值	63.07	58.35	54.48	44.56	35.87
均方差	5.07	6.00	5.67	11.24	10.01

（2）岩体变形模量。表 3-16 中岩体变形模量统计分析的样品总数为 897 组，取自 65 个工程，系刚性（部分为柔性）承压板法试验成果。其中，I 级岩体样本 89 个，II 级岩体样本 184 个，III 级岩体样本 262 个，IV 级岩体样本 184 个，V 级岩体样本 178 个。最大实测值为 72.19GPa（新鲜完整闪云斜长花岗岩）；最小实测值为 0.003GPa（断层带破碎岩）。各级岩体样本统计结果见表 3-19。

表 3-19　　　　　　　各级岩体内变形模量 E 统计结果　　　　　　　GPa

岩体基本质量等级	I	II	III	IV	V
样本组数	89	184	262	184	178
最小值	20.60	5.24	0.92	0.57	0.003
最大值	72.19	57.50	25.10	9.55	2.32
均值	42.70	26.30	10.83	5.42	0.56
均方差	11.36	10.96	5.19	1.92	0.58

2. 岩体基岩承载力

岩体作为工业与民用建筑物及公路与铁路桥涵等工程的地基时，由于其承载力较高，一般都能够满足工程设计要求。但岩石地基承载力较为复杂，与地质成因、风化程度、矿物成分、节理等有关。基于大量的岩石地基承载力试验成果综合统计分析，形成一套基于各级别岩体现场荷载试验资料的岩体基本承载力，供各行业确定岩石地基承载力时参考，将具有重要的参考价值。

《工程岩体分级标准》（GB/T 50218—2014）基于 14 个工程 98 个现场静荷载试验资料，给出了岩体基岩承载力比例界限统计特征值，见表 3-20。表 3-20 中的岩体基岩承载力比例界限值是指岩体荷载试验过程中，与实测荷载-位移曲线中的比例极限或屈服极限相应的荷载。

表 3-20　　　　　　　　岩体基岩承载力比例界限统计特征值

岩体基本质量等级	I	II	III	IV	V
样本个数	—	9	23	41	25
均值（MPa）	—	36.16	16.15	13.27	1.83
均方差（MPa）	—	2.47	9.61	6.66	1.49
变异系数	—	0.07	0.60	0.50	0.81

《工程岩体分级标准》（GB/T 50218—2014）条文说明中还分析了不同行业基础工程设计规范所推荐的岩石地基承载力值。例如，表 3-21 和表 3-22 分别为《铁路工程地质勘察规范》（TB 10012—2019）规定的岩石地基极限承载力和岩石地基基本承载力推荐值。其中，表 3-21 中的岩石地基极限承载力是指地基岩体即将破坏时单位面积所承受的压力。而表 3-22 中的岩石地基基本承载力则是指建筑物基础短边宽度不大于 2.0m、埋置深度不大于 3.0m 时的地基允许承载力。地基允许承载力是指在保证地基稳定和建筑物沉降量不超过允许值的条件下，地基单位面积所能承受的最大压力。

表 3-21　　　　　　岩石地基极限承载力（TB 10012—2019）　　　　　　　MPa

节理发育程度	定性描述	节理不发育	节理发育	节理很发育
	节理间距（cm）	>40	40~20	20~2
坚硬程度	硬质岩	>9.0	9.0~6.0	6.0~4.5
	较软岩	9.0~4.5	4.5~3.0	3.0~2.4
	软岩	3.6~2.7	3.0~5.2	2.4~1.5
	极软岩	1.25~1.0	1.0~0.75	0.75~0.5

表 3-22　　　　　　岩石地基基本承载力（TB 10012—2019）　　　　　　　MPa

节理发育程度	定性描述	节理不发育	节理发育	节理很发育
	节理间距（cm）	>40	40~20	20~2
坚硬程度	硬质岩	>3.0	3.0~2.0	2.0~1.5
	较软岩	3.0~1.5	1.5~1.0	1.0~0.8
	软岩	1.2~0.9	1.0~0.7	0.8~0.5
	极软岩	0.5~0.4	0.4~0.3	0.3~0.2

表 3-23 和表 3-24 分别为《公路桥涵地基与基础设计规范》（JTG 3363—2019）和《军队地下工程勘察规范》（GJB 2813）规定的岩石地基承载力允许值和地基允许承载力。其中，岩石地基承载力允许值是指基础短边宽度不大于2.0m、埋置深度不大于 3.0m 时，地基压力变形曲线上在线性变形段内某一变形所对应的压力值，物理概念上即为表 3-20 中的岩体基岩承载力比例界限值或表 3-22 中的岩石地基基本承载力。

表 3-23　　　　　岩石地基承载力允许值（JTG 3363—2019）　　　　MPa

节理发育程度	定性描述	节理不发育	节理发育	节理很发育
	节理间距（cm）	>40	40~20	20~2
坚硬程度	硬质岩	>3.0	3.0~2.0	2.0~1.5
	较软岩	3.0~1.5	1.5~1.0	1.0~0.8
	软岩	1.2~0.9	1.0~0.7	0.8~0.5
	极软岩	0.5~0.4	0.4~0.3	0.3~0.2

表 3-24　　　　　岩石地基允许承载力（GJB 2813）　　　　MPa

岩体级别	I	II	III	IV	V
$R_m = R_c K_v$	>60	60~30	30~15	15~5	<0.5
允许承载力	>6.0	6.0~3.0	3.0~1.5	1.5~0.5	<0.5

在综合分析表 3-20～表 3-24 研究成果的基础上，《工程岩体分级标准》（GB/T 50218—2014）规定了地基工程各级岩体基岩承载力基本值 f_0，见表 3-25。其中，岩体承载力基本值 f_0 是指岩体荷载试验过程中，与岩体荷载-位移曲线中的比例极限或屈服极限相应的荷载。

表 3-25　　　各级岩体承载力基本值 f_0（GB/T 50218—2014）

岩体基本质量等级	I	II	III	IV	V
f_0（MPa）	>7.0	7.0~4.0	4.0~2.0	2.0~0.5	≤0.5

应当说明的是，表 3-20 中的岩体基岩承载力比例界限统计特征值均要高于表 3-21～表 3-25 中的推荐值。而且，《工程岩体分级标准》（GB/T 50218—2014）规定的岩体基本质量分级结果，一般综合反映了岩石的坚硬程度和岩体的完整程度，同时这两项指标又是影响岩石基础承载力的最主要因素。由于表 3-25 中规定的各级岩体承载力基本值不仅考虑了岩石单轴抗压强度，还考虑了岩体完整性，因此既科学也合理。在输电线路岩石基础特别是岩石群锚基础

设计时，可根据基础承台底部岩体基本质量等级，直接按照表 3-25 进行岩石地基承载力取值，以避免出现基础下压承载力控制设计不合理的情形。

（二）基于关联数学模型的岩石基础设计地质参数取值

从严格意义上讲，输电线路岩石基础设计所需地质参数与岩石物理力学性质指标之间并没有严格的一一对应关系，而仅具有较好的统计相关性。国内外学者对岩体工程地质设计参数与岩石物理力学性质指标之间的统计相关性分析开展了大量的研究工作，建立了岩体工程地质设计参数与岩石物理力学性质指标之间的关联数学模型。这里将根据附录 C 中的岩石地基设计参数与岩石物理力学性质指标关联模型的有关参考文献（按文中出现先后进行排序），介绍基于关联数学模型的岩石基础设计地质参数取值方法。主要有岩石单轴抗压强度和岩石弹性模量随岩石干密度、岩石总孔隙率、岩块压缩波速度、岩石点荷载强度指数等物理力学性质指标的变化规律、关联数学模型及其拟合方程，以及基于岩石单轴抗压强度计算岩石地基承载力特征值的方法。此外，还阐明了岩石单轴抗压强度和抗拉强度之间的统计相关性以及水对岩石单轴抗压强度的影响等。

1. 岩石单轴抗压强度

（1）基于岩石干密度计算岩石单轴抗压强度。干密度是岩石最基本的物理力学性质指标之一。图 3-2 所示为 Sari（2018）基于 3068 个试验数据分析而得到的岩石干密度 γ_d 分布直方图及其统计结果。

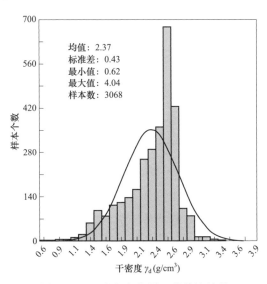

图 3-2　γ_d 分布直方图及其统计结果

进一步地，岩石单轴抗压强度 f_{ucs} 随干密度 γ_d 变化的散点分布如图 3-3 所示。f_{ucs} 随 γ_d 的增加呈非线性增加，Sari 推荐了基于 γ_d 拟合计算 f_{ucs} 的数学模型，其拟合方程见式（3-2）。

$$f_{ucs} = 0.261e^{2.213\gamma_d} \tag{3-2}$$

式中　f_{ucs}——岩石单轴抗压强度，MPa；

　　　γ_d——岩石干密度，g/cm³。

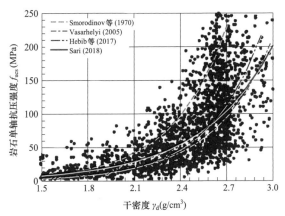

图 3-3　f_{ucs} 随 γ_d 变化的散点分布及其拟合结果对比

表 3-26 给出了国外其他学者所推荐的 f_{ucs} 与 γ_d 之间的关联数学模型及其拟合方程。不同数学模型拟合结果比较一并显示于图 3-3 中。

表 3-26　　　　岩石单轴抗压强度与岩石干密度之间的关联数学模型

文献作者及发表年代	拟合方程	相关系数
Smorodinov 等（1970）	$f_{ucs} = 0.0864e^{2.91\gamma_d}$	—
Vasarhelyi（2005）	$f_{ucs} = 0.056e^{2.75\gamma_d}$	0.80
Hebib 等（2017）	$f_{ucs} = 0.0322e^{3.017\gamma_d}$	0.93

（2）基于岩石孔隙率计算岩石单轴抗压强度。孔隙率也是岩石的重要物理力学性质指标之一，并与岩石干密度间存在一定关联性。图 3-4 给出了岩石孔隙率 n_{tot} 随岩石干密度 γ_d 变化的散点分布及其拟合结果。结果表明，随着 n_{tot} 的增加，γ_d 呈线性减小，且两者之间呈较好的负相关性。

岩石单轴抗压强度 f_{ucs} 其孔隙率 n_{tot} 变化的散点分布如图 3-5 所示，Sari 推荐 f_{ucs} 和 n_{tot} 之间可按式（3-3）进行拟合计算。

$$f_{\text{ucs}} = 126.5\text{e}^{-0.071n_{\text{tot}}} \qquad\qquad (3-3)$$

式中　　n_{tot}——岩石孔隙率，%。

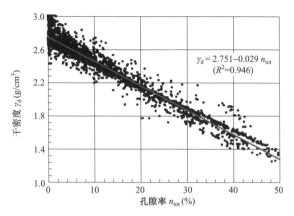

图 3-4　γ_{d} 随 n_{tot} 变化的散点分布及其拟合结果

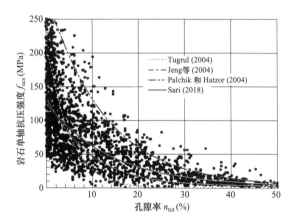

图 3-5　f_{ucs} 随 n_{tot} 变化的散点分布及其拟合结果对比

表 3-27 给出了国外其他学者所推荐的 f_{ucs} 和 n_{tot} 之间的关联数学模型及其拟合方程。不同数学模型拟合结果比较一并显示于图 3-5 中。

表 3-27　　岩石单轴抗压强度与岩石孔隙率之间的关联数学模型

文献作者及发表年代	拟合方程	相关系数
Tugrul (2004)	$f_{\text{ucs}} = 195\text{e}^{-0.21n_{\text{tot}}}$	0.89
Jeng 等 (2004)	$f_{\text{ucs}} = 133.7\text{e}^{-0.107n_{\text{tot}}}$	0.89
Palchik 和 Hatzor (2004)	$f_{\text{ucs}} = 273.2\text{e}^{-0.076n_{\text{tot}}}$	0.81

（3）基于岩块压缩波速度计算岩石单轴抗压强度。图3-6所示为岩石单轴抗压强度 f_{ucs} 随岩块压缩波速度 V_p 变化的散点分布及其拟合结果对比。结果表明，f_{ucs} 随 V_p 增大总体呈增加趋势，但离散性较大。Sari 推荐了基于 V_p 拟合计算 f_{ucs} 的数学模型，其拟合方程见式（3-4）。

$$f_{ucs} = 5.912V_p^{1.741} \tag{3-4}$$

式中　V_p——岩块压缩波速度，km/s。

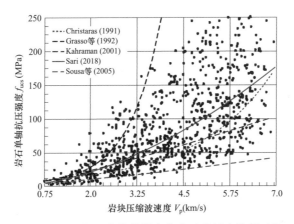

图3-6　f_{ucs} 随 V_p 变化的散点分布及其拟合结果对比

表3-28给出了国外其他学者所推荐的 f_{ucs} 和 V_p 之间的关联数学模型及其拟合方程。不同数学模型拟合结果比较一并显示于图3-6中。

表3-28　岩石单轴抗压强度与岩块压缩波速度之间的关联数学模型

文献作者及发表年代	拟合方程	相关系数
Christaras (1991)	$f_{ucs} = 6.202e^{0.48V_p}$	0.97
Grasso 等 (1992)	$f_{ucs} = 2.83e^{1.14V_p}$	0.64
Kahraman (2001)	$f_{ucs} = 9.95V_p^{1.21}$	0.94
Sousa 等 (2005)	$f_{ucs} = 4.0V_p^{1.247}$	0.85

（4）基于岩石点荷载强度指数计算岩石单轴抗压强度。岩石点荷载试验方法具有成本低、时间短、样品加工要求不高或不需加工以及在施工现场也可随时提供数据的优点，已在岩土工程中得到广泛应用。国内外大量试验成果表明，岩石单轴抗压强度与岩石点荷载强度指数之间具有较好的统计相关性。

Broch 和 Franklin（1972）以及 Bieniawski（1975）推荐岩石单轴抗压强度和对应的点荷载强度指数之间可按式（3-5）进行线性拟合。

$$f_{ucs} = (23.5 \sim 24.0) I_{s(50)} \tag{3-5}$$

式中　$I_{s(50)}$——直径 50mm 标准试件的点荷载强度指数，MPa。

国际岩石力学学会（International Society for Rock Mechanics, ISRM）在 1985 年推荐了《测定点荷载强度的建议方法》，并被广泛称为 ISRM 方法。ISRM 方法中 f_{ucs} 随 $I_{s(50)}$ 变化的散点分布及其拟合曲线如图 3-7 所示。

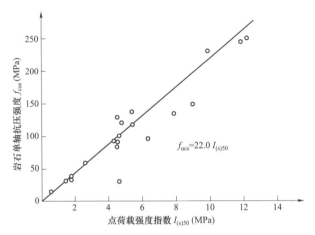

图 3-7　f_{ucs} 随 $I_{s(50)}$ 变化的散点分布及其拟合曲线（ISRM，1985）

借鉴国外岩石点荷载试验研究成果，并结合国内开展的相关试验研究，我国于 1995 年 7 月 1 日开始实施的《工程岩体分级标准》（GB/T 50218—1994）规定，确定岩石坚硬程度时，允许使用岩石点荷载试验，并利用实测岩石点荷载强度指数 $I_{s(50)}$，按式（3-6）拟合计算得到岩石饱和单轴抗压强度。

$$R_c = 22.82 I_{s(50)}^{0.75} \tag{3-6}$$

式中　R_c——岩石饱和单轴抗压强度，MPa。

式（3-6）所规定的方法及其换算关系，在《工程岩体分级标准》（GB/T 50218—2014）和《工程岩体试验方法标准》（GB/T 50266—2013）中都得到沿用。

Sari（2018）统计了 1036 组岩石单轴抗压强度 f_{ucs} 和对应点荷载强度指数 $I_{s(50)}$ 的试验数据，得到了 f_{ucs} 和对应 $I_{s(50)}$ 比值的分布直方图及其统计结果，如图 3-8 所示，其中 $f_{ucs}/I_{s(50)}$ 均值为 18.01。进一步地，Sari 还给出了 f_{ucs} 随对应 $I_{s(50)}$ 变化的散点分布图，如图 3-9 所示。结果表明，f_{ucs} 总体随 $I_{s(50)}$ 增加而增加，并推荐两者之间采用式（3-7）进行拟合。

$$f_{ucs} = 15.15 I_{s(50)} \tag{3-7}$$

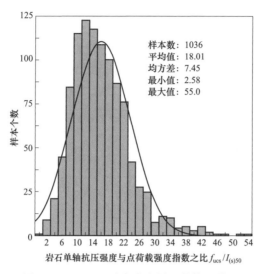

图 3-8　$f_{ucs}/I_{s(50)}$分布直方图及其统计结果

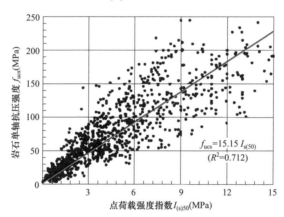

图 3-9　f_{ucs} 随 $I_{s(50)}$ 变化的散点分布及其拟合结果（Sari，2018）

国内外大量试验也均表明，f_{ucs} 和 $I_{s(50)}$ 之间具有很好的统计相关性。表 3-29 给出了国外其他学者所推荐的 f_{ucs} 与 $I_{s(50)}$ 之间的关联数学模型及其拟合方程，主要可分为线性（零截距、非零截距）和非线性（指数函数、幂函数、对数函数和二次函数）两类。

表 3-29　岩石单轴抗压强度与点荷载强度指数之间的关联数学模型

函数类型	文献作者及发表年代	拟合方程	相关系数
线性函数 （零截距）	Broch 和 Franklin (1972)	$f_{ucs}=24I_{s(50)}$	0.88
	Bieniawski (1975)	$f_{ucs}=23.5I_{s(50)}$	—
	Hassani 等 (1980)	$f_{ucs}=29.0I_{s(50)}$	0.94

续表

函数类型	文献作者及发表年代	拟合方程	相关系数
线性函数 （零截距）	Singh 和 Eksi (1987)	$f_{ucs}=23.31I_{s(50)}$	0.95
	Vallejo 等 (1989)	$f_{ucs}=12.5I_{s(50)}$	0.62
	Ghosh 和 Srivastava (1991)	$f_{ucs}=16.0I_{s(50)}$	0.75
	Singh V K 和 Singh D P (1993)	$f_{ucs}=23.37I_{s(50)}$	0.98
	Chau 和 Wong (1996)	$f_{ucs}=12.5I_{s(50)}$	0.73
	Tugrul 和 Zarif (1999)	$f_{ucs}=15.25I_{s(50)}$	0.98
	Sulukcu 和 Ulusay (2001)	$f_{ucs}=15.31I_{s(50)}$	0.83
	Lashkaripour (2002)	$f_{ucs}=21.43I_{s(50)}$	0.93
	Quane 和 Russel (2003)	$f_{ucs}=24.4I_{s(50)}$	—
	Tsiambaos 和 Sabatakakis (2004)	$f_{ucs}=23.0I_{s(50)}$	0.87
	Basarir 等 (2004)	$f_{ucs}=10.96I_{s(50)}$	0.79
	Diamantis 等 (2009)	$f_{ucs}=19.79I_{s(50)}$	0.86
	Mishra 和 Basu (2013)	$f_{ucs}=14.63I_{s(50)}$	0.94
线性函数 （非零截距）	D'Andrea 等 (1964)	$f_{ucs}=15.3I_{s(50)}+16.3$	0.95
	Gunsallus 和 Kulhawy (1984)	$f_{ucs}=16.5I_{s(50)}+51.0$	0.69
	Cargill 和 Shakoor (1990)	$f_{ucs}=23.0I_{s(50)}+13$	0.94
	Grasso 等 (1992)	$f_{ucs}=9.30I_{s(50)}+20.04$	0.71
	Ulusay 等 (1994)	$f_{ucs}=19.5I_{s(50)}+12.7$	—
	Tugrul 和 Zarif (2000)	$f_{ucs}=14.38I_{s(50)}+42$	0.92
	Kahraman (2001)	$f_{ucs}=8.41I_{s(50)}+9.51$	0.85
	Kahraman 等 (2005)	$f_{ucs}=10.91I_{s(50)}+27.41$	0.78
	Fener 等 (2005)	$f_{ucs}=9.81I_{s(50)}+39.32$	0.85
	Kahraman 和 Alber (2006)	$f_{ucs}=17.91I_{s(50)}+7.93$	0.89
	Fereidooni (2016)	$f_{ucs}=24.36I_{s(50)}-2.14$	0.99
	Wong 等 (2017)	$f_{ucs}=3.49I_{s(50)}+24.84$	0.99
指数函数	Diamantis 等 (2009)	$f_{ucs}=16.45e^{0.39I_{s(50)}}$	—
幂函数	Tsiambaos 和 Sabatakakis (2004)	$f_{ucs}=7.30(I_{s(50)})^{1.71}$	0.906
	Santi (2006)	$f_{ucs}=12.25(I_{s(50)})^{1.50}$	0.906
	Kahraman (2014)	$f_{ucs}=8.66(I_{s(50)})^{1.03}$	0.920
对数函数	Kilic 和 Teymen (2008)	$f_{ucs}=100\ln I_{s(50)}+13.9$	0.99
二次函数	Quane 和 Russell (2003)	$f_{ucs}=3.86(I_{s(50)})^2+5.65I_{s(50)}$	—

当采用表 3-29 中非零截距线性函数来描述 f_{ucs} 和 $I_{s(50)}$ 的关系时，会出现当 $I_{s(50)}=0$ 时 $f_{ucs}\neq0$ 的情形，这与岩石的强度性质不符。因为当 $I_{s(50)}=0$ 时，f_{ucs} 应该等于 0。鉴于此，图 3-10 仅给出了按表 3-29 中零截距线性函数拟合系数上限值和下限值、GB/T 50218 方法、ISRM 方法以及按式（3-7）即 Sari 推荐方法拟合结果的对比。其中，图 3-10 中线性拟合上限值、下限值分别为表 3-29 中零截距线性函数的斜率最大值（29.0）和最小值（10.96）。

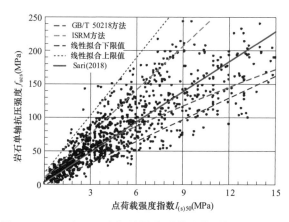

图 3-10 f_{ucs} 和 $I_{s(50)}$ 之间线性关联数学模型拟合结果对比

进一步地，图 3-11 给出了按表 3-29 中典型的非线性函数拟合关系式、GB/T 50218 方法以及按式（3-7）即 Sari 推荐方法拟合结果的对比。

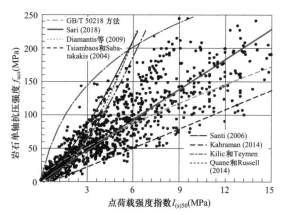

图 3-11 f_{ucs} 和 $I_{s(50)}$ 之间非线性关联数学模型拟合结果对比

对比图 3-10 和图 3-11 的结果发现，按 Sari 推荐的式（3-7）可较好地实现岩石单轴抗压强度和点荷载强度指数之间的拟合。著者已将式（3-7）引入《输电线路岩石地基挖孔基础工程技术规范》（DL/T 5845—2021），作为输电线路工程岩石地基勘察中岩石单轴抗压强度的确定方法之一。

图 3-12 给出了《工程岩体分级标准》（GB/T 50218—2014）、《输电线路岩石地基挖孔基础工程技术规范》（DL/T 5845—2021）及 ISRM 所推荐的 f_{ucs} 和 $I_{s(50)}$ 之间关联数学模型及其拟合结果的对比。结果表明，ISRM 方法拟合结果总体偏高。当 f_{ucs} 小于 75MPa 时，DL/T 5845 方法拟合结果均小于 GB/T 50218 和 ISRM 方法拟合结果。输电线路工程基岩常处于近地面表层，岩体强度整体不高。按 DL/T 5845 推荐方法所确定的岩石单轴抗压强度将总体上偏于安全。

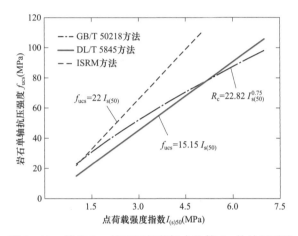

图 3-12　基于 $I_{s(50)}$ 按不同规范拟合计算 f_{ucs} 的结果对比

这里还需要特别说明的是，根据《工程岩体分级标准》（GB/T 50218—2014）的规定，采用点荷载试验实测 $I_{s(50)}$ 值换算得到的是岩石饱和单轴抗压强度 R_c。但从国外已有文献成果看，基于实测 $I_{s(50)}$ 值的拟合计算结果都没有显示考虑水的作用，所得结果均为岩石天然状态下的单轴抗压强度 f_{ucs}，而非岩石饱和单轴抗压强度 R_c。ISRM 方法指出，点荷载试验强度值随岩石含水量的变化而变化，且当岩石饱和度小于 25%时特别显著。总体上看，干燥条件下的岩石点荷载试验强度要远高于含水岩石点荷载试验强度，但当岩石饱和度大于 50%后，点荷载试验强度随岩石含水量的变化而变得不明显。因此，通常推荐该含水量为岩石点荷载试验岩石含水量。尽管著者未能收集到《工程岩体分级标准》（GB/T 50218—2014）的相关试验数据，但从其条文说明来看，其将按 $I_{s(50)}$ 换算得到的岩石单轴抗压强度 f_{ucs} 混淆成了岩石饱和单轴抗压强度 R_c。从图 3-12 的对比结果看，当 $f_{ucs} \leqslant 75MPa$ 时，GB/T 50218 方法拟合结果偏不安全。

（5）基于回弹值计算岩石单轴抗压强度。回弹法是用一弹簧驱动重锤，通过弹击杆（传力杆）弹击岩石表面，并记录重锤被反弹回来的距离，根据回弹值（重锤反弹距离与弹簧初始长度之比）推断岩石强度。回弹法属于表面硬度法，是基于岩石表面硬度和其强度之间相关性而建立的一种检测方法。根据冲击能量的大小，岩石回弹试验所采用的回弹仪可分为小型（又称 L 型，冲击能量为 0.735J）、中型（又称 N 型，冲击能量为 2.207J）、和大型（又称 M 型，冲击能量为 29.40J）。Sari（2018）给出了 L 型回弹仪回弹值 R_L 与 N 型回弹仪回弹值 R_N 之间的变化规律及其拟合结果，如图 3-13 所示。

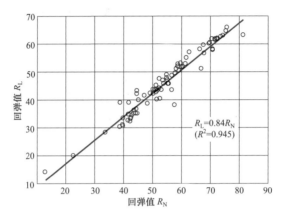

图 3-13　岩石回弹值 R_L 与 R_N 之间的变化规律及其拟合结果

进一步地，Sari 还给出了 f_{ucs} 随 R_L 变化的散点分布图，如图 3-14 所示，并推荐两者之间采用式（3-8）进行拟合计算。

$$f_{ucs} = 4.969e^{0.058R_L} \qquad (3-8)$$

式中　R_L——L 型回弹仪的回弹值。

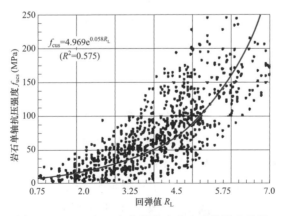

图 3-14　f_{ucs} 随 R_L 变化的散点分布及其拟合结果

国内外大量试验均表明，f_{ucs} 和 R_L 之间有较好的统计相关性。表 3-30 给出了国外其他学者所推荐的基于 R_L 拟合计算 f_{ucs} 的数学模型及其拟合方程。图 3-15 给出了表 3-30 中数学模型拟合结果与 Sari 研究成果的对比。

表 3-30 岩石单轴抗压强度与岩石回弹值之间的关联数学模型

文献作者及发表年代	拟合方程	相关系数
Dearman 和 Irfan (1978)	$f_{ucs} = 0.0001R_L^{3.47}$	0.86
Xu 等（1990）	$f_{ucs} = 2.98e^{0.06R_L}$	0.95
Grasso 等（1992）	$f_{ucs} = 9.68e^{0.045R_L}$	0.75
Yilmaz 和 Sendir (2002)	$f_{ucs} = 2.27e^{0.059R_L}$	0.98
Yasar 和 Erdogan (2004)	$f_{ucs} = 4.0 \times 10^{-6}R_L^{4.292}$	0.89
Aydin 和 Basu (2005)	$f_{ucs} = 1.45e^{0.07R_L}$	0.92
Buyuksagis 和 Goktan (2007)	$f_{ucs} = 2.482e^{0.073R_L}$	0.94
Yagiz (2009)	$f_{ucs} = 0.0028R_L^{2.584}$	0.92
Mishra 和 Basu (2013)	$f_{ucs} = 2.38e^{0.065R_L}$	0.93
Fereidooni (2016)	$f_{ucs} = 0.02R_L^{2.28}$	0.96
Hebib 等（2017）	$f_{ucs} = 2.855e^{0.063R_L}$	0.87

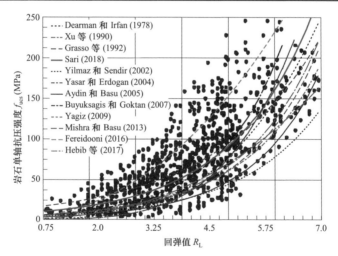

图 3-15 f_{ucs} 随 R_L 变化的散点分布及其拟合结果对比

2. 岩石弹性模量

（1）基于干密度计算岩石弹性模量。图 3-16 所示为岩石弹性模量 E_r 随岩石干密度 γ_d 变化的散点分布及其拟合结果。结果表明，E_r 随 γ_d 增大总体呈增加趋势。Sari 推荐了基于 γ_d 拟合计算 E_r 的关联数学模型，其拟合方程见式（3-9）。

$$E_r = 0.032e^{2.562\gamma_d} \tag{3-9}$$

式中 E_r——岩石弹性模量，GPa。

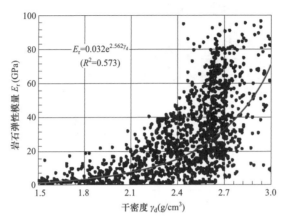

图 3-16 E_r 随 γ_d 变化的散点分布及其拟合结果

（2）基于岩块压缩波速度计算岩石弹性模量。岩石弹性模量 E_r 随岩块压缩波速度 V_p 变化的散点分布如图 3-17 所示。结果表明，随着 V_p 的增大，E_r 总体呈增加趋势，但离散性较大。Sari（2018）和 Grasso 等（1992）推荐的基于 V_p 拟合计算 E_r 的关联数学模型和拟合方程分别见式（3-10）和式（3-11），两者之间拟合结果对比一并显示于图 3-17 中。Grasso 等的拟合计算结果总体偏大。

$$E_r = 1.134 V_p^{2.074} \qquad (3-10)$$

$$E_r = 0.29 e^{1.08 V_p} \qquad (3-11)$$

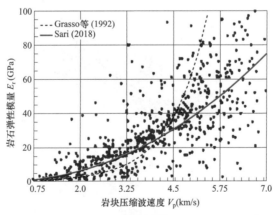

图 3-17 E_r 随 V_p 变化的散点分布及其拟合结果对比

（3）基于岩石单轴抗压强度计算岩石弹性模量。Sari（2018）通过统计分析 1769 组岩石单轴抗压强度 f_{ucs} 和岩石弹性模量 E_r 的试验数据，给出了 E_r 和对应

f_{ucs} 比值的分布直方图，如图 3-18 所示，其中 E_r/f_{ucs} 的均值和标准差分别为 347.1 和 244.6。

进一步地，Sari 给出了 E_r 随 f_{ucs} 变化的散点分布图，如图 3-19 所示，且两者之间可近似采用式（3-12）进行线性拟合计算。

$$E_r = 0.309 f_{ucs} \qquad\qquad (3-12)$$

式中　E_r——岩石弹性模量，GPa；

　　　f_{ucs}——岩石单轴抗压强度，MPa。

表 3-31 给出了国外其他学者基于 f_{ucs} 拟合计算 E_r 的数学模型及其拟合方程。不同数学模型拟合结果对比一并显示于图 3-19 中。

表 3-31　　　　岩石弹性模量与单轴抗压强度之间的关联数学模型

文献作者及发表年代	拟合方程	相关系数
Tugrul 和 Zarif (1999)	$E_r = 0.35 f_{ucs} - 12$	0.94
Gupta 和 Rao (2000)	$E_r = 0.150 f_{ucs}^{1.11}$	0.91
Lashkaripour (2002)	$E_r = 0.103 f_{ucs}^{1.11}$	0.90
Vasarhelyi (2003)	$E_r = 0.178 f_{ucs}$	0.86
Shalabi 等 (2007)	$E_r = 0.531 f_{ucs} + 9.57$	0.84

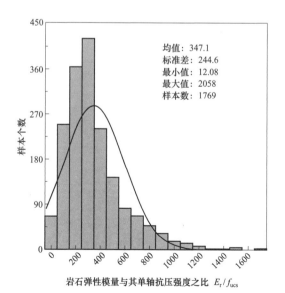

图 3-18　E_r/f_{ucs} 分布直方图及其统计结果

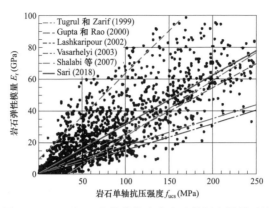

图 3－19　E_r 随 f_{ucs} 变化的散点分布及其拟合结果对比

（4）基于回弹值计算岩石弹性模量。图 3－20 所示为岩石弹性模量 E_r 随回弹值 R_L 变化的散点分布图。随着 R_L 的增大，E_r 总体呈增加趋势，Sari 推荐 E_r 和 R_L 之间采用式（3－13）进行拟合计算。

$$E_r = 0.681e^{0.069R_L} \tag{3－13}$$

根据 E_r 和 R_L 之间有较好的统计相关性，国外其他学者也给出了基于 R_L 拟合计算 E_r 的数学模型及其拟合方程，见表 3－32。不同数学模型拟合结果对比一并显示于图 3－20 中。

表 3－32　　　　岩石弹性模量与岩石回弹值之间的关联数学模型

文献作者及发表年代	拟合方程	相关系数
Grasso 等（1992）	$E_r = 1.28e^{0.033R_L}$	0.72
Yilmaz 和 Sendir（2002）	$E_r = 3.15e^{0.054R_L}$	0.91
Aydin 和 Basu（2005）	$E_r = 1.04e^{0.06R_L}$	0.91
Xu 等（1990）	$E_r = 1.77e^{0.07R_L}$	0.96

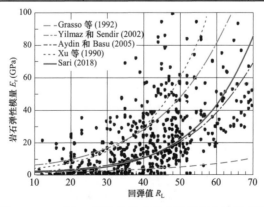

图 3－20　E_r 随 R_L 变化的散点分布及其拟合结果对比

3. 基于岩石单轴抗压强度计算岩石地基承载力特征值

《建筑地基基础设计规范》（GB 50007—2011）规定，对完整、较完整和较破碎的岩石地基承载力特征值可根据岩石饱和单轴抗压强度，按式（3-14）计算。

$$f_a = \psi_r R_c \qquad (3-14)$$

式中　f_a——岩石地基承载力特征值，kPa。

　　　　R_c——岩石饱和单轴抗压强度标准值，kPa。

　　　　ψ_r——折减系数，根据岩体完整程度以及结构面的间距、宽度、产状和组合，由地方经验确定。无经验时，对完整岩体可取 0.5；对较完整岩体可取 0.2～0.5；对较破碎岩体可取 0.1～0.2。

对式（3-14）中的折减系数，未考虑施工因素及建筑物使用后风化作用会继续的影响。另外，对黏土质岩，为确保施工期及使用期间不遭水浸泡，式（3-14）中 R_c 也可采用天然湿度的试样，不进行饱和处理。

应该说明的是，岩石地基的承载力一般较土高得多。但当根据饱和单轴抗压强度确定地基承载力特征值时，其关键问题在于如何确定折减系数。岩石饱和单轴抗压强度和地基承载力之间的不同在于：一是抗压强度试验时，岩石试件处于无侧限的单轴受力状态，而地基承载力则处于有围压的三轴应力状态。如果地基是完整的，则后者远远高于前者。二是岩块强度与岩体强度是不同的，原因在于岩体中存在裂隙，这些裂隙不同程度地降低了地基承载力。显然，岩石越完整，折减越少；岩石越破碎，折减越多。由于情况复杂，折减系数取值原则上由地方经验确定。经试算及与已有经验对比，总体上看，《建筑地基基础设计规范》（GB 50007—2011）给出的折减系数是安全的。

此外，《建筑地基基础设计规范》（DBJ 50-047—2016）规定，当岩体完整、较完整、较破碎时，岩石地基承载力特征值可由岩石单轴抗压强度 f_{ucs} 标准值乘以折减系数估算。对完整岩体，折减系数取 0.47～0.57；对较完整岩体，折减系数取 0.37～0.57；对较破碎岩体，折减系数取 0.23～0.37。对施工及使用期岩体可能遭水浸泡时，采用饱和试样。同时，《水利水电工程地质勘察规范》（GB 50487—2008）则给出了岩石地基允许承载力与岩石饱和单轴抗压强度 R_c 间的关系，见表 3-33。

表 3-33   岩石地基允许承载力（GB 50487—2008）

岩石类型	地基允许承载力
坚硬岩石	$\left(\dfrac{1}{20}\sim\dfrac{1}{25}\right)R_{\mathrm{c}}$
中等坚硬岩石	$\left(\dfrac{1}{10}\sim\dfrac{1}{20}\right)R_{\mathrm{c}}$
较软弱岩石	$\left(\dfrac{1}{5}\sim\dfrac{1}{10}\right)R_{\mathrm{c}}$

4. 岩石单轴抗压强度和抗拉强度之间的统计相关性

Sari（2018）通过统计分析 1674 组岩石单轴抗压强度和抗拉强度试验数据，给出了 $f_{\mathrm{ucs}}/f_{\mathrm{uts}}$ 分布直方图，如图 3-21 所示，其均值与标准差分别为 11.77 和 5.63。

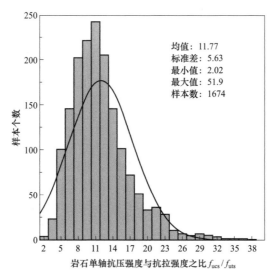

图 3-21 $f_{\mathrm{ucs}}/f_{\mathrm{uts}}$ 分布直方图及其统计结果

图 3-22 所示为 f_{ucs} 随 f_{uts} 变化的散点分布及其拟合结果，Sari 推荐 f_{ucs} 和 f_{uts} 之间采用式（3-15）进行线性拟合计算。

$$f_{\mathrm{ucs}} = 10.04 f_{\mathrm{uts}} \qquad\qquad (3-15)$$

式中 f_{ucs}——岩石单轴抗压强度，MPa。

$\quad\quad\;\; f_{\mathrm{uts}}$——岩石单轴抗拉强度，MPa。

图 3-21 和图 3-22 所示对比结果表明，岩石抗拉强度一般可按其单轴抗压强度的 10%取值。

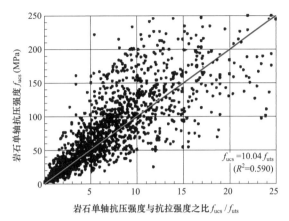

图 3-22 f_{ucs} 随 f_{uts} 变化的散点分布及其拟合结果

5. 水对岩石单轴抗压强度的影响

当工程岩体和地下水相互作用后,水会对岩体产生软化、泥化和崩解作用,从而使得岩石强度弱化,而水对岩石强度弱化的程度则取决于岩石的物理性质、初始状态、含水率、容重以及应力状态等多种因素。应该说几乎所有岩石在水的作用下都会发生软化,尤其对泥岩、页岩等软岩而言。工程中通常将软化系数 $K_R \leqslant 0.75$ 的岩石定义为软化岩石,而将 $K_R > 0.75$ 的岩石定义为不软化岩石。

此外,当水渗入岩体不连续面时,水对岩体不连续面两侧岩石或不连续面内充填物质也具有软化、泥化和崩解作用。同时,水对岩体结构面的润滑也会降低其摩擦阻力,进而降低岩体不连续面的抗剪强度。再者,水的溶蚀作用会使可溶岩产生溶蚀裂隙、空隙和溶洞等现象,破坏岩体的完整性,以致岩体强度降低。而且,水与岩体的相互耦合作用产生的力学作用效应,会改变岩体的渗透性能,并降低或增大岩体渗透系数,而岩体渗透性能的改变反过来也会影响岩体中的应力分布,进而改变岩体强度和变形性能。

岩石遇水后承载性能劣化,一直是困扰输电线路基础工程设计与施工的难题。国内外学者都试图通过试验分析,掌握水与岩石强度之间的统计相关性,量化水对岩石强度的影响规律。Sari(2018)基于 407 组饱水状态下岩石单轴抗压强度及干燥状态下岩石单轴抗压强度的试验数据分析,得到了饱水状态下岩石单轴抗压强度较干燥状态下岩石单轴抗压强度的损失率,并绘制了如图 3-23 所示的强度损失率分布直方图。

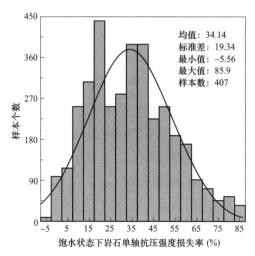

图 3-23　饱水状态下岩石单轴抗压强度损失率分布直方图及其统计结果

图 3-23 表明，饱水状态下岩石单轴抗压强度较干燥状态下岩石单轴抗压强度损失率的均值为 34.14%。进一步地，Sari 也给出了饱水状态下岩石单轴抗压强度与其相应干燥状态下岩石单轴抗压强度变化的散点分布图，如图 3-24 所示，且两者之间可采用式（3-16）进行线性拟合。

$$f_{ucs,饱和} = 0.757 f_{ucs,干燥} \qquad (3-16)$$

式中　$f_{ucs,饱和}$——饱水状态下岩石单轴抗压强度，MPa；

$f_{ucs,干燥}$——干燥状态下岩石单轴抗压强度，MPa。

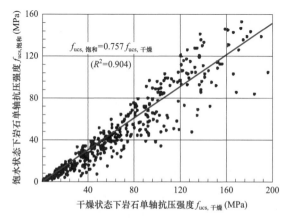

图 3-24　$f_{ucs,饱和}$ 随 $f_{ucs,干燥}$ 变化的散点分布及其拟合结果

二、岩石基础设计地基参数确定与取值原则

（一）因地制宜原则

地基岩体是在漫长的地质年代中，受到多种、多次地质作用而形成的自然状况和物理力学性质都极为复杂的工程体。输电线路实际工程中，即使是同一塔位甚至同一塔腿地基，其岩土体物理力学性质的离散性和差异性也可能较大，加之某些塔位还存在特殊性岩土体或不良地质作用，这些都使得输电线路基础选型设计及其计算参数确定变得极为复杂。而且，输电线路地基基础工程面对的是现实自然环境中的天然材料，并不能像结构工程面对人工材料时能够做到相对严密、完善和成熟。输电线路地基基础工程通常充满着条件的不确定性、参数的不准确性和信息的不完整性。

总体而言，对于岩石基础地基设计参数的确定与取值，工程地质勘察人员首先需认真分析岩石地基工程地质勘察成果，高度重视岩土体性质、工程地质和水文地质情况以及地区工程经验等，因地制宜地、有针对性地为输电线路岩石基础选型设计提供合理可靠的地质参数，实现山区输电线路岩石基础工程建设中地质勘察、基础选型、承载力设计与优化各环节间的有机统一和衔接。结构设计人员也应根据塔位地基性质、杆塔类型，结合地区经验，因地制宜地选用合理的基础工程方案以及环境保护与水土保持措施。输电线路地基基础工程中的一切疑难问题，也几乎都需要工程设计人员根据具体情况，因地制宜地开展综合分析和评价，做出正确的判断，并提出处理意见。

（二）试验优化原则

受塔位地基岩土体工程地质勘察精确性和详细程度的限制，设计中往往不得不采取相对保守的方法进行基础选型与设计。反之，如果科学合理地进行地基工程地质勘探，并增加地基勘探与试验工作量，则可获得更加可靠的地基岩土体设计参数，这将有助于岩石基础选型与优化设计，从而取得良好的经济和社会效益。因此，在岩石基础设计时，需根据输电线路工程各设计阶段深度要求，积极开展岩石地基工程地质勘察及岩土体物理力学性质试验工作。

在实际工程中，岩石基础设计所需的地层地质参数严格来说可分为两类：一类是可通过岩土工程地质勘察工作直接确定的，如地层分布、土体容重等；另一类是仅通过工程地质勘察工作不能确定的，如地基土水平抗力系数的比例

系数、岩石等代极限剪切强度、嵌岩桩极限侧阻力与极限端阻力等。这些地质设计参数一般都需要基于现场试验成果进行反演分析和计算而得到，或者基于这些设计参数与岩石物理力学性质指标之间的关联数学模型进行拟合计算而得到，一般都没有勘测手段可直接获取。因此，加强输电线路工程岩石基础试验工作，是优化岩石基础设计地质参数取值的必然要求，也是实现岩石地基工程地质勘察、基础选型与承载力设计优化环节之间有机统一和衔接的必要途径。

总体上看，岩石基础设计地质参数取值，可在试验优化原则的指导下按下列方法进行：

（1）岩石单轴抗压强度，宜通过工程地质勘察试验与统计分析方法确定。

（2）岩体的容重、弹性模量、泊松比、地基承载力等参数，可根据岩石地基工程地质勘察成果取规范推荐值和规定值，或者基于这些设计参数与岩石物理力学性质指标之间的关联数学模型拟合计算确定。

（3）岩石等代极限剪切强度，可根据岩石单轴抗压强度按规范取值。

（4）嵌岩段桩的极限侧阻力与极限端阻力，可根据其与岩石单轴抗压强度的关联数学模型拟合计算确定。

（三）过程控制原则

架空输电线路杆塔可分为悬垂型杆塔、耐张塔、转角塔、终端塔、大跨越塔等不同类型，不同类型杆塔所对应基础的荷载性质不同，这主要表现为荷载的大小、变化速率、出现频率、持续时间（长期作用和短时作用）以及荷载的分布与偏心程度等。不同岩石基础形式对上部结构荷载的响应规律不同，基础设计中需采用不同的荷载组合方式和对应的安全度设置水准，这些都对岩石基础设计地质参数取值提出了更高要求。基础结构形式及其相应的计算模型、边界条件、约束类型、地质设计参数的选择和确定，在输电线路岩石基础设计优化中显得尤为重要，并成为输电线路工程高质量和高安全建设的迫切需求。一个优化的岩石基础选型和设计地质参数取值方案，应同时满足以下三个条件：

（1）能充分发挥塔位地基承载能力。

（2）能充分保护塔位岩土体地基的力学强度。

（3）能充分实现基础稳定性好、工程造价低、环保水平高之间的协调统一。

从电网工程建设的实践看，架空输电线路基础选型设计与施工是一个复杂的过程。为了能够实现基础选型与地质参数优化的上述目标，结构设计专业和工程地质勘察专业间需按照过程控制原则，就岩石基础工程地质勘察与选型设计开展有效沟通，从而保证"输入条件（设计计算模型和工程地质设计参数）"和"输出成果（基础本体尺寸与造价）"的协调一致。

（四）符合性原则

首先，架空输电线路工程地质参数总体上分为评价指标和计算指标两类。前者用于评价岩土体工程性状，并作为地层类别划分和基础选型的依据；后者则作为基础工程设计参数的取值依据。输电线路岩石基础形式不同，其所对应的设计计算模型及其所需的地质设计参数也不同，相应参数的获取方法也不同。对于山区岩石地基输电线路工程，由于其走廊大都分布在高山峻岭之间，交通条件差，常规钻探和原位测试设备难以到达现场，使得岩石基础工程设计尚难以完全做到"逐基钻探、逐腿勘探"，设计中岩石地基参数多依靠工程经验类比，或者基于有限的地质勘察资料而采用相关技术标准规定和推荐的参数。其次，输电线路塔位基础点状分布，岩石地基工程地质勘察工作呈多点而分散的特征。同时，岩石材料与岩体结构具有非均匀特性、非均质特性、非连续特性、非各向同性和非线性特性，这些因素的综合作用使得实际工程中岩体试验结果也常具有较大的离散性。最后，实际工程塔位岩土体性状只能通过特定时刻和特定部位的抽样试验确定，其结果与取样过程及试验的准确性等有关，因而具有一定的随机性和变异性。岩体工程性质评价及地质参数取值是输电线路岩石基础设计的关键，并已成为工程设计中最富变化和最难定量分析的问题。

总体上看，岩土工程特性分析以及基础设计地质参数取值过程中，都必须正确地理解基础设计模型与工程岩体变形力学机制，设计与计算应原理正确、概念清楚，计算参数的选取应符合实际工况，设计与计算成果应真实可靠，分析判断结果应合理、准确，以确保架空输电线路岩石基础设计的本质安全。

第四章

输电线路岩石基础研究展望

一、大厚度覆盖层岩石地基新型基础形式研发与工程应用

本书依托中国电力科学研究院有限公司岩土工程实验室在输电线路岩石基础方面所开展的试验研究工作成果，主要阐述了我国山区架空输电线路最为常用的岩石挖孔基础和岩石锚杆基础的结构特点、适用条件、应用原则及其承载性能试验、工程设计方法与标准等方面的研究成果，为有效提升山区岩石地基输电线路基础工程设计和建设水平提供了依据。

但随着国民经济的发展，途经山区甚至是崇山峻岭无人区的架空输电线路工程越来越多，结合山区地质、地形特征，继续研发适用于山区输电线路的新型岩石基础，并开展其承载性能试验与工程设计理论研究将是非常必要的。当前，覆盖土层厚度大于 3m 且呈上土下岩二元地层分布特征的大厚度覆盖层岩石地基，其输电线路基础建设所面临的难题较为突出，因为仅在覆盖层深度范围内采用原状土基础，往往不能满足承载力要求，这就使得基础埋深必须延伸至覆盖层下基岩中，基岩施工时采用人工开挖难度大、风险高，而采用机械化施工则成孔困难。若采用柱板式岩石群锚基础，由于不考虑覆盖土层所能提供的抗力及其对基础变形的约束作用，使得基础设计较为浪费，且大厚度覆盖层条件下的土石方开挖量较大，容易造成大面积环境破坏和水土流失。

近年来，针对大厚度覆盖土层上土下岩地层分布的岩石地基，我国在输电线路工程中提出了复合型岩石基础和岩石地基微型桩基础形式。复合型岩石基础是在覆盖层中采用原状土挖孔基础，在基岩中采用岩石锚杆基础，从而形成由原状土地基中挖孔基础和基岩中岩石锚杆基础共同组成的复合型基础。这种基础形式既可有效利用原状土自身特性，又可充分发挥岩石地基良好的抗压抗

拔和抗倾覆承载能力，可满足工程建设需求。岩石地基微型桩基础是将大直径挖孔基础改为由多根直径为 300～400mm 的中小直径桩形成的群桩基础。近年来，复合型岩石基础和岩石地基微型桩基础的相关试验研究、承载机理及其工程设计计算理论、施工工艺与工程应用等方面都取得了一些新进展，但目前都还没有形成系统的工程技术体系，仍需要继续开展深入研究。

二、岩石锚杆基础新材料新工艺研究与应用

输电线路岩石锚杆基础是锚筋、锚孔内细石混凝土、锚孔周围岩体三种材料通过锚筋－细石混凝土界面、细石混凝土－锚孔侧壁岩体界面而形成的相互作用且共同承载、传载的锚固系统。本书中岩石锚杆基础现场试验研究工作历经 10 多年，试验基础锚筋材料也经历了从 HPB235、35 号优质碳素钢、45 号优质碳素钢、40Cr 合金结构钢、HRB335、HRB400 到 HRB500 的循序渐进的发展过程。总体上看，锚筋规格及其材料强度是岩石锚杆基础承载性能的决定性因素，高强度、大直径热轧带肋钢筋仍是岩石锚杆基础锚筋材料工程应用的发展方向。

近年来，随着新型复合材料的快速发展，一种将天然玄武岩经过特殊工艺后高温熔融、拉丝成型，形成以玄武岩纤维为增强材料，以合成树脂为基体材料，并加入适量辅助剂经过拉挤固化成型的新型复合材料聚合物锚杆——玄武岩纤维增强聚合物（basalt fiber reinforced polymer，BFRP）锚杆，已开始在岩土锚固领域得到日益广泛的推广应用。钢筋锚杆与 BFRP 锚杆的主要物理力学性能参数比较见表 4－1。BFRP 锚杆因其抗拉强度大、质量小、抗腐蚀性强、稳定性好、绿色环保等优点，已逐渐成为非金属锚杆的最佳选择。

表 4－1　　钢筋锚杆与 BFRP 锚杆的主要物理力学性能参数比较

锚杆类型	弹性模量 （GPa）	极限抗拉强度 （MPa）	密度 （g·cm^{-3}）	应力松弛率	泊松比
钢筋锚杆	210	420～630	7.85	＞10	0.30
BFRP 锚杆	≥50	≥800	1.8～2.6	1.7～3.8	—

BFRP 锚杆锚固体系破坏机理现场试验和室内模型试验结果均表明，BFRP 锚杆破坏形式与钢筋锚杆破坏形式有很多相似之处，也主要有以下两种破坏形式：第一界面剪切滑移破坏（锚杆杆体与锚固体界面滑移破坏）和第二界面剪切滑移破坏（锚固体与岩土体界面滑移破坏）。然而，BFRP 锚杆在输电线路基础工程中的应用及其承载性能的相关研究工作还未见报道。

在实际输电线路基础工程中，具体塔位岩石地基条件一般不易改变，而提高锚孔内所灌注的锚固材料强度，将是改善锚固体与锚孔侧壁岩体之间的黏结锚固性能，提升岩石锚杆基础承载性能的重要方法之一。在我国当前的输电线路工程中，已将水泥砂浆锚固材料改为细石混凝土，并将细石混凝土强度等级由 C25 提高至 C30。著者在近年来的研究过程中，已注意到水泥基灌浆材料作为螺栓锚固、结构加固、预应力孔道灌浆等工程锚固材料而被广泛应用。水泥基灌浆材料是以高强度材料作为骨料，以水泥作为结合剂，辅以高流态、微膨胀、防离析等组分，按照适当比例在工厂预拌而制成的一种粉状材料，现场加一定量水搅拌均匀即可使用。已有研究表明，水泥基灌浆材料一般具有高强和早强（1 天抗压强度≥50MPa，3 天抗压强度≥60MPa）、超流态（初始流动度≥300mm）、无收缩（具有微膨胀补偿功能，可消除水泥硬化收缩现象）、抗腐蚀性强、耐久性好等工程特点。但水泥基灌浆材料作为锚固胶结材料，在输电线路岩石锚杆基础工程中的研究和应用也未见报道。

总体上看，开展架空输电线路岩石锚杆基础新材料新工艺的研究，并形成相应的成套技术与标准，以指导工程实践，将是岩石锚杆基础工程的重要发展方向。

三、岩石地基碎岩机理及基础施工技术与装备研究

从我国国情和输电线路行业工程实践看，人工（爆破）开挖成孔、护壁支护作业，仍将是我国当前乃至今后较长一段时间内山区输电线路岩石基础工程的主要施工工艺。但近年来，随着高质量和安全电网建设的发展，机械化成孔将成为我国山区输电线路岩石挖孔基础施工技术的发展趋势和方向。然而，对山区岩石地基的基础机械化成孔施工而言，始终面临着机械进场和岩石开挖困难的挑战。同时，山区输电线路基础机械化施工还面临林木砍伐、环境保护和水土保持等难题。

通过机械旋挖方式进行岩石地基开挖是山区输电线路岩石基础施工旋挖钻机小型化及其推广应用中的一项关键技术。大口径钻掘作业面与开挖作业能力有限之间的矛盾，始终是机械旋挖方式开挖岩石地基所面临的难题的本质所在，解决该难题的关键在于通过对岩石破碎理论的深入研究，设计出破岩效果良好的钻具。

因此，优化山区架空输电线路基础选型，促进山区输电线路岩石挖孔基础施工技术及施工工艺进步，加强动静复合加载下岩石弹性—损伤—断裂破碎的全过程机理研究，形成输电线路岩石基础旋挖成孔的碎岩机理及硬岩钻进工艺，促进施工技术与装备研发，仍将是我国山区输电线路岩石基础研究的重要方向。

附录 A　岩石极限侧阻力及侧阻力系数文献

[1] Mason R C. Transmission of high loads to primary foundations by large diameter shafts[C]. Proceedings of ASCE Convention, ASCE, New York, 1960.

[2] Thorburn S. Large diameter piles founded on bedrock[C]. Symposium on Large Bored Piles, Institution of Civil Engineers, London, 1966: 120 – 129.

[3] Matich M J, Kozichi P. Some load tests on drilled cast-in-place concrete caissons[J]. Canadian Geotechnical Journal, 1967, 4(4): 367 – 375.

[4] Seychuck J L. Load tests on bedrock[J]. Canadian Geotechnical Journal, 1970, 7(4): 464 – 470.

[5] Osterberg J O, Gill S A. Load transfer mechanism for piers socketed in hard soils or rock[C]. Proceedings of 9th Candian Rock Mechanics Symposium, 1973: 235 – 262.

[6] Davis A G. Contribution to discussion Ⅳ-Rocks[C]. Proceedings of Cambridge Conference on Settlement of Structure, 1974: 757 – 759.

[7] Buttling S. Estimates of shaft and end loads in piles in chalk using strain gauge instrumentation[J]. Geotechnique, 1976, 26(1): 133 – 147.

[8] Rosenberg P, Journeaux N L. Friction and end bearing tests on bed-rock for high capacity socket design[J]. Canadian Geotechnical Journal, 1976, 13(3): 324 – 333.

[9] Webb D L. The behaviour of bored piles in weathered diabase[J]. Geotechnique, 1976, 26(1): 63 – 72.

[10] Wilson L C. Tests of bored and driven piles in cretaceous mudstone at Port Elizabeth, South Africa[J]. Geotechnique, 1976, 26(1): 5 – 12.

[11] Vogan R W. Friction and end bearing tests on bedrock for high capacity socket design: Discussion[J]. Canadian Geotechnical Journal, 1977, 14(1):156 – 158.

[12] Pells P J N, Douglas D J, Rodway B T, et al. Design loadings for foundations on shale and sandstone in the Sydney region[R]. Research Report No. R315, University of Sydney, Sydney, 1978.

[13] Horvath R G, Kenney T C. Shaft resistance of rock socketed drilled piers[C]. Proceedings on Deep Foundations, ASCE, New York, 1979: 182 – 214.

[14] Johnston I W, Donald I B. Final report on rock socket pile tests-Melbourne underground rail loop project[R]. Report No. 78/6/G, Department of Civil Engineering, Monash University,

Melbourne, 1979.

[15] Horvath R G, Trow W A, Kenney T C. Results of tests to determine shaft resistance of rock-socketed drilled piers[C]. Proceedings of International Conference on Structure Foundations on Rock, 1980: 349 – 361.

[16] Pells P J N, Rowe R K, Turner R M. An experimental investigation into side shear for socketed piles in sandstone[C]. Proceedings of International Conference on Structural Foundations Rock, Sydney, 1980: 291 – 302.

[17] Thorne C P. The capacity of piers drilled into rock[C]. Proceedings of International Conference on Structural Foundations on Rock, Sydney, 1980: 223 – 233.

[18] Webb D L, Davies P. Ultimate tensile loads of bored piles socketed into sandstone rock[C]. Proceedings of International Conference on Structural Foundations on Rock, Sydney, 1980: 265 – 270.

[19] Williams A F. The design and performance of piles socketed into weak rock[C]. Monash University, Melbourne, 1980.

[20] Williams A F, Ervin M C. The design and performance of cast-in-situ piles in extensively jointed silurian mudstone[C]. Proceedings of 3rd Australian - New Zealand Conference on Geomechanics, Wellington, 1980: 115 – 121.

[21] Williams A F, Donald I B, Chiu H K. Stress distributions in rock socketed piles[C]. Proceedings of International Conference on Structural Foundations on Rock, Sydney, 1980: 317 – 326.

[22] Williams A F, Pells P J N. Side resistance rock sockets in sandstone, mudstone, and shale[J]. Canadian Geotechnical Journal, 1981, 18(4):502 – 513.

[23] Horvath R G, Kenney T C, Kozicki P. Methods of improving the performance of drilled piers in weak rock[J]. Canadian Geotechnical Journal, 1983, 20(4), 758 – 772.

[24] Lam T S K, Yau J H W, Premchitt J. Side resistance of a rock-socketed caisson[J]. Hong Kong Engineer, 1991, 2: 17 – 28.

[25] McVay M C, Townsend F C, Williams R C. Design of socketed drilled shafts in limestone[J]. Journal of Geotechnical Engineering, 1992, 118(10):1626 – 1637.

[26] Leung C F. Case studies of rock-socketed piles[J]. Geotechnical Engineering, 1996, 27(1): 51 – 67.

[27] Carrubba P. Skin friction of large-diameter piles socketed into rock[J]. Canadian Geotechnical Journal, 1997, 34(2): 230 – 240.

[28] Walter D J, Burwash W J, Montgomery R A. Design of large-diameter drilled shafts for Northumberland Strait bridge project[J]. Canadian Geotechnical Journal, 1997, 34(4): 580 – 587.

[29] Gunnick B, Kiehne C. Pile bearing in Burlington limestone[C]. Proceedings of Transportation Conference, 1998: 145 – 148.

[30] Long, M. Skin friction for piles socketed in hard rock[C]. Proceedings of the international conference on geotechnical and geological engineering(GeoEng 2000), Melbourne, 2000.

[31] Zhan C Z, Yin J H. Field static load tests on drilled shaft founded on or socketed into rock[J]. Canadian Geotechnical Journal, 2000, 37(6): 1283 – 1294.

[32] Ng C W W, Yau T L Y, Li, J H M, et al. Side resistance of larger diameter bored piles socketed into decomposed rocks[J]. Journal of Geotechnical and Geoenvironmental Engineering, 2001, 127(8): 642 – 657.

[33] Castelli R J, Fan K. O-cell test results for drilled shafts in marl and limestone[C]. Proceedings of International Deep Foundations Congress. 2002: 807 – 823.

[34] Gordon B B, Hawk J L, Mcconell O T. Capacity of drilled shafts for the proposed susquehanna river bridge[C]. Proceedings of ASCE Geosupport Conference. 2004: 96 – 109.

附录 B 岩石极限端阻力及端阻力系数文献

[1] Reese L C, Hudson W R. Field testing of drilled shafts to develop design methods[R]. Research Report 89 – 1, Center for Highway Research, The University of Texas at Austin, 1968.

[2] Vijayvergiya V N, Hudson W R, Reese L C. Load distribution for a drilled shaft in clay shale[R]. Research Report 89 – 5, Center for Highway Research, The University of Texas at Austin, 1969.

[3] Engeling D E, Reese L C. Behavior of three instrumented drilled shafts under short term axial loading[R]. Research Report 176 – 3, Center for Highway Research, The University of Texas at Austin, 1974.

[4] Aurora R P, Reese L C, Aurora R P, et al. Behavior of axially loaded drilled shafts in clay-shales[R]. Research Report 176 – 4, Center for Highway Research, The University of Texas at Austin, 1976.

[5] Webb D L. The behaviour of bored piles in weathered diabase[J]. Geotechnique, 1976, 26(1): 63 – 72.

[6] Wison L C. Test of bored and driven piles in cretaceous mudstone at Port Elizabeth, South Africa [J]. Geotechnique, 1976, 26(1): 5 – 12.

[7] Goeke P M, Hustad P A. Instrumented drilled shafts in clay-shale[C]. Proceedings of Symposium on Deep Foundations. Atlanta, GA, 1979: 149 – 164.

[8] Thorne C P. The capacity of piers drilled into rock[C]. Proceedings of the International Conference on Structural Foundations on Rock, Sydney, Australia, 1980: 223–233.

[9] Williams A F. The design and performance of piles socketed into weak rock[D]. Clayton, Vic., Australia: Department of Civil Engineering, Monash University, 1980.

[10] Jubenville D M, Hepworth R C. Drilled pier foundations in shale[C]. Proceedings of Special National Conference Session A. Denver, Colorado Area, 1981.

[11] Glos G H, Briggs O H. Rock sockets in soft rock[J]. Journal of Geotechnical Engineering, 1983, 109(4): 525 – 535.

[12] Horvath R G, Kenney T C, Kozicki P. Methods of improving the performance of drilled piers in weak rock[J]. Canadian Geotechnical Journal, 1983, 20(4): 758 – 772.

[13] Baker C N. Comparison of caisson load tests on Chicago hardpan[C]. Proceedings of Session

at the ASCE National Convention, ASCE, Reston, 1985: 99 – 113.

[14] Seik S, O'neill M W, Kapasi K J. Behavior of 45° underream footing in eagle ford shale[R]. Research Report 85 – 12, University of Houston, December, 1985.

[15] Hummert J B, Cooling T L. Drilled pier test, Fort Collins, Colorado[C]. Proceedings of the Second International Conference on Case Histories in Geotechnical Engineering, 3. Rolla, Missour: University of Missouri-Rolla. 1988: 1375 – 1382.

[16] Orpwood T G, Shaheen A A, Kenneth R P. Pressure-meter evaluation of glacial till bearing capacity in Toronto, Canada[M]. Foundation Engineering: current principles and practice, Vol. 1, Reston, VA, 1989: 16 – 28.

[17] Radhakrishnan R, Leung C F. Load transfer behavior of rock-socketed piles[J]. Journal of Geotechnical Engineering, 1989, 115(6): 755 – 768.

[18] Leung C F, Ko H Y. Centrifuge model study of piles socketed in soft rock[J]. Soils and Foundations, 1993, 33(3): 80 – 91.

[19] Thompson R W. Axial capacity of drilled shafts socketed into soft rock[D]. Auburn, Ala: Auburn University, 1994.

[20] Carrubba P. Skin of large-diameter piles socketed into rock[J]. Canadian Geotechnical Journal, 1997, 34(2): 230 – 240.

[21] O'neill M W. Applications of large-diameter bored piles in the United States[C]. Proceedings of the Third International Geotechnical Seminar on Deep Foundations on Bored and Auger Piles, Ghent, Belgium, 1998: 3 – 19.

[22] Tchepak S. The design and performance of bored pile in Shales for the Australia Stadium Project[C]. Proceedings of the Third International Geotechnical Seminar on Deep Foundations on Bored and Auger Piles, Ghent, Belgium, 1998: 341 – 348.

[23] Osterberg J. Load testing high capacity piles: What have we learned?[C]. Proceedings of the 5th International Conference on Deep Foundation Practice, Singapore, 2001.

[24] Gunnink B, Kiehne C. Capacity of drilled shafts in burlington limestone[J]. Journal of Geotechnical and Geoenvironmental Engineering, 2002, 128(1): 539 – 545.

[25] Abu-Hejleh N, O'neill M W, Hanneman D. Improvement of the axial design methodology for Colorado's drilled shafts socketed in weak rocks[R]. Report CDOT-DTD-R-2003-6, Colorado Department of Transportation Research Branch, 2003.

[26] Bullock P J. A study of the setup behavior of drilled shafts[R]. Report submitted to the Florida Department of Transportation. University of Florida, Gainesville, Florida, 2003.

[27] McVay, Ellis K M, Villegas J, et al. Static and dynamic field testing of drilled shafts: Suggested guidelines on their use and for FDOT structures[R]. Report WPI No. BC354-08, FDOT, Department of Civil and Costal Engineering, University of Florida, 2003.

[28] MelloL G, Bilfinger W, Mendes A S. A case study of rock socketed piles: design, control and construction of bored piles for a bridge foundation in Southeast Brazil[C]. Proceedings of the Fourth International Geotechnical Seminar on Deep Foundations on Bored and Auger Piles, Ghent, Belgium, 2003: 373 – 377.

[29] Miller A D. Prediction of ultimate side shear for drilled shafts in Missouri shafts[D]. Columbia: University of Missouri, 2003.

[30] Nam M S. Improved design for drilled shafts in Rock[D]. Houston Tex: University of Houston, 2004.

[31] Abu-Hejleh N, Attwooll W J. Colorado's axial load tests on drilled shafts socketed in weak rocks: Synthesis and future needs[R]. Report CDOT-DTD-R-2005-4m Colorado Department of Transportation, Research Branch, Denver, Colo., 2005.

[32] Basarkar S S, Dewaikar D M. Load transfer characteristics of rocketed piles in Mumbairegion[J]. Soils and Foundations, 2006, 46(2): 247 – 257.

[33] GEO. Foundation design and construction[M]. Geotechnical Control Office, Hong Kong, 2006.

[34] Kulkarni R U, Dewaikar D M. Analysis of rock-socketed piles loaded in axial compression in Mumbai region based on load transfer characteristics[J]. International Journal of Geotechnical Engineering, 2019, 13(3): 261 – 269.

附录 C 岩石地基设计参数与物理力学指标关联模型文献

[1] Sari M. Investigating relationships between engineering properties of various rock types[J]. Global Journal of Earth Science and Engineering, 2018, 5(1), 1 – 25.

[2] Smorodinov M I, Motovilov E A, Volkov V A. Determination of correlation relationships between strength and some physical characteristics of rocks[J]. 2nd Cong ISRM 1970, 2: 35 – 37.

[3] Vasarhelyi B. Statistical analysis of the influence of water content on the strength of the Miocene limestone[J]. Rock Mechanics and Rock Engineering, 2005, 38(1): 69 – 76.

[4] Hebib R, Belhai D, Alloul B. Estimation of uniaxial compressive strength of North Algeria sedimentary rocks using density, porosity, and Schmidt hardness[J]. Arabian Journal of Geosciences, 2017, 10(17): 383.

[5] Tugrul A. The effect of weathering on pore geometry and compressive strength of selected rock types from Turkey[J]. Engineering Geology, 2004, 75(3): 215 – 227.

[6] Jeng F S, Weng M C, Lin M L, et al. Influence of petrographic parameters on geotechnical properties of tertiary sandstones from Taiwan[J]. Engineering Geology, 2004, 73(1 – 2): 71 – 91.

[7] Palchik V , Hatzor Y H. The influence of porosity on tensile and compressive strength of porous chalks[J]. Rock Mechanics and Rock Engineering, 2004, 37(4): 331 – 341.

[8] Christaras B. Durability of building stones and weathering of antiquities in Creta/Greece. [J]. Bulletin of the International Association of Engineering Geology, 1991, 44(1): 17 – 25.

[9] Grasso P, Xu S, Mahtab M A. Problems and promises of index testing of rocks[C]. In the 33rd U.S. Symposium on Rock Mechanics (USRMS)Rock Mechanics, Tillerson and Wawersik (eds), Balkema, Rotterdam, 1992: 879 – 888.

[10] Kahraman S. Evaluation of simple methods for assessing the uniaxial compressive strength of rock[J].International Journal of Rock Mechanics and Mining Sciences, 2001, 38(7): 981 – 994.

[11] Sousa L M O, Suarez del Riob L M, Callejab L, et al. Influence of microfractures and porosity on the physico-mechanical properties and weathering of ornamental granites[J]. Engineering Geology, 2004, 77(1):153 – 168.

[12] Broch E, Franklin J A. The point load strength test[J]. International Journal of Rock Mechanics and Mining Sciences and Geomechanics Abstracts, 1972, 9(6): 669 – 676.

[13] Bieniawski Z T. The point-load test in geotechnical practice[J]. Engineering Geology, 1975, 9(1): 1 – 11.

[14] ISRM. ISRM suggested methods: Suggested method for determining point load strength[J]. International Journal of Rock Mechanics and Mining Sciences and Geomechanics Abstracts, 1985, 22(2): 51 – 60.

[15] Hassani F P, Scoble M J, Whittaker B N. Application of point-load index test to strength determination of rock and proposals for new size-correction chart[C].Proceedings of the 21st U.S. Symposium on Rock Mechanics, Rolla, Missouri, 1980: 543 – 553.

[16] Singh R N, Eksi M. Rock characterization of gypsum and marl[J]. Mining Science and Technology, 1987, 6(1):105 – 112.

[17] Vallejo L E, Welsh R A, Robinson M K. Correlation between unconfined compressive and point load strengths for Appalachian rocks[C].Proceedings of the 30th U.S. Symposium on Rock Mechanics, Rolla, Missouri, 1989: 461 – 468.

[18] Ghosh D K, Srivastava M. Point-load strength: an index for classification of rock material[J].Bulletin of Engineering Geology and the Environment, 1991, 44(1): 27 – 33.

[19] Singh V K, Singh D P. Correlation between point load index and compressive strength for quartzite rocks[J]. Geotechnical and Geological Engineering, 1993, 11(4): 269 – 272.

[20] Chau K T, Wong R H C. Uniaxial compressive strength and point load strength of rocks[J]. International Journal of Rock Mechanics and Mining Sciences and Geomechanics Abstracts, 1996, 33(2): 183 – 188.

[21] Tugrul A, Zarif I H. Correlation of mineralogical and textural characteristics with engineering properties of selected granitic rocks from Turkey[J]. Engineering Geology, 1999, 51(4): 303 – 317.

[22] Sulukcu S, Ulusay R. Evaluation of the block punch index test with particular reference to the size effect, failure mechanism and its effectiveness in predicting rock strength[J]. International Journal of Rock Mechanics and Mining Sciences, 2001, 38(8): 1091 – 1111.

[23] Lashkaripour G R. Predicting mechanical properties of mudrock from index parameters[J]. Bulletin of Engineering Geology and the Environment, 2002, 61(1): 73 – 77.

[24] Quane S L, Russell J K. Rock strength as a metric of welding intensity in pyroclastic deposits[J]. European Journal of Mineralogy, 2003, 15(5): 855 – 864.

[25] Tsiambaos G, Sabatakakis N. Considerations on strength of intact sedimentary rocks[J]. Engineering Geology, 2004, 72(3 – 4): 261 – 273.

[26] Basarir H, Kumral M, Ozsan A. Predicting uniaxial compressive strength of rocks from simple test methods[C]. Proceedings of the 7th Turkish Rock Mechanics Symposium, 2004: 111 – 117.

[27] Diamantis K, Gartzos E, Migiros G. Study on uniaxial compressive strength, point load strength index, dynamic and physical properties of serpentinites from Central Greece: Test results and empirical relations[J]. Engineering Geology, 2009, 108(3): 199 – 207.

[28] Mishra D A, Basu A. Estimation of uniaxial compressive strength of rock materials by index tests using regression analysis and fuzzy inference system[J]. Engineering Geology, 2013, 160(1): 54 – 68.

[29] D'Andrea D V, Fisher R L, Fogelson D E. Prediction of compression strength from other rock properties[J]. Colorado School of Mines Quarterly 1964, 59(4B): 623 – 640.

[30] Gunsallus K L, Kulhawy F H. A comparative evaluation of rock strength measures[J]. International Journal of Rock Mechanics and Mining Sciences and Geomechanics Abstracts, 1984, 21(5): 233 – 248.

[31] Cargill J S, Shakoor A. Evaluation of empirical methods for measuring the uniaxial compressive strength of rock[J]. International Journal of Rock Mechanics and Mining Sciences and Geomechanics Abstracts, 1990, 27(6): 495 – 503.

[32] Ulusay R, Tureli K, Ider M H. Prediction of engineering properties of a selected litharenite sandstone from its petrographic characteristics using correlation and multivariate statistical techniques[J]. Engineering Geology, 1994, 38(1 – 2): 135 – 157.

[33] Tugrul A, Zarif I H. Engineering aspects of limestone weathering in Istanbul, Turkey[J]. Bulletin of Engineering Geology and the Environment, 2000, 58(3): 191 – 206.

[34] Kahraman S. Evaluation of simple methods for assessing the uniaxial compressive strength of rock[J]. International Journal of Rock Mechanics and Mining Sciences, 2001, 38(7): 981 – 994.

[35] Kahraman S, Gunaydin O, Fener M. The effect of porosity on the relation between uniaxial compressive strength and point load index[J]. International Journal of Rock Mechanics and Mining Sciences, 2005, 42(4): 584 – 589.

[36] Fener M, Kahraman S, Bilgil A, et al. A comparative evaluation of indirect methods to estimate the compressive strength of rocks[J]. Rock Mechanics and Rock Engineering, 2005, 38(4): 329 – 343.

[37] Kahraman S, Alber M. Predicting the physico-mechanical properties of rocks from electrical impedance spectroscopy measurements[J]. International Journal of Rock Mechanics and Mining Sciences, 2006, 43(4): 543 – 553.

[38] Fereidooni D. Determination of the geotechnical characteristics of hornfelsic rocks with a particular emphasis on the correlation between physical and mechanical properties[J]. Rock Mechancics and Rock Engineering, 2016, 49: 2595 – 2608.

[39] Wong R H C, Chau K T , Yin J H , et al. Uniaxial compressive strength and point load index of volcanic irregular lumps[J]. International Journal of Rock Mechanics and Mining Sciences, 2017, 93: 307 – 315.

[40] Kahraman S. The determination of uniaxial compressive strength from point load strength for pyroclastic rocks[J]. Engineering Geology, 2014, 170(1): 33 – 42.

[41] Santi P M. Field methods for characterizing weak rock for engineering[J]. Environmental and Engineering Geoscience, 2006, 12(1): 1 – 11.

[42] Kilic A, Teymen A. Determination of mechanical properties of rocks using simple methods[J]. Bulletin of Engineering Geology and the Environment, 2008, 67(2): 237 – 244.

[43] Dearman W R, Irfan T Y. Assessment of the degree of weathering in granite using petrographic and physical index tests[C]. Int Symp on Deterioration and Protection of Stone Monuments, Unesco, Paris, 1978: 1 – 35.

[44] Xu S, Grasso P, Mahtab A. Use of Schmidt hammer for estimating mechanical properties of weak rock[C]. Proceedings of the 6th International IAEG Conference, 1990, 1: 511 – 519.

[45] Yilmaz I, Sendir H. Correlation of Schmidt hardness with unconfined compressive strength and Young's modulus in gypsum from Sivas (Turkey)[J]. Engineering Geology, 2002, 66(3 – 4): 211 – 219.

[46] Yasar E, Erdogan Y. Estimation of rock physicomechanical properties using hardness methods. [J]. Engineering Geology, 2004, 71(3 – 4): 281 – 288.

[47] Aydin A, Basu A. The Schmidt hammer in rock material characterization[J]. Engineering Geology, 2005, 81(1): 1 – 14.

[48] Buyuksagis I S, Goktan R M. The effect of Schmidt hammer type on uniaxial compressive strength prediction of rock[J]. International Journal of Rock Mechanics and Mining Sciences, 2007, 44(2): 299 – 307.

[49] Yagiz S. Predicting uniaxial compressive strength, modulus of elasticity and index properties of rocks using the Schmidt hammer[J]. Bulletin of Engineering Geology and the Environment, 2009, 68(11): 55 – 63.

[50] Gupta A S, Rao K S. Weathering effects on the strength and deformational behaviour of crystalline rocks under uniaxial compression state[J]. Engineering Geology, 2000, 56(3 – 4):

257 – 274.

[51] Vasarhelyi B. Some observations regarding the strength and deformability of sandstones in dry and saturated conditions[J]. Bulletin of Engineering Geology and the Environment, 2003, 62(3): 245 – 249.

[52] Shalabi F I, Cording E J, Al-Hattamleh O H. Estimation of rock engineering properties using hardness tests[J]. Engineering Geology, 2007, 90(3 – 4): 138 – 147.

参 考 文 献

[1] 刘金砺. 桩基础设计与计算[M]. 北京：中国建筑工业出版社，1990.

[2] 鲁先龙. 山区输电线路基础工程防灾减灾实践与思考[J]. 南方电网技术，2020，14（S2）：
61−63.

[3] 鲁先龙，乾增珍，杨文智，等. 嵌岩桩嵌岩段的岩石极限侧阻力系数[J]. 土木建筑与环境
工程，2018，40（6）：29−38.

[4] 鲁先龙，乾增珍，杨文智，等. 嵌岩桩的极限端阻力发挥特性及其端阻力系数. 土木与环
境工程学报（中英文），2019，41（4）：26−35.

[5] 鲁先龙，郑卫锋，童瑞铭，等. 扩底参数对原状土掏挖基础抗拔影响的敏感性研究[J]. 中
国电力，2016，49（8）：41−44+58.

[6] 鲁先龙，乾增珍，杨文智，等. 黄土抗拔基础承载性能[J]. 岩土工程学报，2021，43（S1）：
251−256.

[7] 鲁先龙，杨文智，满银，等. 岩石等代极限剪切强度现场试验与应用[J]. 建筑科学，2016，
32（S3）：53−58.

[8] 鲁先龙，杨文智，郑卫锋，等. 锚杆间距对岩石群锚基础抗拔力影响的试验研究[J]. 工业
建筑，2018，48（4）：84−88.

[9] 鲁先龙，杨文智. 嵌岩桩极限端阻力发挥性状研究[J]. 土木工程，2019，8（2）：227−232.

[10] 史佩栋，梁晋渝. 嵌岩桩竖向承载力的研究[J]. 岩土工程学报，1994，16（4）：32−39.

[11] 席宁中. 桩端土刚度对桩侧阻力影响的试验研究及理论分析[D]. 北京：中国建筑科学研
究院，2002.

[12] 杨文智，鲁先龙. 山区输电线路基础设计与岩石地基勘察研究[J]. 土木工程，2019，8
（2）：329−336.

[13] 张咸恭，王思敬，李智毅. 工程地质学概论[M]. 北京：地震出版社，2005.

[14] AASHTO(American Association of State Highway and Transportation Officials). Standard
specifications for highway bridges (17th Edition)[S]. Washington D.C.: American Association
of State Highway and Transportation Officials, 2002.

[15] Bell F G. Engineering in rock masses[M]. Oxford: Butterworth-Heinemann Ltd., 1992.

[16] Carter J P, Kulhawy F H. Analysis and design of drilled shaft foundations socketed into
rock[R]. Report EL-5918, Electric Power Research Institute U.S, Palo Alto, California, 1988.

[17] Carter J P, Kulhawy F H. Analysis of laterally loaded shafts in rock[J]. Journal of Geotechnical Engineering, 1992, 118(6): 839−855.

[18] Hoek E. Strength of jointed rock masses[J]. Geotechnique, 1983, 3: 187−223.

[19] Kulhawy F H, Trautmann C H, Beech J F, et al. Transmission line structure foundation for uplift-compression loading[R]. Report EPRI-EL-2870,Electric Power Research Institute U.S, Palo Alto, California, 1983.

[20] Lu X L, Cheng Y F. Review and new development on transmission lines tower foundation in China[C]. Paris: CIGRE 2008 Session, 2008.

[21] Lu X L, Qian Z Z, Zheng W F, et al. Characterization and uncertainty of uplift load–displacement behaviour of belled piers[J]. Geomechanics and Engineering, 2016, 11(2): 211−234.

[22] Lu X L, Qian Z Z, Yang W Z. Axial uplift behavior of belled piers in sloping ground[J]. Geotechnical Testing Journal, 2017, 40(4): 579−590.

[23] Lu X L, Qian Z Z, Yang W Z. Closure to "Discussion of 'Axial uplift behavior of belled piers in sloping ground' by F. A. B. Danziger, C. Pereira Pinto, A. P. Ruffier, and M. P. Pacheco"[J]. Geotechnical Testing Journal, 2019, 42(2), 505−510.

[24] Meyerhof G G, Adams J I. The ultimate uplift capacity of foundations[J]. Canadian Geotechnical Journal, 1968, 5(4), 225−244.

[25] Qian Z Z, Lu X L, Yang W Z. Comparative field tests on straight-sided and belled piers on sloping ground under combined uplift and lateral loads[J]. Journal of Geotechnical and Geoenvironmental Engineering. 2019, 145(1): 04018099-1-04018099-14.

[26] Qian Z Z, Lu X L, Y W Zhi. Comparative lateral load field tests on straight-sided and belled piers in sloped ground[J]. Proceedings of the Institution of Civil Engineers-Geotechnical Engineering. 2020, 173(1): 70−80.

[27] Reese L C, O'neill M W. Drilled shafts: Construction procedures and design methods [R]. Publication No. ADSC-TL-4, International Association of Foundation Drilling. Federal Highway Administration, Washington, D.C., 1988.

[28] Turner J P. NCHRP Synthesis 360: Rock-socketed shafts for highway structure foundations[R]. Transportation Research Board Washington D.C., 2006.

[29] Zhang L Y, Einstein H H. End bearing capacity of drilled shafts in rock[J]. Journal of Geotechnical and Geoenvironmental Engineering, 1998, 124(7): 574−584.